高等院校化学课实验系列教材

无机及分析化学实验

武汉大学化学与分子科学学院实验中心 编

武汉大学出版社

图书在版编目(CIP)数据

无机及分析化学实验/武汉大学化学与分子科学学院《无机及分析化学实验》编写组编.—2版.—武汉:武汉大学出版社,2001.8(2020.8重印)
ISBN 978-7-307-03244-6

Ⅰ.无… Ⅱ.武… Ⅲ.①无机化学—化学实验—高等学校—教学参考资料 ②分析化学—化学实验—高等学校—教学参考资料 Ⅳ.O6-3

中国版本图书馆CIP数据核字(2001)第041357号

责任编辑:刘 争 谢文涛　　责任校对:刘凤霞　　版式设计:支 笛

出版发行:**武汉大学出版社**　(430072　武昌　珞珈山)
（电子邮箱:cbs22@whu.edu.cn 网址:www.wdp.com.cn）
印刷:武汉图物印刷有限公司
开本:850×1168　1/32　印张:10.625　字数:273千字
版次:1991年2月第1版　　2001年10月第2版
　　2020年8月第2版第13次印刷
ISBN 978-7-307-03244-6/O·238　　　定价:28.00元

版权所有,不得翻印;凡购买我社的图书,如有缺页、倒页、脱页等质量问题,请与当地图书销售部门联系调换。

第一版前言

本书主要包括以下四方面内容：(一)无机及分析化学实验基础知识；(二)无机及分析化学实验常用仪器和基本操作；(三)无机及分析化学实验内容；(四)附录。基本操作部分简要地介绍了有关的原理和注意事项，并编写了训练基本操作的实验内容。无机化学实验部分包括酸碱、沉淀、配位、氧化还原反应，以及常见离子和某些生化物质的定性鉴定，分析化学实验部分则偏重于基础定量分析，同时也编写了部分结合生物学、环境科学等专业的实际样品分析。计算机在分析化学中的应用日益广泛，本书对这方面的内容也作了扼要的介绍，并安排了实验示例。

生物学有关专业无机及分析化学实验课约为100学时，为便于使用本教材的学校有选择的余地和对学生有一定的参考价值，本书的内容较目前的教学学时要多一些。

本书在编写过程中，武汉大学分析化学教研室的许多同志给予了热情的支持和帮助，王志铿同志为《电子计算机在分析化学中的应用》实验提供了资料。武汉大学出版社金丽莉同志对本书进行了认真审阅，在此表示衷心的谢意。

由于编者水平有限，书中的错误和不足之处在所难免，敬希读者指正。

编　者

一九八九年十月于珞珈山

第二版前言

本书是以 1991 年第一版为基础,并吸收了 1996 年在武汉大学、1999 年在复旦大学召开的全国高校非化学类专业化学教学研讨会代表们的意见,同时参考了我校师生多年来的无机及分析化学实验教学改革和实践的经验后修订的。这次修订,力求保持原书的特点,充分考虑了生命科学、环境科学、化学、医学、农学等相关学科的发展和无机及分析化学实验的需要,对实验内容作了进一步修改充实。

全书包括无机及分析化学实验基础知识,无机及分析化学实验常用仪器和基本操作,无机及分析化学实验,英文文献实验及附录等。全书给出 50 多个实验,包括基本操作练习和基础实验,自拟和综合设计实验,以及英文文献实验等。本书是国家教委"面向 21 世纪教学内容和课程体系改革"03－7 项目的研究成果之一,是与《无机及分析化学》教材配套的实验课教材。本书在实验内容的精选与安排上既加强了基本实验的内容,又注重了实验的典型性、系统性、适用性与先进性,并注意到无机化学反应、试剂制备与无机分析、有机分析、环境分析、药物分析等多方面的结合。同时,本书还对微型仪器、微型实验、绿色化学以及英文文献实验有所考虑和安排,对安排的部分方案设计实验,教材仅给出提示或参考文献,以引起学生的兴趣,调动学生的主观能动性,有利于科学思维方法和创新能力的培养。

参加本书修订的有潘祖亭(第一部分三、四、五;第三部分实验 1～10,实验 37～40 及附录)、曾百肇(第三部分实验 29～36 及实验 42～43)、蔡凌霜(第二部分一;第三部分实验 11～20 及实验 41)、张玉清(第三部分实验 21～28 及实验 44～46)、罗兆福(第四部分)和曹建军(第一部分一、二;第二部分二),全书由潘祖亭教授修改统稿。在修订过程中得到了武汉大学化学与分子科学学院领导及分析科学研究中心的支持,还得到了本书第一版作者徐勉懿教授、方国春副教授和张正信高工等的指导,以及各兄弟院校同行和广大读者的帮助。在此,谨向他们表示衷心的感谢。

限于编者的水平,本书难免还有疏漏和不妥之处,恳请广大教师和读者批评指正。

编 者

二〇〇一年三月于珞珈山

目 录

第一部分 无机及分析化学实验基础知识 ······ 1
  一、学生实验守则 ······ 1
  二、实验室安全 ······ 2
    (一)实验室安全规则 ······ 2
    (二)防火及灭火 ······ 3
    (三)实验室一般事故的急救与处理 ······ 4
    (四)实验废物的处理 ······ 10
  三、试剂、溶液的浓度、配制与计算 ······ 10
    (一)化学试剂及其规格 ······ 10
    (二)溶液的浓度、溶液的配制和分析化学中的计算式 ······ 12
  四、无机及分析化学实验用水 ······ 18
    (一)实验用水的规格、保存和选用 ······ 18
    (二)纯水的制备及水质检验 ······ 18
  五、实验数据的处理及实验报告 ······ 19
    (一)实验数据的记录 ······ 19
    (二)实验数据的处理 ······ 20
    (三)实验报告 ······ 20

第二部分 无机及分析化学实验常用仪器 ······ 22
  一、玻璃仪器及其它用品 ······ 22
    (一)常用玻璃仪器及用途 ······ 22
    (二)玻璃仪器的洗涤方法及要求 ······ 27
      1. 常用洗涤液配制与使用 ······ 27

  2．玻璃仪器洗涤方法及要求 ················· 28
  3．玻璃仪器的干燥与存放 ·················· 29
二、定量分析实验常用仪器 ····················· 29
 (一)分析天平 ··························· 29
  1．天平的分类 ························ 29
  2．TG－328B 光学读数分析天平 ·············· 31
  3．FA1004 上皿式电子天平 ················· 38
  4．分析天平的称量方法 ··················· 46
 (二)酸度计 ···························· 47
  1．pHS－3B 型酸度计 ··················· 47
  2．Detla320－SpH 计 ···················· 57
 (三)分光光度计 ·························· 60
  1．721 型分光光度计 ···················· 60
  2．7220 型分光光度计 ··················· 63
 (四)高温电阻炉(马弗炉) ···················· 70
  1．高温箱式电阻炉(SX10－HTS 型) ············ 70
  2．TM6220S 型陶瓷纤维马弗炉 ·············· 71
 (五)滴定分析玻璃仪器及基本操作 ················ 73
  1．玻璃仪器的洗涤 ····················· 74
  2．滴定管 ·························· 75
  3．移液管和吸量管 ····················· 80
  4．容量瓶 ·························· 80
  5．容量仪器的校正 ····················· 82

第三部分 无机及分析化学实验 ················ 89
 实验1 酸碱反应 ························ 89
 实验2 沉淀反应 ························ 92
 实验3 配位反应 ························ 95

实验 4	氧化还原反应	98
实验 5	主族元素若干重要化合物的性质	103
实验 6	过渡族元素若干重要化合物的性质	106
实验 7	常见离子和某些生化物质的定性鉴定	109
实验 8	阳离子 Pb^{2+}、Cu^{2+}、Hg^{2+}、$As(Ⅲ)$ 混合溶液的分析	122
实验 9	醋酸离解度和离解常数的测定	125
实验 10	由粗食盐制备试剂级氯化钠	127
实验 11	分析天平称量练习	130
实验 12	滴定分析操作练习	133
实验 13	食用醋中醋酸含量的测定	136
实验 14	碳酸钠的制备及其含量的测定	139
实验 15	铵盐中氮含量的测定(甲醛法)	143
实验 16	阿司匹林药片中乙酰水杨酸含量的测定	146
实验 17	磷矿中 P_2O_5 含量的测定	148
实验 18	快速镀铬液中硼酸含量的测定	151
实验 19	缓冲溶液的配制及 pH 值的测定	153
实验 20	水杨酸钠含量的测定	156
实验 21	自来水总硬度的测定	158
实验 22	水样中 SO_4^{2-} 的分析	162
实验 23	光亮镀镍镀液中 Ni^{2+}、Co^{2+} 含量的测定	164
实验 24	Bi^{3+}、Fe^{3+} 混合液中 Bi^{3+}、Fe^{3+} 浓度的连续测定	166
实验 25	锌基合金中铜、锌的测定	168
实验 26	复方氢氧化铝药片中铝、镁含量的测定	170
实验 27	低熔点合金中铋、铅、锡含量的测定	172
实验 28	钙制剂中钙含量的测定	176
实验 29	过氧化氢含量的测定	178
实验 30	水样中化学耗氧量的测定	180

实验 31	硫酸亚铁铵的制备与含量测定	183
实验 32	胆矾的制备及含量测定	186
实验 33	直接碘量法测定维生素 C	191
实验 34	铁矿石中铁含量的测定	192
实验 35	注射液中葡萄糖含量的测定	195
实验 36	胱氨酸含量的测定	197
实验 37	可溶性氯化物中氯含量的测定(莫尔法)	199
实验 38	醋酸银溶度积的测定	201
实验 39	植物或肥料中钾含量的测定(重量法)	205
实验 40	重量法测定土壤中 SO_4^{2-} 的含量	207
实验 41	邻二氮菲吸光光度法测定微量铁	209
实验 42	水样中铜的吸光光度法测定	214
实验 43	水样中六价铬的吸光光度法测定	215
实验 44	铁、镍的离子交换分离与测定	217
实验 45	自来水中痕量磷的测定(萃取分离—吸光光度法)	221
实验 46	纸层析法分离鉴定氨基酸	223
实验 47	酸碱滴定法综合设计实验	226
实验 48	络合滴定法综合设计实验	227
实验 49	氧化还原滴定法综合设计实验	227
实验 50	有机酸摩尔质量的测定(微量滴定分析法)	228
实验 51	过氧化氢含量的测定(微量滴定分析法)	230

第四部分　英文文献实验 233

  Ⅰ　General Laboratory Apparatus 233
  Ⅱ　Acid－Base Titration 254
  Ⅲ　Oxidation－Reduction Titration 260
  Ⅳ　Complexation Titration 263
  Ⅴ　Spectrophotometry 265

附录 270
   附录1   元素的相对原子质量(1999) 270
   附录2   一些物质的摩尔质量 275
   附录3   弱酸及其共轭碱在水中的离解常数(25℃, $I=0$)
                                                                                                     284
   附录4   常见无机化合物在水中的溶解度(g/100g H_2O)
                                                                                                     289
   附录5   定性分析试剂配制法 292
   附录6   常用酸、碱溶液的密度和浓度 300
   附录7   常用指示剂 301
   附录8   常用缓冲溶液的配制 305
   附录9   pH 标准缓冲溶液 307
   附录10 常用滤器及其使用 308
   附录11 常用基准物质的干燥条件和应用 310
   附录12 标准电极电势(18～25℃) 312
   附录13 微溶化合物的溶度积(18～25℃, $I=0$) 317
   附录14 滴定分析实验操作评分细则($KMnO_4$ 法测定
              试样中 $C_2O_4^{2-}$ 的含量) 323

参考文献 327

第一部分　无机及分析化学实验基础知识

一、学生实验守则

1. 无机及分析化学实验室应保持清洁，实验台面无灰尘和水渍。实验过程中，随时保持工作环境的整洁，玻璃仪器和其它仪器应有序摆放。固体废物如纸、火柴梗等只能丢入废物桶内，有毒废液应倒入指定回收处理桶中，切勿倒入水槽。

2. 保持实验室安静，勿高声谈笑、抽烟，勿进食，勿饮水；实验时应思想集中，情态安定；不迟到，不早退，遵守实验纪律。

3. 实验课前，应预习本实验内容，了解实验目的、原理、步骤和注意事项，并对所用的试剂和反应生成物的性能做到心中有数，对所用仪器设备的操作有基本了解。做到胸有成竹，实验时才能有条不紊。

4. 实验过程中，仔细观察实验现象，及时将实验现象和实验数据详细记录在实验报告本上，不能用小纸条或其它废纸记录实验数据，决不允许有伪造原始数据等卑劣行为，养成良好的实事求是的科学态度和严谨的科学作风。

5. 实验开始前，应清点所用玻璃仪器和实验设备，如有破损或缺少，应报告指导教师，及时更换和补充。应爱护国家财物，认真仔细地操作，小心使用实验仪器，注意节约使用化学试剂、实验用蒸馏水、煤气等。如玻璃仪器破损或仪器损坏，应向指导教师报告，如实登记破损情况，按规定进行赔偿和补充。实验结束后，实验室的一切物品不许带离室外。

6．实验时要遵守操作规则,对易燃、易爆、剧毒药品更应严加控制其使用量。用前应先熟悉药品的取用方法和防护知识。必须遵守实验室一切电器、煤气的安全规则,以保证实验安全进行,防止事故发生。

7．实验结束,须将玻璃仪器洗涤干净,关闭仪器电源,罩好仪器,由值日同学打扫和清理实验室及周边环境,检查并关好水、电、煤气和门窗,教师允许后,方可离开实验室。

8．禁止穿背心、拖鞋进实验室,做实验时应穿实验服(白大褂),衣着应整洁,保持良好形象和秩序。

9．尊重教师的指导。

二、实验室安全

化学实验经常使用水、电、气、试剂等,由于有些试剂易燃、易爆、有毒,加之反应时极易产生有毒气体和有害物质,如不严格遵守操作规程,实验时不认真、马马虎虎,很容易造成整个实验失败,甚至出现事故,如爆炸、失火、中毒、烧伤及烫伤等,导致国家财产受损,人员遭受伤害。但只要我们在实验过程中,遵守操作规程和安全措施,则完全可避免事故的发生。

(一)实验室安全规则

1．严禁试剂入口,用移液管吸取有毒样品应用吸耳球;以鼻鉴别试剂时,试剂瓶应远离鼻子,用手轻轻扇动,闻其味即可,鉴别时鼻子勿靠近试剂瓶口。

2．制备和使用有毒、有刺激性、恶臭的气体,如氮氧化合物、Br_2、Cl_2、H_2S、SO_2、氢氰酸等,以及加热或蒸发 HCl、HNO_3 和消化试样时,应在通风橱内进行操作。

3．启开装有易挥发物(如氨水、乙醇、乙醚、丙酮等)的试剂瓶时,尤其在夏天,不可将瓶口对着自己或他人脸部,以防启开时试剂喷出,造成伤害事故。使用时应远离火源,用后把瓶塞塞严,放置于阴凉处。低沸点有机溶剂不能直接在煤气灯或电炉上加热,而应在水浴中加热。

4. 浓酸、强碱具有强烈的腐蚀性,用时不要将其洒在衣服或皮肤上,以防灼伤。

5. 汞化合物、砷化合物、氰化物等剧毒物,不得入口或接触到伤口上,氰化物不能加入酸,否则产生 HCN(剧毒)。

6. 浓、热的高氯酸遇有机物易发生爆炸。若试样为有机物,应先加浓硝酸将其破坏,再加入高氯酸。

7. 使用煤气时,应先点火,再开气。用完煤气或煤气供应临时中断时,应立即关闭煤气阀门。如遇煤气泄漏,应停止实验,进行检查。在点燃的煤气灯旁,不得放置易燃物品(如抹布、毛巾)、易燃易爆的药品。

8. 一切电器设备在使用前,应检查是否漏电,使用时先接好线路再插上电源。实验结束后,必须先切断电源,再拆线路。

(二)防火及灭火

平时要注意偶然着火的可能性,准备适用于各种情况的灭火材料,包括消火砂、石棉布、各类灭火器。

一旦发生火灾,切不要惊慌,应立即切断电源,关闭煤气阀门,用湿抹布或石棉布覆盖灭火,把易燃易爆物移到远处。如果是易燃液体或固体(有机物)着火,不能用水去浇,因除甲醇、乙醇等少数化合物外,大多数有机物密度小于水,浮于水面上,燃烧面积会扩大,因此,除小范围着火可用湿抹布覆盖外,一般情况下要立即用消火砂、灭火器等来灭火。若火势较猛,应根据具体情况,选用适当的灭火器材进行灭火,并立即与有关部门联系,请求救援。

常见灭火器的类型及适用范围见表1-1。

表 1-1　　　　　　常用灭火器及其适用范围

类　型	药 液 成 分	适 用 范 围
酸碱式	H_2SO_4、$NaHCO_3$	适用于非油类及切断了电路的电器失火等一般火灾,而不适用于忌酸性的化学药品(如氰化钠等)和忌水的化工产品(如钾、钠、镁、电石等)失火
泡沫式	$Al_2(SO_4)_3$、$NaHCO_3$	适用于扑灭油类及苯、香蕉水、松香水等易燃液体失火,而不适用于丙酮、甲醇、乙醇等易溶于水的液体失火
二氧化碳	液体 CO_2	适用于电器失火(包括精密仪器、电子设备失火)
干粉灭火①	主要由 $NaHCO_3$、硬脂酸铝、云母粉、滑石粉、石英粉等混合配成	适用于扑救油类、可燃气体、电器设备、精密仪器、文件记录和易燃烧物品等的初起火灾
1211	CF_2ClBr	灭火效果好,主要应用于油类有机溶剂、高压电气设备、精密仪器等失火

(三)实验室一般事故的急救与处理

1. 烧伤。包括火伤和烫伤。当灼烧面积过大时,应将伤者的衣服脱掉,用消过毒的纱布包好,饮大量热的饮料。并迅速转送医

---

① 在干粉灭火器上装有二氧化碳作为喷射动力。干粉灭火器喷出的灭火粉末,盖在固体燃烧物上,能够构成阻碍燃烧的隔离层,且能通过受热而分解出不燃性气体,就可以降低燃烧区域中的含氧量。同时干粉还有中断燃烧连锁反应的作用,因此灭火速度快。干粉灭火器综合了泡沫式、二氧化碳和四氯化碳灭火器的优点。

院,请医护人员救治。

轻微烫伤可在伤口处抹烫伤油膏或万花油,不要把烫出的水泡挑破;烫伤严重者送医院救治。

2．割伤。伤口内如有异物,先挑出异物,再抹上红药水或紫药水后用消毒纱布包扎,也可贴上"创可贴"。

3．眼睛灼伤。若眼睛被溶于水的药品灼伤,应立即就近用清水冲洗眼睛,用流水缓慢冲洗眼睛 15min 以上。如果是碱灼伤,用 $40g·L^{-1}$ 的硼酸或 $20g·L^{-1}$ 的柠檬酸溶液冲洗,冲洗后反复滴氯霉素等微酸性眼药水;如果是酸灼伤,则用 $20g·L^{-1}$ 的碳酸氢钠溶液冲洗,冲洗后可反复滴磺胺乙酰钠等微碱性眼药水。

4．化学灼伤。化学灼伤时,应迅速解脱衣服,先用手帕、纱布或吸水性良好的纸吸去皮肤上的化学物质,用大量清水冲洗,再以适合消除这种有毒化学药品的特种溶剂、药剂仔细清洗处理伤处,其急救或治疗方法见表1-2。

表1-2　　　　　化学灼伤及救治方法

单质和化合物	急救或治疗方法
碱类:氢氧化钾、氢氧化钠、氨、氧化钙、碳酸钠、碳酸钾	立即用大量清水作较长时间冲洗,然后用2%乙酸或2%柠檬酸或4%硼酸冲洗;对氧化钙的灼伤,可用任一种植物油洗涤伤处
碱金属氰化物、氢氰酸	先用高锰酸钠溶液洗,再用硫化铵溶液漂洗
溴	用1体积氨(25%)+1体积松节油+10体积乙醇(95%)的混合液处理,不可单纯用水冲洗,以免增加水解反应而使伤害程度加重
铬　酸	先用大量水冲洗,然后用硫化铵溶液漂洗

续表

单质和化合物	急救或治疗方法
氢氟酸	先用大量冷水冲洗较长时间,直至伤口表面发红,然后用 $50g·L^{-1}$ 碳酸氢钠溶液洗,再以甘油与氧化镁(2+1)悬浮剂涂抹,用消毒纱布包扎
磷	不可将创伤面暴露于空气或用油质类涂抹。应先用 $10g·L^{-1}$ 硫酸铜溶液洗净残余的磷,再用(1+1000)高锰酸钾湿敷,外涂以保护剂,用绷带包扎
苯酚	先用大量水冲洗,然后再用4体积乙醇(70%)与1体积氯化铁($1mol·L^{-1}$)的混合液洗,或先用大量水冲洗后,再用50%乙醇冲洗2~3次,再用生理盐水冲洗10min,最后用5%硫代硫酸钠湿敷2~3d
氯化锌、硝酸银	先用水冲洗,再用 $50g·L^{-1}$ 碳酸氢钠溶液漂洗,涂油膏及磺胺粉
酸类:硫酸、盐酸、硝酸、磷酸、乙酸、蚁酸、草酸、苦味酸	用大量的水冲洗,然后用2%碳酸氢钠溶液冲洗

注:化学灼伤较重者,应及时使用破伤风抗毒素和抗菌素。

5. 化学中毒的救治。一旦发生化学中毒,必须争分夺秒地、正确地采取自救、互救措施,立即将患者从中毒物质作用区域移出,力求在毒物被吸收以前,设法排除其体内的毒物,进行抢救,直至转入医院救治。

常见化学中毒时的急救或治疗方法见表1-3。

表 1-3　　　　　　常见化学中毒及救治方法

毒物名称	毒物的侵入途径与中毒主要症状	急救或治疗方法
氯	主要通过呼吸道和皮肤粘膜对人体产生毒害作用 刺激眼结膜,流泪,失明 鼻咽粘膜发炎,咽干,咳嗽,打喷嚏;呼吸道损害,窒息,冷汗,脉搏虚弱甚至肺水肿,心力逐渐衰竭而死亡	①立即离开有氯气的场所,脱去被污染的衣服 ②静脉注射5%葡萄糖40～100mL ③眼受刺激用2%苏打水洗眼;咽喉炎可吸入2%苏打水热蒸气 ④重患者保温,吸氧,注射强心剂,但禁用吗啡 ⑤并发肺炎时,应用抗菌素药剂
一氧化碳及煤气	由呼吸道经肺脏吸收而进入血液,很快形成羰基血色素,使血色素丧失运输氧的能力 轻度中毒:头痛,眩晕,有时恶心,呕吐,疲乏无力,精神不振 中度中毒:除上述症状外,迅速发生意识障碍,全身软弱无力,甚至有肢体瘫痪现象,意识不清,逐渐加深而致死 重度中毒:迅速陷入昏迷,很快因呼吸停止而死亡。有时还出现中枢神经系统各种损害症状,如各种瘫痪及肌肉控制力消失,失语症,癫痫等 中毒时全身皮肤常呈鲜洋红色,时间长者也可发绀(皮肤带有一点红的黑色)	①立即将患者移至新鲜空气处,保暖不使受寒,禁用兴奋剂 ②呼吸衰竭者,应立即进行人工呼吸,并给含5%～7%二氧化碳的氧气 ③输入5%葡萄糖盐水1500～2000mL ④定期静脉注射1%亚甲蓝的葡萄糖溶液30～50mL ⑤呼吸循环衰竭者,同时注射盐酸山梗菜碱、尼可刹米、樟脑等强心剂 ⑥急性重度中毒者,迅速放血200～400mL,必要时输入等量新鲜血液 ⑦重度中毒者,可用抗菌制剂预防感染

续表

毒物名称	毒物的侵入途径与中毒主要症状	急救或治疗方法
硫化氢	经由呼吸道侵入,与呼吸酶中的铁质结合使酶活动性减弱,并引起中枢神经系统中毒 轻度中毒:头晕、头痛、恶心、呕吐、倦怠、虚弱、结膜炎,有时会发生支气管炎、肺炎、肺水肿,尿中出现蛋白质 重度中毒:呕吐、冷汗、肠绞痛、腹泻、小便困难、呼吸短促、心悸,并可使意识突然丧失,昏迷、窒息而死亡	①立即离开中毒区 ②呼吸治疗并注射呼吸兴奋剂如尼可刹米、盐酸山梗菜碱等 ③重者,注射0.1%阿朴吗啡1mL催吐 ④并发支气管炎及肺炎者,应对症治疗,同时用抗菌素药剂 ⑤眼部受刺激时,立即用2%苏打水冲洗,湿敷饱和硼酸溶液和橄榄油
汞及汞盐	经由呼吸道、消化道及皮肤直接吸收侵入人体 急性中毒:严重口腔炎,流涎,口觉金属味,恶心呕吐,腹痛,腹泻带血,全身衰弱,尿含蛋白质,尿量减少或尿闭,很快死亡 慢性中毒:消化系统和神经系统受损害,发生牙的疾患,齿龈带青色或出血,消化不良,贫血,腹痛,腹泻,肝肿大,神经失常,记忆力丧失,头痛,骨节痛	①急性中毒时,用活性炭悬浮液彻底洗胃,或高压灌肠 ②立即注射二巯基丙醇(BAL),每日2~4次,50%葡萄糖溶液20~40mL,多次静脉注入 ③用硫酸镁20~30g作泻剂,每日1~2次 ④慢性中毒者,静脉注射10%硫代硫酸钠20mL,每日注射1次,10~15次为一个疗程 ⑤发生尿毒症现象,须注入大量生理盐水,放血,并注射强心剂 ⑥植物神经障碍显著者,静脉注射10%氯化钙,每日10mL,10~12次为一个疗程 ⑦口腔炎用0.25%高锰酸钾或3%过氧化氢含漱与冲洗

续表

毒物名称	毒物的侵入途径与中毒主要症状	急救或治疗方法
三氯甲烷 ($CHCl_3$)	主要由呼吸道入侵 　急性中毒:刺激粘膜,流泪,流涎,类似酒醉,呕吐,瞳孔缩小,窒息时瞳孔放大,对光线没有反应,脉搏微弱而数稀,面苍白,呼吸减弱,体温下降,呼出的气体有氯仿气味 　慢性中毒:消化不良,体重减轻,失眠,精神紊乱 　误服者,呕吐,赤痢,黄疸,呼吸失调,失去知觉,脉缓,血压下降	①将患者立即移往新鲜空气处,保持温暖和安静 ②施行人工呼吸和输含5%二氧化碳的氧气 ③静脉注射2L加热到40℃左右的生理食盐水 ④注射中枢兴奋剂如安钠加、樟脑磺酸钠等 ⑤误服者先洗胃,服盐质泻剂,施行人工呼吸,注射阿托品与肾上腺素、安钠加、樟脑磺酸钠,并静脉注射20mL40%葡萄糖溶液,同时重复注射5个单位的胰岛素
甲　醛 (HCHO)	经由呼吸道或与皮肤接触而产生毒害 　急性中毒:流泪,急性结膜炎,鼻炎,咳嗽,支气管炎,肺受刺激,胸内压迫,头痛,晕厥 　慢性中毒:视力减退,手指尖变褐色,指甲床疼痛 　皮肤接触时则引起各种皮炎	①急性中毒时吸入氧气,注射葡萄糖 ②用稀的乙酸铵或3%碳酸盐溶液洗胃 ③粘膜受刺激后,用2%小苏打水洗涤或喷雾吸入 ④皮肤损害时,用氧化锌、硼酸软膏等治疗
铬化合物	通过呼吸道和皮肤入侵。吸入含铬化合物的粉尘或溶液飞沫可使口腔、鼻咽粘膜发炎,严重者形成溃疡(鼻隔穿孔),甚至嗅觉减退或完全丧失 　皮肤接触,最初出发痒红点,以后侵入深部,继之组织坏死,愈合极慢;误服时消化系统有烧灼感,口腔粘膜增厚与水肿,呕吐,有时带血,上腹疼痛,肝肿大,重者胃与食道变窄	①皮肤损害时,先用清水或1%～2%苏打水多次冲洗,再涂以磺胺或硼酸软膏 ②鼻咽粘膜损害时,可用清水或苏打水灌洗,或用硼酸水或苏打水喷雾熏气或含漱 ③误服急性中毒时,用温热水7～10L少量多次洗胃,也可用小苏打或其它弱碱性溶液灌洗,洗胃后内服氧化镁乳剂或橄榄油 ④食道烧伤后的变窄,应用营养高的液体食物保证入量 ⑤对症治疗

(四)实验废物的处理

化学实验中,常有废水、废物、废气,即"三废"的排放。三废中往往含有大量的有毒物质。为了保证实验人员的健康,防止环境污染,需处理后再排放。

1. 汞蒸气或其它废气。为了减少汞的蒸发,可在汞液面上覆盖化学液体,如甘油、5% 的 $Na_2S·9H_2O$ 溶液、水,其中甘油效果最好。

对于溅落的少量汞,可以洒上多硫化钙、硫磺或漂白粉,干后扫除。

大量有毒气体如 H_2S、HCN、SO_2 等,最好采用适当的吸收剂吸收后,才能排放。

2. 废物。固体废药品、纸屑、酸性废液不能倒入水槽中,以防堵塞或腐蚀管道。应倒入废物桶或废液缸内。

剧毒物、放射性废渣、废液,以及不可回收的有机溶剂,应放在专设的容器内,分别采取适当措施,予以回收或销毁。

3. 废液。无机酸类:将废酸液用碳酸钠或氢氧化钙水溶液中和,后用大量水冲稀排放。

氢氧化钠、氨水:用 1∶1 盐酸液中和后,用大量水冲稀排放。

含汞、砷、锑、铋等离子的废液:控制酸度在 $0.3 mol·L^{-1}$ [H^+],使其生成硫化物沉淀。

含氰化物废液:应先将 CN^- 转化为 $Fe(CN)_6^{4-}$,再倒入水槽。如 CN^- 含量高,可加入过量的次氯酸钙和氢氧化钠溶液。

三、试剂、溶液的浓度、配制与计算

(一)化学试剂及其规格

化学试剂产品很多,门类很多,一般分为无机试剂和有机试剂两大类,又可按用途分为标准试剂、一般试剂、高纯试剂、特效试剂、仪器分析专用试剂、指示剂、生化试剂、临床试剂、电子工业或食品工业专用试剂等。世界各国对化学试剂的分类和分级标准不尽相同。我国化学试剂产品的相关标准有国家标准(GB)和专业(行业)标准(ZB)及企业标准(QB)等。国际标准化组织(ISO)和国际纯粹化学与应用化学联合会(IUPAC)也都有很多相应的标准和规定。例如,IUPAC对化学标准物质的分级有A级,B级,C级,D级和E级。A级为原子量标准;B级为与A级最接近的基准物质;C级和D级为滴定分析标准试剂,含量分别为$(100 \pm 0.02)\%$和$(100 \pm 0.05)\%$;而E级为以C级或D级试剂为标准进行对比测定所得的纯度或相当于这种纯度的试剂。

我国的主要国产标准试剂和一般试剂的级别及用途见表1-4及表1-5。

表1-4　　　主要国产化学试剂的级别与用途

标准试剂类别(级别)	主　要　用　途	相当于IUPAC的级别
容量分析第一基准	容量分析工作基准试剂的定值	C
容量分析工作基准	容量分析标准溶液的定值	D
容量分析标准溶液	容量分析测定物质的含量	E
杂质分析标准溶液	仪器及化学分析中用作杂质分析的标准	
一级pH基准试剂	pH基准试剂的定值和精密pH计的校准	C
pH基准试剂	pH计的定位(校准)	D
有机元素分析标准	有机物的元素分析	E
热值分析标准	热值分析仪的标定	
农药分析标准	农药分析的标准	
临床分析标准	临床分析化验标准	
气相色谱分析标准	气相色谱法进行定性和定量分析的标准	

表 1-5　　　　　　　　一般试剂级别与用途

一般试剂级别	中文名称	英文符号	标签颜色	主要用途
一级	优级纯(保证试剂)	G.R	深绿色	精密分析实验
二级	分析纯(分析试剂)	A.R	红色	一般分析实验
三级	化学纯	C.P	蓝色	一般化学实验
生化试剂	生化试剂 生物染色剂	B.R	咖啡色	生物化学实验

化学试剂中,指示剂纯度往往不太明确。生物化学中使用的特殊试剂,其纯度表示方法和化学中一般试剂表示方法也不相同。例如,蛋白质类试剂的纯度经常以含量表示,或以某种方法(如电泳法等)测定杂质含量来表示。再如,酶是以每单位时间能酶解多少物质来表示其纯度,也就是说,它的纯度是以其活力来表示的。

在一般分析工作中,通常要求使用 A.R 级的分析纯试剂。

常用化学试剂的检验,除经典的湿法化学方法之外,已愈来愈多地使用物理化学方法和物理方法,如原子吸收光谱法,发射光谱法,电化学方法,紫外、红外和核磁共振分析法以及色谱法等。

分析工作者必须对化学试剂标准有一个明确的认识,做到科学地存放和合理地使用化学试剂,既不超规格造成浪费,又不随意降低规格而影响分析结果的准确度。

(二)溶液的浓度、溶液的配制和分析化学中的计算式

溶液的浓度、溶液的配制和分析化学中的计算式三者之间是互相联系的。

1. 摩尔质量 M

其意义是质量 m 除以物质的量 n,即

$$M = \frac{m}{n} \tag{1}$$

单位为 $g \cdot mol^{-1}$。利用此单位作为摩尔质量的单位时,任何物质的摩尔质量,在数值上是等于该物质的相对原子质量或相对分子质量。

2. 摩尔体积 V_m

其意义是体积 V 除以物质的量 n,即

$$V_m = \frac{V}{n} \tag{2}$$

单位为 $L \cdot mol^{-1}$。

3. 物质的量浓度 c(分析化学中常简称为浓度)

其意义是溶质的物质的量 n 除以溶液的体积 V,即

$$c = \frac{n}{V} \tag{3}$$

单位为 $mol \cdot L^{-1}$。某物质 B 的浓度可写为 c_B 或 $c(B)$。

4. 质量 m、摩尔质量 M、物质的量 n 和浓度 c 的关系

将(1)式代入(3)式得:

$$c = \frac{n}{V} = \frac{m}{MV} \tag{4}$$

5. 配制固体物质溶液的计算式

由(4)式得:

$$m = cMV \tag{5}$$

单位为 g。欲配制某物质(其摩尔质量为 M)溶液的浓度为 c、体积为 V(以 L 为单位)时,其质量 m 应用(5)式是很容易计算的。

6. 物质的质量浓度 $\rho(B)$

其意义是质量 m 除以溶液体积 V

$$\rho(B) = \frac{m}{V} \tag{6}$$

单位为 $g \cdot L^{-1}$。在吸光光度法的标准溶液系列中,滴定分析的一般试剂,如指示剂浓度为 0.2g/100mL(即过去的 0.2%),以及

$KMnO_4$ 浓度为 5g/100mL(即过去的 5% $KMnO_4$)等。有些教材或论文继续使用 0.2% 和 5% 等表示方法,它是指称取一定质量的物质后,溶解,稀释至 100mL 的意思。

7. 质量摩尔浓度 b

其意义是物质的量 n 除以溶剂的质量 m

$$b = \frac{n}{m} \tag{7}$$

单位为 $mol \cdot kg^{-1}$,它多在标准缓冲溶液的配制中使用。

8. 滴定分析的计算式

对一个化学反应:

$$aA + bB = cC + dD \tag{8}$$

A 物质和 B 物质在反应达到化学计量点时,其相互间物质的量的关系为

$$n_A = \frac{a}{b}n_B \quad 或 \quad n_B = \frac{b}{a}n_A \tag{9}$$

式中 $\frac{a}{b}$ 或 $\frac{b}{a}$ 称为 A 物质与 B 物质间的换算因子。

(1) 两种溶液间的计量关系。例如用 NaOH 标准溶液(A)滴定 H_2SO_4(B)溶液时,反应式为

$$2NaOH + H_2SO_4 = Na_2SO_4 + 2H_2O$$

其计量关系式是

$$c(A)V(A) = \frac{a}{b}c(B)V(B) \quad \left(\frac{a}{b} = \frac{2}{1}\right) \tag{10}$$

(2) 固体物质(A)与溶液间的计量关系。例如用基准物质标定溶液浓度时,其计算式为

$$\frac{m(A)}{M(A)} = \frac{a}{b}c(B)V(B) \tag{11}$$

上式亦可很方便地用于计算所需待测物质或所需基准物质的质量,即

$$m(A) = \frac{a}{b}c(B)V(B)M(A)$$

例如,用基准草酸标定约 $0.1\,\mathrm{mol \cdot L^{-1}}$ NaOH 溶液,欲使滴定消耗 NaOH 25mL 左右,则所需草酸质量约为:

$$m = \frac{1}{2} \times 0.1 \times \frac{25}{1000} \times 126 \approx 0.16\,\mathrm{g}$$

$[M(H_2C_2O_4 \cdot 2H_2O) = 126.07]$

(3)质量分数计算式。当用物质 B 标准溶液测定物质 A 的含量时,其间关系为

$$w(A) = \frac{\frac{a}{b}c(B)V(B)M(A)}{m_s} \quad (12)$$

$w(A)$ 可以是小数,也可以用百分数表示。

(4)滴定度的计算式。用物质 A 的标准溶液滴定物质 B 时,A 物质对 B 物质的滴定度的计算式为

$$T_{A/B} = \frac{\frac{b}{a}c(A)M(B)}{1000} \quad (13)$$

在(10)~(13)式中,c 为物质的量浓度($\mathrm{mol \cdot L^{-1}}$),$V$ 为溶液的体积(L),M 为物质的摩尔质量($\mathrm{g \cdot mol^{-1}}$),$w$ 为物质的质量分数,T 为滴定度($\mathrm{g \cdot mL^{-1}}$),m_s 为试样的质量(g)。

9. 基本单元的表述及其计算式

根据 SI 计量单位的规定,在使用摩尔定义时有一条基本原则:必须指明物质的基本单元。基本单元可以是原子、分子、离子或它们的特定的组合。例如:$1\,\mathrm{mol}(CaO)$,$1\,\mathrm{mol}\left(\frac{1}{2}CaO\right)$,$1\,\mathrm{mol}(H_2SO_4)$,$1\,\mathrm{mol}\left(\frac{1}{2}H_2SO_4\right)$,$c(KMnO_4)$,$c\left(\frac{1}{5}KMnO_4\right)$,$c\left(\frac{1}{6}K_2Cr_2O_7\right)$,$M(H_2SO_4)$,$M(K_2Cr_2O_7)$ 等等。在这里,1mol

$\left(\frac{1}{2}\text{CaO}\right)$中,括号内的"$\frac{1}{2}$"称为基本单元系数 b,而"$\frac{1}{2}\text{CaO}$"称为 CaO 的基本单元。

同一物质在用不同基本单元表述时,其摩尔质量 M、物质的量 n、物质的量浓度 c 有下面三个重要的计算式:

(1)摩尔质量的计算式为
$$M(b\text{A}) = b \times M(\text{A}) \tag{14}$$
(2)物质的量 n 的计算式为
$$n(b\text{A}) = \frac{1}{b} \times n(\text{A}) \tag{15}$$
(3)物质的量浓度 c 的计算式为
$$c(b\text{A}) = \frac{1}{b} \times c(\text{A}) \tag{16}$$

10. 溶液的配制方法

(1)一般溶液的配制方法

公式 $m = cVM$ 是配制固体试液最基本的公式。需注意的是摩尔质量 M 与所配溶液浓度 c 的基本单元必须相对应。

在台秤或分析天平上称出所需量的固体试剂,于烧杯中先用适量水溶解,再稀释至所需的体积。试剂溶解时若有放热现象(或以加热促使溶解),应待溶液冷却后,再转入试剂瓶中或定量转入容量瓶中。配好的溶液,应马上贴好标签,注明溶液的名称、浓度和配制日期。

有一些易水解的盐,配制溶液时,需加入适量酸,再用水或稀酸稀释。有些易被氧化或还原的试剂,常在使用前临时配制,或采取措施,防止其被氧化或还原。

易侵蚀或腐蚀玻璃的溶液,不能盛放在玻璃瓶内。如氟化物应保存在聚乙烯瓶中;装强碱溶液的玻璃瓶应换成橡皮塞(强碱溶液最好也盛于聚乙烯瓶中)。

配制指示剂溶液时,需称取的指示剂量往往很少,这时可用分析天平称量,但只要读取两位有效数字即可;要根据指示剂的性质,采用合适的溶剂,必要时还要加入适当的稳定剂,并注意其保存期;配好的指示剂一般贮存于棕色瓶中。

配制溶液时,要合理选择试剂的级别。不要超规格使用试剂,以免造成浪费;也不要降低规格使用试剂,以免影响分析结果。

经常并大量使用的溶液,可先配制成浓度为使用浓度10倍的储备液,需要用时取储备液稀释10倍即可。

(2)标准溶液的配制和标定

标准溶液通常有两种配制方法:

a. 直接法

用分析天平准确称取一定量的基准试剂,溶于适量的水或其它溶剂中,再定量转移到容量瓶中,稀释至刻度。根据称取试剂的质量和容量瓶的体积,计算它的准确浓度。

基准物质是纯度很高的、组成一定的、性质稳定的试剂,其纯度相当于或高于优级纯试剂。基准物质可用于直接配制标准溶液或用于标定溶液浓度。作为基准试剂的物质应具备下列条件:

①试剂的组成与其化学式完全相符;

②试剂的纯度应足够高(一般要求纯度在99.9%以上),而杂质的含量应少到不致于影响分析的准确度;

③试剂在通常条件下应该稳定;

④试剂参加反应时,应按反应式定量进行,没有副反应。

常用的基准物质见附录11。

b. 标定法

实际上只有少数试剂符合基准试剂的要求。很多试剂不宜用直接法配制标准溶液,而要用间接的方法,即标定法。在这种情况下,先配成接近所需浓度的溶液,然后用基准试剂或另一种已知准确浓度的标准溶液来标定它的准确浓度。

四、无机及分析化学实验用水

(一)实验用水的规格、保存和选用

纯水是无机及分析化学实验中最常用的纯净溶剂和洗涤剂。我国的实验室用水规格的国家标准(GB 6682—92)中规定了相应的级别、技术指标、制备方法及检验方法。表 1-6 给出了实验室用水的级别与主要指标。

表 1-6   实验室用水的级别与主要指标

指 标 名 称	一级	二级	三级
pH 值范围(25℃)	—	—	5.0~7.5
电导率(25℃)/mS·m^{-1}	0.01	0.10	0.50
吸光度(254nm,1cm 光程)	0.001	0.01	—
可溶性硅(以 SiO$_2$ 计)/mg·L^{-1}	0.01	0.02	—

化学实验特别是在分析化学实验中,对纯水的质量要求较高。纯水制备不易,也较难保存。应根据实验中对水的质量要求选用适当级别的纯水,并注意尽量地节约用水,养成良好的习惯。

(二)纯水的制备及水质检验

蒸馏法:常用的蒸馏器有玻璃、铜及石英等。该法能除去水中的不挥发性杂质及微生物等,但不能除去易溶于水的气体。本方法的设备成本低,操作简单,但能源消耗大。

离子交换法:离子交换法是将自来水通过内装有阳离子和阴离子交换树脂的离子交换柱,利用离子交换树脂中的活性基团与水中的杂质离子的交换作用,以除去水中的杂质离子,实现净化水的方法。用此法制备的纯水又称去离子水。本方法去离子效果好,成本低,但设备及操作较复杂,不能除去水中非离子型杂质,因而去离子水中常含有微量的有机物。

电渗析法:电渗析法是在离子交换技术的基础上发展起来的一种方法。它是在直流电场的作用下,利用阴、阳离子交换膜对溶液中离子的选择性透过而去除离子型杂质。此法也不能除去非离子型杂质,仅适用于要求不高的分析工作。

纯水的水质检验有物理方法(如测定水的电导率或电阻率)和化学方法两类。检验的项目一般包括:电导率或电阻率、pH 值、硅酸盐、氯化物及某些金属离子如 Cu^{2+}、Pb^{2+}、Zn^{2+}、Fe^{3+}、Ca^{2+}、Mg^{2+} 等。

五、实验数据的处理及实验报告

(一)实验数据的记录

学生应有专门印制的编有页码的实验记录本,它也作为实验报告本。

实验过程中各种测量数据及有关现象,应及时、准确地记录下来。要实事求是,坚持严谨的科学态度,绝对不允许拼凑和伪造数据。

实验中有关仪器的型号、厂家、装置图以及溶液的配制等,应及时记录下来。

记录实验中的测量数据时,应注意有效数字及其运算的正确表达。如发现数据记错、算错、测错等而需更改数据,可将原来数据用一横线划去,并在其上方写出正确的数据。

记录中的文字叙述部分,应尽可能简明扼要;数据记录部分,应先设计一定的表格形式,这样更为整齐、有条理。

(二)实验数据的处理

为了衡量实验结果,例如分析结果的精密度,一般对单次测定的一组结果 $x_1, x_2, x_3, \cdots, x_n$,算出算术平均值 $\bar{x}$ 后,再用单次测量结果的相对偏差、平均偏差、标准偏差、相对标准偏差等表示出来。

算术平均值为　$\bar{x} = \dfrac{\sum x_i}{n}$

相对偏差为　$RD = \dfrac{x_i - \bar{x}}{\bar{x}} \times 100\%$

平均偏差为　$\bar{d} = \dfrac{\sum |x_i - \bar{x}|}{n}$

标准偏差为　$S = \sqrt{\dfrac{\sum (x_i - \bar{x})^2}{n-1}}$

相对标准偏差　$RSD = \dfrac{S}{\bar{x}} \times 100\%$

其它有关实验数据的统计处理等,可参考有关资料。

(三)实验报告

实验完成后,应根据预习和实验中的现象和数据记录等,及时认真地撰写实验报告。实验报告中的部分内容早在实验前预习时即已完成。无机及分析化学实验报告一般包括以下内容:

实验编号及实验名称、日期、气温等。

1. 实验目的。
2. 实验原理。简要地用文字和化学反应式说明。例如对于滴定分析,通常应有标定和滴定反应方程式,基准物质和指示剂的选择,标定和滴定的计算公式等。对有特殊仪器的实验装置,应画出实验装置图。
3. 实验步骤。应简明扼要地写出实验步骤。
4. 实验数据及其处理。应用文字、表格、图形,将实验现象及数据表示出来。根据实验要求、计算公式等写出实验结论,计算出分析结果并进行有关数据和误差处理,尽可能使记录表格化。

5. 问题讨论。包括对实验教材上的思考题和对实验中的现象、结果或产生的误差等进行讨论和分析,尽可能做到理论联系实际。同时,也提高了研究者分析问题、解决问题的能力和自身素质,为以后的科学研究工作打下一定的基础。

第二部分 无机及分析化学实验常用仪器

一、玻璃仪器及其它用品

(一)常用玻璃仪器及用途

实验室常用仪器如图 2-1 所示。

试管与离心试管:它们均为玻璃质,分硬质和软质,有普通试管和离心试管。普通试管分翻口、平口,有刻度、无刻度,有支管、无支管,有塞、无塞等几种。离心试管又常分为有刻度和无刻度两种。

一般情况下试管可用作常温或加热条件下少量试剂反应容器,也可用来收集少量气体;支管试管还可检验气体产物,也可接到装置中用;离心试管还可用于沉淀分离。

使用时应注意:①反应液体不超过试管容积 1/2,加热时不超过 1/3,以防止振荡时液体溅出,或受热溢出。②加热前试管外面要擦干,加热时要用试管夹。防止有水滴附着、受热不匀,使试管破裂或烫手。③加热液体时,管口不要对人,并将试管倾斜与桌面成 45°,同时不断振荡,火焰上端不能超过管里液面。防止液体溅出伤人。扩大加热面可防止爆沸,防止因受热不均匀使试管破裂。④加热固体时,管口应略向下倾斜,避免管口冷凝水流回灼热管底而引起试管破裂。⑤离心试管不可直接加热,防止破裂。

烧杯:通常为玻璃质,分硬质和软质,有一般型和高型,有刻度和无刻度等几种。

烧杯多用于在常温或加热条件下作大量物质反应容器,此时反应物易混合均匀,它还可用于配制溶液或代替水槽使用。

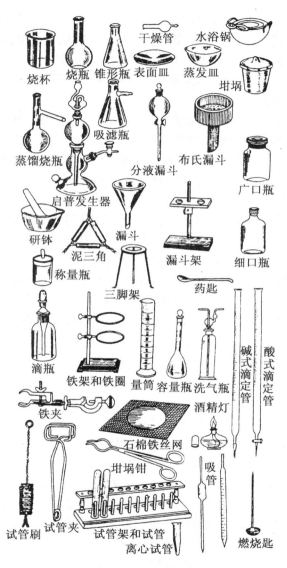

图 2-1 普通常用仪器

使用时应注意：①反应液体体积不得超过烧杯容量的2/3，防止搅动时或沸腾时液体溢出。②加热前要将烧杯外壁擦干，烧杯底要垫石棉网，防止玻璃受热不均匀而引起破裂。

烧瓶：通常为玻璃质，分硬质和软质，有平底、圆底、长颈、短颈、细口和厚口几种。

圆底烧瓶通常用于化学反应；平底烧瓶通常用于配制溶液或用作洗瓶或代替圆底烧瓶用于化学反应，它因平底而放置平稳。

使用时为了防止受热破裂或喷溅，一般要求盛放液体体积为烧瓶容量的1/3~2/3，加热前要将它固定在铁架台上，不能直接加热，应当下垫石棉网等软性物。

广口瓶：通常为玻璃质，有无色和棕色(防光)，有磨口(具塞)和光口(不具塞)之分。磨口瓶用于贮存固体药品，光口瓶通常作集气瓶使用。

使用时应注意：①不能直接加热。②磨口瓶不能放置碱性物，因碱性物会使磨口瓶和塞粘连。做气体燃烧实验时应在瓶底放薄层的水或砂子，以防破裂。③磨口瓶不用时应用纸条垫在瓶塞与瓶之间，以防打不开。④磨口瓶与塞均配套，防止弄乱。

细口瓶：通常为玻璃质，有磨口和不磨口，无色和有色(防光)之分。磨口瓶(具塞)用于盛放液体药品或溶液。使用注意事项同广口瓶。

称量瓶：通常为玻璃质，分高型和短型两种。用于准确称取一定量固体药品。使用注意事项同广口瓶。

锥形瓶：通常为玻璃质，分硬质和软质，有塞(磨口)和无塞，广口和细口等几种。可用作反应容器、接收容器、滴定容器(便于振荡)和液体干燥容器等。不能直接加热，加热时应下垫石棉网或用热浴，以防破裂。内盛液体不能太多，以防振荡时溅出。

滴瓶：通常为玻璃质，分无色和棕色(防光)两种。滴瓶上乳胶滴头另配。用于盛放少量液体试剂或溶液。滴管为专用，不得弄脏弄乱，以防沾污试剂。滴管不能吸得太满或倒置，以防试剂腐蚀乳胶夹。

容量瓶:通常为玻璃质,用于配制准确浓度溶液,用时注意:①不能加热,不能代替试剂瓶用来存贮溶液,以保证容量瓶容积的准确度。②为使配制准确,溶质应先在烧杯内溶解后,再移入容量瓶。

洗气瓶:通常为玻璃质,用于洗涤净化气体。反接可作安全瓶使用。用于洗气时应将进气管通入洗涤液中。瓶中洗涤液一般为容器高度的1/3~1/2,太高易被气体冲出。

吸滤瓶:又称抽滤瓶,玻璃质,用于减压过滤。使用时应注意:①不能直接加热。②和布氏漏斗配套使用,其间应用橡皮塞连接,确保密封性良好。

量筒:通常为玻璃质,用于量取一定体积的液体。使用时不可加热,不可量热的液体或溶液,不可作实验容器,以防影响容器的准确性。为使读数准确,应使视线与液面水平,并读取与弯月面相切的刻度。

漏斗:多为玻璃质,分短颈与长颈两种。用于过滤或倾注液体。过滤时漏斗颈尖端应紧靠承接滤液的容器壁。用长颈漏斗往气体发生器加液时颈端应插至液面以下,以防气体泄漏。

分液漏斗:玻璃质,有球形、梨形、筒形之分。用于加液或互不相溶溶液的分离。上口玻璃和下端旋塞均为磨口,不可调换。用时旋塞可加凡士林,不用时磨口处应垫纸片。

研钵:瓷质,也有玻璃、玛瑙、石头或铁制品,通常用于研碎固体或固-固、固-液的混合物。使用时应注意:①放入物体量不宜超过容积的1/3,以免研磨时把物质甩出。②只能研,不能舂,以防击碎研钵或研杵,避免固体飞溅。③易爆物只能轻轻压碎,不能研磨,以防爆炸。

坩埚:瓷质,也有石英、石墨、氧化锆、铁、镍、银或铂制品。用于强热、灼烧固体。使用时放在泥三角上或马弗炉中强热。加热后应用坩埚钳取下(出),以防烫伤。热坩埚取下(出)后应放在石棉网上,防止骤冷破裂或烫坏桌面。

蒸发皿:瓷质,也有玻璃、石英、铂制品,有平底和圆底之分。用于蒸发、浓缩液体。一般放在石棉网上加热使之受热均匀。注意防止骤冷骤热,以免破裂。

表面皿:通常为玻璃质,多用于盖在烧杯上,防止杯内液体迸溅或污染。使用时不能直接加热。

干燥管:玻璃质,用于干燥气体。用时两端应用棉花或玻璃纤维填塞,中间装干燥剂。干燥剂受潮后应及时更换清洗。

滴定管:玻璃质,分碱式和酸式两种。用于滴定分析或量取较准确体积的液体。酸式滴定管还可用作柱色谱分析中的色谱柱。使用时注意酸、碱式滴定管不能调换使用,以免碱液腐蚀酸式滴定管中的磨口旋塞,造成旋塞粘连损坏。

吸管:通常为玻璃质,又叫移液管或吸量管,分刻度管型和单刻度大肚型两类,还有自动移液管。用于精确移取一定体积的液体。

坩埚钳:铁或铜制,用于夹持坩埚。

试管夹:有木制、竹制、钢制等,形状各不相同,用于夹持试管,以免造成烫伤。

铁夹:铁制,夹内衬布或毡,用于夹持烧瓶等容器。

试管架:一般为木质或铝质,有不同形状与大小,用于放试管。加热后的试管应用试管夹夹住悬放在试管架上,不要直接放入试管架,以免因骤冷炸裂。

漏斗架:通常为木制,过滤时固定漏斗用。固定漏斗架时不要倒放,以免损坏。

三脚架:铁制,用于放置较大或较重的加热容器。放置容器(除水浴锅)时应先放石棉网,使受热均匀,并可避免铁器与玻璃容器碰撞。

铁架:铁制品,用于固定或放置反应容器。其上铁圈可代替漏斗架使用。使用时应注意平稳和牢固,以防倾倒、松脱。

泥三角:由铁丝弯成,并套有瓷管。用于灼烧时放置坩埚。使用前应检查铁丝是否断裂。

石棉网:由铁丝网上涂石棉制成,容器不能直接加热时用,它可使受热均匀。不可卷折,以防石棉脱落。不能与水接触,以免石棉脱落或铁丝锈蚀。

水浴锅:铜或铝制。用于间接加热或粗略控温实验。使用时注意防止水烧干,以免把锅烧坏。用完应把水倒净,并将锅擦干,防止锈蚀。

燃烧匙:铜质,用于检验某些固体物质的可燃性。用完应立即洗净并干燥,以防腐蚀。

药匙:瓷质或用塑料、牛角制成,用于取用固体药品。用时只能取一种药品,不能混用。用后应立即洗净、干燥。

毛刷:分试管刷、烧瓶刷、滴定管刷等多种,用于洗刷仪器。使用时注意用力均匀适度,以免捅破仪器。掉毛(尤其是竖毛)的刷子不能用。

酒精灯:多为玻璃质,灯芯套管为瓷质,盖子有塑料制和玻璃制之分。用于一般加热。

启普发生器:玻璃质,用于产生气体。

(二)玻璃仪器的洗涤方法及要求

1. 常用洗涤液配制与使用

(1)铬酸洗液:4g 重铬酸钾(工业纯)溶于 100mL 温热浓硫酸中。

新配制的铬酸洗液呈暗红色油状液,具有极强氧化力,腐蚀性强,去除油污效果极佳。使用时应避免稀释,防止对衣物、皮肤腐蚀。由于 Cr(Ⅵ)有毒,故洗液应尽量少用,少排放。铬酸洗液可用于对容量瓶、吸管、滴定管、比色管、称量瓶等的洗涤。

(2)碱性高锰酸钾洗液:将 4g 高锰酸钾(工业纯)溶于水中,加入 100mL10% 氢氧化钠即成。由于高锰酸钾有很强的氧化性,此洗液可清洗油污及有机物。析出的 MnO_2 可用草酸、浓盐酸、盐酸羟胺等还原剂除去。

(3)有机溶剂：有机溶剂如丙酮、苯、乙醚、二氯乙烷等，可洗去油污及可溶于溶剂的有机物。使用这类溶剂时，应注意其毒性及可燃性。

(4)碘-碘化钾洗液：1g 碘和 2g KI 溶于水中，加水稀释至100mL，用于洗涤 $AgNO_3$ 的分解产物 Ag_2O。

2．玻璃仪器洗涤方法及要求

仪器洗涤是化学工作者进行化学实验(包括无机及分析化学实验)的一项基本操作，它是一项技术性工作。定量分析用仪器洗净程度直接关系到分析结果的精密度和准确度。

玻璃仪器的洗涤方法很多，应根据实验的要求、污物的性质及沾污程度来选用。常用的洗涤方法如下：

(1)刷洗：用水和毛刷刷洗，除去仪器上的尘土、其它不溶性杂质和可溶性杂质。

(2)用去污粉(或洗涤剂)和毛刷刷洗容器上附着的油污和有机物质，若油污和有机物仍洗不干净，可用热的碱液洗。

(3)在进行精确定量分析实验时，对仪器的洁净程度要求高，可用洗液将与计量有关的仪器如容量瓶、移液管、滴定管、比色管、比色皿等浸泡后洗涤。此外，沾污严重的玻璃仪器也要用洗液浸后洗涤。

用以上方法洗涤后，经自来水冲洗干净的仪器上往往还留有 Ca^{2+}、Mg^{2+}、Cl^- 等离子，应用蒸馏水把它们洗去。使用蒸馏水的目的只是为了洗去附在仪器壁上的自来水，应符合少量(每次用量少)、多次(一般洗 3 次)的原则。

洗净的仪器壁上不应附着不溶物、油污。把仪器倒转过来，水即顺器壁流下，器壁上只留下一层既薄又均匀的水膜，不挂水球，这表示仪器已洗干净。不能用布或纸擦拭已洗净的容器，因为布和纸的纤维会留在器壁上弄脏仪器。

3. 玻璃仪器的干燥与存放

洗净的容器可用以下方法干燥：

(1)烘干:洗净的一般容器可以放入恒温箱内烘干,放置容器时应注意平放或使容器口朝下。

(2)烤干:烧杯或蒸发皿可置于石棉网上用火烤干。

(3)晾干:洗净的容器可倒置于干净的实验柜内或容器架上晾干。

(4)吹干:可用吹风机将容器吹干。

(5)用有机溶剂干燥:加一些易挥发的有机溶剂(如乙醇或丙酮)到洗净的仪器中,将容器倾斜转动,使器壁上的水和有机溶剂互相溶解、混合,然后倾出有机溶剂,少量残留在仪器中的溶剂很快挥发,而使容器干燥。如用吹风机往仪器内吹风,则干得更快。

(6)带有刻度的容器不能用加热的方法进行干燥,加热会影响这些容器的准确度。

二、定量分析实验常用仪器

(一)分析天平

分析天平是精确称取物质质量的精密仪器。了解分析天平的性能、结构和正确熟练地进行称量是定量分析实验的基本保证。

1. 天平的分类

(1)天平按其结构形式分类如下:

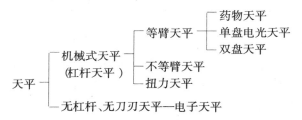

(2)按天平的准确度分类

机械杠杆式天平可分为四级:Ⅰ——特种准确度(精细天平),Ⅱ——高准确度(精密天平),Ⅲ——中等准确度(商用天平),Ⅳ——普通准确度(粗糙天平)。

国家标准 GB/T 4168—92 将机械杠杆式天平的Ⅰ级和Ⅱ级细分 10 个级别。按其最大称量与分度值之比(m_{max}/D,即分度数 n 值的大小),在Ⅰ级中又分为七个小级,Ⅱ级中分为三个小级,见表 2-1。

表 2-1 Ⅰ级、Ⅱ级天平级别的细分

准确度级别	最大称量与分度值之比 n
Ⅰ$_1$	$1\times10^7 \leqslant n < 2\times10^7$
Ⅰ$_2$	$4\times10^6 \leqslant n < 1\times10^7$
Ⅰ$_3$	$2\times10^6 \leqslant n < 4\times10^6$
Ⅰ$_4$	$1\times10^6 \leqslant n < 2\times10^6$
Ⅰ$_5$	$4\times10^5 \leqslant n < 1\times10^6$
Ⅰ$_6$	$2\times10^5 \leqslant n < 4\times10^5$
Ⅰ$_7$	$1\times10^5 \leqslant n < 2\times10^5$
Ⅱ$_8$	$4\times10^4 \leqslant n < 1\times10^5$
Ⅱ$_9$	$2\times10^4 \leqslant n < 4\times10^4$
Ⅱ$_{10}$	$1\times10^4 \leqslant n < 2\times10^4$

对于电子天平,我国目前暂不细分天平的级别,但使用时必须指出天平的最大称量 m_{max} 和天平的检定标尺分度值 D。

(3)按分度值大小分类

分析天平按分度值大小可分为常量(0.1mg)、半微量(0.01mg)、微量(0.001mg)等六类。

通常所说的分析天平一般是指最大称量在 200g 以下,灵敏度高,误差小的天平。

在精度等级分类中,4～6 级天平称为普通分析天平,1～3 级天平称为精密微量分析天平。

分析天平的型号及规格见表 2-2。

表 2-2　　　　　分析天平的型号及规格

类别	产品名称	型号	规格和主要技术数据		生产厂家
			最大称量/g	分度值/mg	
双盘天平	全机械加码分析天平	TG-328A	200	0.1	上海、宁波、温州天平仪器厂
	部分机械加码分析天平	TG-328B	200	0.1	湖南仪器仪表总厂
单盘天平	单盘分析天平	TG-729C	100	1	上海天平仪器厂
		DTQ-160	160	0.1	湖南仪器仪表总厂
		TD-18	160	0.1	
	单盘精密分析天平	DT-100	100	0.1	湖南仪器仪表总厂
电子天平	上皿式电子天平	FA-1004	100	0.1	上海天平仪器厂
		FA-1604	160	0.1	
		AZ200	205	0.1	瑞士梅特勒公司

目前,学生实验室普遍使用的是 TG-328B 光学读数分析天平和 FA/JA10A 系列上皿电子天平。下面分别介绍这两种分析天平。

2. TG-328B 光学读数分析天平(半自动电光天平)

(1)主要技术指标

最大载荷　200g
最小分度值　0.1mg
相对精度　$5×10^{-7}$
机械加码范围　10～990mg
光学读数范围:微分刻度全量值　10mg
　　　　　　每小格刻度值　0.1mg

(2)结构简述

TG-328B型电光天平外形结构如图2-2所示。

a.本天平为杠杆式双盘等臂天平。横梁用铜合金制成,刀子和刀承用高硬度的玛瑙制成。

b.天平的停动装置为双层折叶式。在天平开启时,横梁上的承重刀比支点刀先接触;天平关闭时,横梁由折叶托住。

c.设有空气阻尼装置,由两个内外互相罩合而不接触的金属圆筒组成。外筒固定在立柱上,内筒悬挂在吊耳下面,利用筒内的空气阻力产生阻尼作用,减少横梁摆动时间,从而使它迅速静止,提高工作效率。

d.设有光学投影读数装置,通过光学放大能清晰方便地读出0.1～10mg范围内的读数值,并设有零点调节装置,便于操作时进行零点微调,缩短测定时间。

e.设有机械加码装置,转动增减圈砝码的指示旋钮能变换10～990mg圈砝码,使用简便。

f.框罩固定在大理石的底板上,材料为不易变形的木材。罩前有一扇可供启闭及随意停止在上下位置的玻璃移门,两侧各有一扇玻璃移门,便于取放称物。

(3)天平的安装

a.安放选择:天平必须放在牢固、没有振动的台上,室内要干燥,门窗要严密,温度保持在17～23℃,并应避免阳光直射,勿靠近火炉、暖气设备或其它热源。

b.安装前准备:首先对整个天平进行一次清洁工作,用软毛

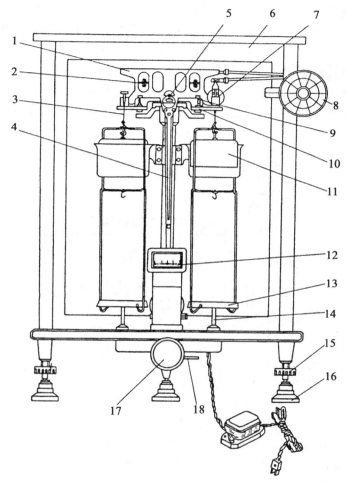

1—天平梁;2—平衡螺丝;3—吊耳;4—指针;5—玛瑙刀口;6—框罩;
7—圈码;8—圈码指数盘;9—支力销;10—托梁架;11—空气阻尼器;
12—投影屏;13—天平盘;14—盘托;15—螺旋脚;16—垫脚;17—旋钮;
18—调零杆

图 2-2　半自动电光分析天平

33

刷或丝绸布片刷去灰尘,擦拭各零部件,刀刃及刀承必须用棉花浸以乙醚轻抹(不可碰撞刀刃,以免损坏),反射镜面只能用软毛笔轻刷,不可擦拭。清刷完毕后,旋动底板下螺旋脚,使水准器的水泡恰好移到圆圈中央。

c. 电器照明安装(图2-3):将聚光器装进天平底座后面的孔中,并将电源线接好(注意变压器初级的接头,认清110V和220V)。

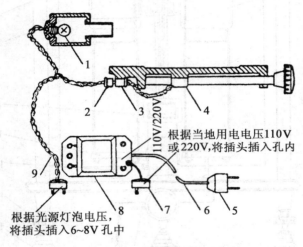

图2-3 天平电器照明安装示意图

d. 横梁安装:将旋钮装在开关轴上,沿顺时针方向转动,用右手指夹住横梁下端(切勿碰伤玛瑙刀口及指针下端的微分标尺),小心地斜着将横梁放在折翼上(图2-4),对准折翼的支力销(9),随着横梁的安放逐渐关闭止动器,使折翼上的支力销平稳地托住横梁。

e. 阻尼器安装:用左手的拇指和食指夹住左边的吊耳(3)的前后两端,将吊耳的下钩钩进内筒上面的环孔里(事先已将阻尼内筒放入阻尼外筒中）。然后小心地将吊耳放到折翼的支力销上。按照同样的方法装好右边的吊耳和阻尼筒。

f. 称盘安装：安放称盘(13)，同时检查盘托(14)是否适宜地托住称盘，如不合适，可调节螺母使盘托恰好微托称盘。

g. 砝码安装：当全部零件安装完毕后，按照图 2-5 箭头所示的位置把圈形毫克砝码(7)依次挂到钩上。挂圈形砝码的方法是先用镊子轻轻地夹起，小心地放到右边吊耳的承受架上，并且放在钩子的旁边。然后转动旋钮，使这个钩子落下，再用镊子轻轻地把圈形砝码挂到钩子上。

(4) 天平的调整

a. 零点调整：较大的零点调整，可

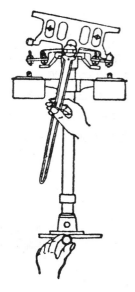

图 2-4 天平横梁安装示意图

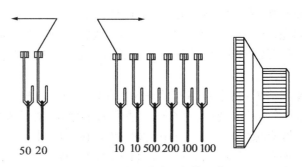

图 2-5 天平圈形砝码安装示意图

由横梁上端左、右二个平衡铊来旋动调节；较小的零点调整，可由底座下部的微动调节杆来调整。

b. 感量调整：天平在使用一段时间后由于受到振动或其它原因，而使天平感量过低或过高。可以旋低或旋高横梁支点刀上方的重心螺母，但旋动重心螺母后必须重新调整天平零点，还需要准备一个 10mg 的记差砝码，以便经常核对光学读数值的准确性（如刀刃磨损，应更换新刀）。

c. 光学投影调整：当天平装好使用时，投影屏（1）上显示刻度应明亮而清晰，否则，可能使天平受剧震或零件松动而产生刻度不清，光度不强。可按下列方法调整（图 2-6）：

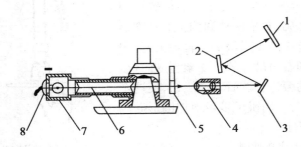

图 2-6　天平光学投影调整

光源不强：将照明筒（7）上的定位螺钉松开，转动灯头座（8）。如尚不明亮，可将照明筒（7）向前后移动或转动，使光源与聚光管（6）集中成直线，直至投影屏（1）上充满强光为止，最后将定位螺钉紧固。

影像不清晰：将指针（5）前的物镜筒（4）旁边螺丝松开，把物镜筒（4）向前后移动或转动，直至刻度清晰为止，然后紧固螺钉。

投影屏有黑影缺陷：可将小反射镜（3）和大反射镜（2）相互调节角度。如左右光度不满，可旋转照明筒（7），直至充满光度无黑影为止（调节前把固定螺钉松开，调整后紧固）。

(5) 天平使用规则

a. 旋动开关旋钮时，必须缓慢均匀。过快时会使刀刃急触而损坏,同时由于过剧晃动,易造成计量误差。

b.称量时应适当的估计添加砝码,然后开动天平,按指针偏移方向增减砝码,至投影屏中出现静止到10mg内的读数为止。

c.每次称量时,绝不能在天平摆动时增减砝码,或在称盘中放置称物。

d.被称物在10mg以下时,可由投影屏中读出,10mg以上至990mg可以旋动圈砝码指示盘旋钮,来增减圈形砝码(取放务必轻缓),1g以上至100g砝码可由砝码盒内用镊子钳出,根据需要选取使用。

e.天平读数方法:克以下读取加码旋钮指示数值和投影屏数值;克以上看盘子内的平衡砝码值。

假设先在天平右盘上放置20g砝码,然后旋动圈砝码指示盘旋钮(图2-7)。停止摆动后,投影屏上零点指示线指在图中所示位置,这时物质的质量是:

右盘砝码读数　　　　2 0　　　　g
指示盘读数　　　　　0 . 2 3 0　g
投影屏上刻度读数　　0 . 0 0 1 6 g

物质质量 2 0 . 2 3 1 6 g

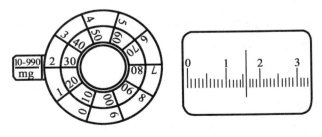

图2-7　天平读数示意图

(6)天平使用注意事项

a. 天平室内温度最好保持在17~23℃,避免阳光照射及涡流侵袭或单面受热,框罩内的干燥剂最好用硅矾,忌用酸性液作干燥剂。

b. 称物应放在称盘中央,并不得超过天平最大载荷。

c. 尽量少开启天平的前门,取放砝码及样品时,可以通过左右门进行,关闭窗门时务必轻缓。

d. 当天平处在工作位置时,绝对不允许在称盘上取放物品或砝码,或关开天平门,或做其它会引起天平振动的动作。

e. 随时保持天平内部清洁,不可将样品落在称盘或底板上。不要把湿的或脏的物品放在称盘上。被称物体应该放在盘上、称量瓶或坩埚内称量。吸湿性的或腐蚀性的物体,必须放在密闭的容器内称量。

f. 不要将热的或过冷的物体放在称盘上称量。被称物品在称量前,应在天平室内干燥器中放置15~30min,待其温度与天平室温度达成平衡后,方可称量。

g. 被称重的物品及砝码,应尽可能地放在称盘中央,否则当天平开启时,称盘将产生动荡,这样既不易迅速观察停点,也易使玛瑙刀口磨损。

h. 取用砝码必须用砝码镊子,每次用毕放回原处,不要将砝码放在天平底板或桌面上。

i. 称量完毕,所称物品应从天平内框取出,关好天平开关及天平门窗,所有砝码必须放回盒中,并使圈砝码指示盘读数恢复到零。拔下电源插头。

j. 取放圈砝码时要轻缓,不要过快转动指示盘旋钮,否则会使圈砝码跳落或变位。

k. 发现天平有损坏或不正常时,应立即停止使用,并送交有关修理部门,经检查合格后,方可继续使用。

3. FA1004上皿式电子天平

用现代电子控制技术进行称量的天平称为电子天平。其称量原理是电磁力平衡原理。当把通电导线放在磁场中时,导线将产生磁力,当磁场强度不变时,力的大小与流过线圈的电流强度成正比。如物体的重力方向向下,电磁力方向向上,二者相平衡,则通过导线的电流与被称物体的质量成正比。

电子天平采用弹性簧片为支承点,无机械天平的玛瑙刀口,采用数字显示代替指针显示。具有性能稳定、灵敏度高,操作方便快捷(放上被称物后,几秒内即能读数),精度高等优点。电子天平还具有自动校正,全量程范围实现去皮重、累加、超载显示、故障报警等功能。它有克、米制仑拉、金盎司三种量单位可供选择。并且具有质量电信号输出,可以与计算机、打印机连接,实现称量、记录和计算的自动化,这些优点是机械天平无法比拟的。故其应用也越来越广泛。

电子天平可分为上皿式和下皿式两种结构。所谓上皿式指的是称量盘在支架上面;而称量盘吊挂在支架下面的为下皿式。目前使用较为广泛的是上皿式电子天平。

FA1004型电子天平外形结构如图2-8所示。

(1)FA1004型主要技术指标

称量范围:0~100g

读数精度:0.1mg

皮重称量范围(减):0~100g

再现性(标准偏差):0.0002g

线性误差:±0.0005g

稳定时间:≤6s

自校砝码量值:100g

开机预热时间:120min

(2)电子天平的操作

在使用前观察水平仪。如水平仪水泡偏移,需调整水平调节脚,使水泡位于水平仪中心。

键盘的操作功能:

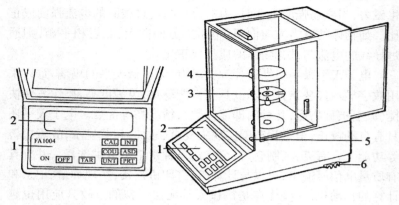

1—键盘(控制板); 2—显示器; 3—盘托;
4—称盘; 5—水平仪; 6—水平调节脚

图 2-8 电子天平外形图

① ON 开启显示器键

只要轻按一下 ON 键,显示器全亮:

$$\begin{array}{c} \pm \\ 0 \end{array} 8888888 \begin{array}{c} \% \\ g \end{array}$$

对显示器的功能进行检查,约 2s 后,显示天平的型号。例如:

$$—1004—$$

然后是称量模式:

| 0.0000g | 或 | 0000g |

② OFF 关闭显示器键

轻按 OFF 键,显示器熄灭即可。若较长时间不再使用天平,应拔去电源线。

③ TAR 清零、去皮键

置容器于称盘上,显示出容器的质量:

$$+18.9001g$$

然后轻按 TAR 键,显示消隐,随即出现全零状态,容器质量显示值已去除,即去皮重:

$$0.0000g$$

当拿去容器时,就出现容器质量的负值。

$$-18.9001g$$

再轻按 TAR,显示器为全零,即天平清零。

$$0.0000g$$

④RNG 称量范围转换键

本天平具有二种读数精度。称量范围在 0~30g,其读数精度为 0.1mg;若总称量超过 30g,天平就自动转为 1mg 读数精度。通过具有 0~100g 的去除皮重功能,在总称量不超过 100g 的范围内可分段(其分析量不超过 30g)进行,读数精度达 0.1mg。即若容器质量超过 30g,可轻按 TAR,先去除容器质量,然后称物(≤30g),其显示读数精度仍为 0.1mg。

称量范围设置:

只要按住 RNG 键不松手,显示器就会出现如图所示,不断循环。

| RNG — 30 | ⇌ | RNG — 100 |

如果需要读数精度为 0.1mg 一档,即当显示器出现 rng—30 即松手,随即出现—————等待状态,最后出现称量状态。

⑤UNT 量制转换键

按住 UNT 不松手,显示器就会出现如图所示,不断循环。

"g"表示单位克,"~"表示"米制克拉","y"表示单位为金盎司。量制单位的设置同RNG键。

⑥INT积分时间调整键

积分时间有四个依次循环的模式可供选择,如图所示。

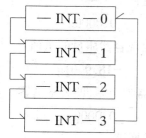

对应的积分时间长短为:

  INT—0 快速; INT—1 短;
  INT—2 较短; INT—3 较长。

积分时间选定办法也同RNG键。

⑦ASD灵敏度调整键

同积分时间调整键一样,灵敏度也有依次循环的四种模式。如图所示,灵敏度顺序依次为:

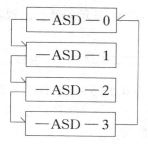

  ASD—0 最高; ASD—1 高;
  ASD—2 较高; ASD—3 低。

其中ASD—0是生产调试时用,用户不宜使用此模式,灵敏度模式的选定办法也同 RNG 键。

现将 ASD 与 INT 二模式的配合使用情况列出,供用户参考。

最快称量速度:INT—1　ASD—3;

通常情况:INT—3　ASD—2;

环境不理想时:INT—3　ASD—3。

⑧天平校准键

因存放时间较长,位置移动,环境变化或为获得精确测量,天平在使用前一般都应进行校准操作。

校准天平的准备:

取下称盘上所有被称物,置 RNG—30、INT—3、ASD—2、UNT—g 模式。轻按 TAR 键天平清零。

校准天平:

轻按 CAL 键,当显示器出现 CAL—时,即松手,显示器就出现 CAL—100,其中"100"为闪烁码,表示校准砝码需用 100g 的标准砝码。此时就把准备好的"100g"校准砝码放上称盘,显示器即出现————————等待状态,经较长时间后显示器出现 100.000g。拿去校准砝码,显示器应出现 0.000g;若出现的不是零,则再清零,再重复以上校准操作。注意:为了得到准确的校准结果,最好反复进行以上校准操作二次。

校准显示顺序如图:

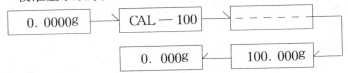

⑨PRT 输出模式设定键

按住 PRT 键也会有如图所示的四种模式依次循环出现,供用户随意选择。

PRT—0 为非定时按键输出模式。此时只要轻按一下 PRT 键,输出接口上就输出当时的称量结果一次。注意:这时应又轻又快地按此键,否则会出现下一个输出模式。

PRT—1 为定时 0.5min 输出一次。

PRT—2 为定时 1min 输出一次。

PRT—3 为定时 2min 输出一次。

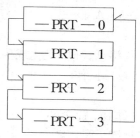

PRT 模式的设定办法也同 RNG 键。

⑩COU 点数功能键

本天平具有点数功能,其平均数设有 5,10,25,50 四档。

平均数范围设置:

只要按 COU 键不松手,显示器就会出现图示情况,不断循环。

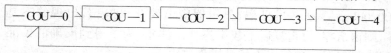

如你需要一般称量功能,当显示器出现 COU—0 时即松手,随即会出现 — — — — —等待状态,最后出现称量状态 0.0000g。

如你需要进入点数状态,当显示器出现 COU—1,COU—2,COU—3,COU—4 的任意一种状态时即松手,显示器出现相应的显示状态。COU—05—,COU—10—,COU—25—,COU—50—分别代表 5,10,25,50 只的平均值。

例如当显示器出现 COU—1 时松手,随即显示器显出 COU—05—,其中"—05—"为闪烁状态,表示称盘上放入 5 只被称物。再按一下 CAL 键,随即出现— — — — —等待状态,约 8s 后显示器上就出现"5",拿去被称物,显示器显示"0",这时就可对与被称物相同的物体进行点数工作(注意:被称物体的质量不能大于天平的最大称量)。

若用10只,25只,甚至50只进行平均,点数的精度会更高些。

本天平由于具有断电记忆功能,所以你若以为原有的平均数是准确的,那么就可以免去平均功能操作步骤,操作如下:按住COU键,显示器出现COU—1,COU—2,COU—3,COU—4中任意一种状态即松手,按去皮键TAR,随即显示器出现"0",即可进行点数工作。

称量:

以上各模式待用户选定后(本天平由于具有记忆功能,所有选定模式能保持断电后不丢失),按TAR键,显示为零后,置被称物于称盘,待数字稳定,即显示器左边的"0"标志熄灭后,该数字即为被称物的质量值。

去皮重:

置容器于称盘上,天平显示容器质量,按TAR键,显示零,即去皮重。再置被称物于容器中,这时显示的是被称物的净重。

累计称量:

用去皮重称量法,将被称物逐个置于称盘上,并相应逐一去皮清零,最后移去所有被称物,显示数的绝对值即为被称物的总质量值。

加物:

置INT—0模式,置容器于称盘上,去皮重。将称物(液体或松散物)逐步加入容器中,能快速得到连续读数值。当加物达到所需称量,显示器最左边"0"熄灭,这时显示的数值即为用户所需的称量值。当加入混合物时,可用去皮重法,对每种物质计净重。

读取偏差:

置基准砝码(或样品)于称盘上,去皮重,然后取下基准砝码,显示其质量负值。再置称物于称盘上,视称物比基准砝码重或轻,相应显示正或负偏差值。

下称：

拧松底部下盖板的螺丝，露出挂钩。将天平置于开孔的工作台上，调整水平，并对天平进行校准，就可用挂钩称量挂物了。

学生在使用电子天平时，一般只允许进行 ON、OFF 和 TAR 三个键的操作，严禁使用其它功能键。

4. 分析天平的称量方法

以 FA1004 型电子天平为例简述称量方法。

(1) 固定质量称量法

此法用于称取某一固定质量的试剂。要求被称物在空气中稳定、不吸潮、不吸湿，试样为粉末状、丝状或片状，如金属、矿石等。例如指定称取 0.5000g 某铁矿试样，将天平 ON 键按下，过几秒钟后显示称量模式后，将一洁净的表面皿轻放在称盘中，显示质量数后，轻按 TAR 键，出现全零状态。表面皿值已去除，即去皮重，然后用药匙取样轻轻振动，使之慢慢落在表面皿中间，至显示数值为 0.5000g 即可。轻按 OFF 键关闭天平，取出试样。

(2) 直接称量法

此法用于称量物体的质量，如容量器皿校正中称量锥形瓶的质量、干燥小烧杯质量，重量分析法中称量瓷坩埚等的质量。例如称取一小烧杯的质量时，轻按 ON 键，几秒钟后进入称量模式，将小烧杯轻放在称盘中央，显示的数值即为烧杯的质量，记录数据，轻按 OFF 关闭键，取出烧杯即可。

(3) 递减(差减)称样法

此法用于称量一定质量范围的试样。其样品主要针对易吸潮、易氧化以及与 CO_2 反应的物质。由于此法称量试样的量为两次称量之差求得，故又称差减法。例如称取某一样品，从干燥器中取出称量瓶(注意不要让手指直接接触称量瓶及瓶盖)，用小纸片夹住瓶盖，打开瓶盖，用药匙加入适量样品(约共取 5 份样品称量)，盖上瓶盖，用滤纸条套在称量瓶上，轻放在已进入称量模式的称盘上。轻按 TAR 键去皮重,然后取出称量瓶,将称量瓶倾斜放在容器上方,用瓶盖轻轻敲瓶口上部,使试样慢慢落入容器中。当倒出的试样已接近所需的量时,慢慢地将瓶抬起,再用瓶盖轻敲瓶口上部,使粘在瓶口的试样落下,然后盖上瓶盖,放回称盘中。天平显示的读数即为试样质量,记录数据,轻按 TAR 键。用同样的方法称取第二份、第三份试样。其操作如图 2-9 所示。

称量瓶拿法　　　　　从称量瓶中敲出试样

图 2-9　称量瓶使用示意图

(二)酸度计

酸度计(或称 pH 计)是一种能准确测量溶液 pH 值和电位的电子仪器。

目前实验室使用较为广泛的酸度计型号有 pHS-2 型、pHS-3C 型、pHS-3B 型和梅特勒 320-SpH 计等。由于 pHS-2 型酸度计由玻璃电极和参比电极(甘汞电极)组成,由指针显示数值,使用起来不便,逐步被 pHS-3B、pHS-3C 和 320-SpH 计等数字显示、使用复合电极的 pH 计所取代,故以下着重介绍 pHS-3B 型和 320-SpH 计的原理和使用方法。

1. pHS-3B 型酸度计

pHS-3B型酸度计是3位半LED(数码管)数字显示的精密pH计(以下简称仪器)。

仪器由电子单元、pH复合电极和温度传感器组成。仪器可分别显示pH、mV、温度值。

当使用复合电极和温度传感器测量pH值时,可对pH值进行自动温度补偿,仅使用复合电极不使用温度传感器,可进行手动温度补偿操作,在进行此项操作时,采用数字显示温度值的方式,从而避免主观测量误差。

(1)仪器的主要技术性能

a. 测量范围:pH,0~14.00pH

　　　　　mV,0~±1999mV(自动极性显示)

　　　　　T,0~100℃

b. 最小显示单位:0.01pH,1mV

c. 温度补偿范围:0~60℃

d. 电子单元基本误差:pH,±0.01pH

　　　　　mV,±0.1%F.S

e. 仪器的基本误差:±0.02pH±1个字

　　　　　±0.5℃±1个字

f. 温度补偿器误差:0.01pH

g. 仪器重复性误差:不大于0.01pH

h. 电子单元稳定性:(±0.01pH±1个字)/3h

(2)仪器测量原理

仪器使用的E-201-C9复合电极是由pH玻璃电极与银-氯化银电极组成。玻璃电极作为测量电极,银-氯化银电极作为参比电极。

当被测溶液氢离子浓度发生变化时,复合电极中玻璃电极和银-氯化银电极之间的电动势也随着发生变化,而电动势变化关系符合下列公式:

$$\Delta E = 59.16 \times \frac{273+t}{298} \times \Delta pH$$

式中：ΔE——电动势的变化量(mV)；
ΔpH——溶液 pH 值的变化量；
t——被测溶液的温度(℃)。

从上式可见，复合电极电动势的变化，比例于被测溶液的 pH 值的变化，仪器经用标准缓冲溶液校准后，即可测量溶液的 pH 值。

(3)仪器工作原理

仪器的工作原理框图见图 2-10：

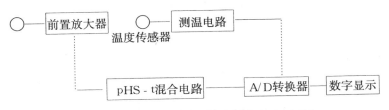

图 2-10　pHS-3B型酸度计工作原理框图

前置放大器将复合电极输入讯号转换成低阻讯号，然后输入到 pH-t 混合电路进行运算。

测温电路有二个功能：一是指示被测溶液的温度；二是通过切换开关，调节面板温度旋钮进行手动温度测量。

pH-t 混合电路是将复合电极所得到的讯号和测温传感器所得到的温度讯号进行运算，既可作自动温度补偿，又可作手动温度补偿。手动温度补偿时，调节温度通过数字显示，避免主观误差影响测量的准确性。

A/D 转换是将模拟信号转换成数字信号，然后由数字显示所测量的信号。

(4)仪器结构

仪器主机外形结构

49

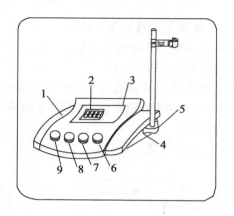

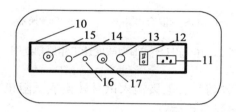

1—机箱盖； 2—显示屏；
3—面板； 4—机箱底；
5—电极梗插座； 6—定位调节旋钮；
7—斜率补偿调节旋钮； 8—温度调节旋钮；
9—选择开关旋钮(pH,℃,mV)； 10—仪器后面板；
11—电源插座； 12—电源开关；
13—保险丝； 14—参比电极接口；
15—测量电极插座； 16—测温传感器座；
17—手动，自动转换开关

仪器附件及选购件

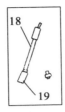 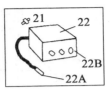  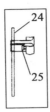

18—E-201-C-9 型塑壳可充式 pH 复合电极； 19—电极套；
20—电源线； 21—Q9 短路插头；
22—电极转换器(选购)； 22A—转换器插头； 22B—转换器插座；
23—T-811 温度传感器； 24—电极梗； 25—电极夹

(5)操作步骤

开机前准备

a. 电极梗(24)旋入电极梗插座(5)，调节电极夹(25)到适当位置。

b. 复合电极(18)，T-811 温度传感器(23)夹在电极夹(25)上，拉下电极(18)前端的电极套(19)。

c. 用蒸馏水清洗电极,清洗后再用被测溶液清洗一次。

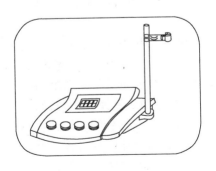

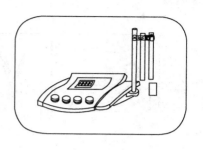

蒸馏水

开机

a. 电源线(20)插入电源插座(11)。

b. 按下电源开关(12),电源接通后,预热30min,接着进行标定。

c. pH值自动温度补偿和手动温度补偿的使用:①只要将后面板转换开关(17)置于自动位置,该仪器就进入pH值自动温度补偿状态,此时手动温度补偿不起作用。②使用手动温度补偿的方法:将温度传感器拔去,后面板转换开关(17)置于手动位置。将仪器"选择"开关置于"℃",调节"温度调节器",使数字显示值与被测溶液中温度计显示值相同,仪器同样将该温度讯号送入pH-t混合电路进行运算,从而达到手动温度补偿的目的。

d. 溶液温度测量方法:将仪器"选择"开关(9)置于"℃",数字显示值即为测温传感器所测量的温度值。

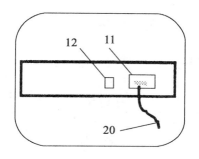

标定

仪器使用前,先要标定。一般说来,仪器在连续使用时,每天要标定一次。

a. 在测量电极插座(15)处拔去Q9短路插头(21)。

b. 在测量电极插座(15)处插上复合电极(18)及 T-811 温度传感器(23)。

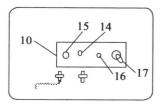

c. 如不用复合电极,则在测量电极插座(15)处插上电极转换器的插头(22A);玻璃电极插头插入转换器插座(22B)处;参比电极接入参比电极接口(14)处。

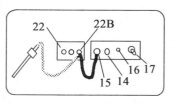

d. 把选择开关旋钮(9)调到 pH 档。

e. 先测量溶液温度,将"选择"开关置于"℃",数字显示值为溶液温度值。

f. 把斜率调节旋钮(7)顺时针旋到底(即调到100%位置)。

g. 把清洗过的电极插入 pH=6.86 的缓冲溶液中。

h. 调节定位调节旋钮,使仪器显示读数与该缓冲溶液当时温度下的 pH 值相一致(如用混合磷酸盐定位,温度为10℃时,pH=6.92)。

i. 用蒸馏水清洗电极,再将电极插入 pH=4.00(或 pH=9.18)的标准缓冲溶液中,调节斜率旋钮,使仪器显示读数与该缓冲溶液中当时温度下的 pH 值一致。

j. 重复步骤 g~i,直至不用再调节定位或斜率两调节旋钮为止。

k. 仪器完成标定。

注意:

经标定后,定位调节旋钮及斜率调节旋钮不应再有变动。

标定的缓冲溶液第一次应用 pH=6.86 的溶液,第二次应接近被测溶液的值。被测溶液为酸性时,缓冲溶液应选 pH=4.00;被测溶液为碱性时,则选 pH=9.18 的缓冲溶液。

一般情况下,在 24h 内仪器不需再标定。

测量 pH 值

用蒸馏水清洗电极,再用被测溶液清洗电极,然后将电极插入被测溶液中,摇动烧杯,使溶液均匀后读出溶液的 pH 值。

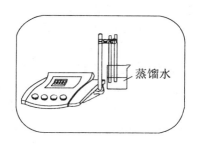

测量电极电位(mV)值

a. 将离子选择电极或金属电极和甘汞电极夹在电极架上。

b. 用蒸馏水清洗电极头部,用被测溶液清洗一次。

c. 把电极转换器的插头(22A)插入仪器后部的测量电极插座(15)内;把离子电极的插头插入转换器的插座(22B)内。

d. 把甘汞电极接入仪器后部的参比电极接口上。

e. 把两种电极插在被测溶液内,将溶液搅拌均匀后,即可在显示屏上读出该离子选择电极的电极电位(mV),还可自动显示正负极性。

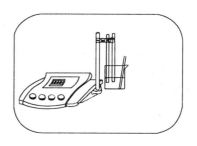 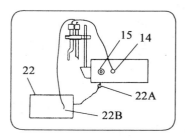

f. 如果被测信号超出仪器的测量范围,或测量端开路时,显示屏会不亮,作超载报警。

(6)电极使用维护的注意事项

a. 电极在测量前必须用已知 pH 值的标准缓冲溶液进行定位校准,其值愈接近被测值愈好。

b. 取下电极套后,应避免电极的敏感玻璃泡与硬物接触,因为任何破损或擦毛都会使电极失效。

c. 测量后,及时将电极保护套套上,套内应放少量补充液以保持电极球泡的湿润。切忌将它浸泡在蒸馏水中。

d. 复合电极的外参比补充液为 3mol·L^{-1}氯化钾溶液,补充液可以从电极上端小孔加入。

e. 电极的引出端必须保持清洁干燥,绝对防止输出两端短路,否则将导致测量失准或失效。

f. 电极应与输入阻抗较高的酸度计($\geqslant 10^{12}\Omega$)配套,以使其保持良好的特性。

g. 电极应避免长期浸在蒸馏水、蛋白质溶液或酸性氟化物溶液中。

h. 电极应避免与有机硅油接触。

i. 电极经长期使用后,如发现斜率略有降低,则可把电极下端浸泡在 4% HF(氢氟酸)中 3~5s,用蒸馏水洗净,然后再放到 0.1mol·L^{-1}盐酸溶液中浸泡,使之复新。

j. 被测溶液中如含有易污染敏感球泡或堵塞液接界的物质而使电极钝化,会出现斜率降低现象,显示读数不准。如发生该现象,则应根据污染物质的性质,用适当溶液清洗,使电极复新。

注意:选用清洗剂时,不能用四氯化碳、三氯乙烯、四氢呋喃等能溶解聚碳酸树脂的清洗液,因为电极外壳是用聚碳酸树脂制成的,其溶解后极易污染敏感玻璃球泡,从而使电极失效。也不能用复合电极去测上述溶液。

(7)污染物质和清洗剂参考下表:

表2-3　　　　　　　　污染物及清洗剂

污染物	清洗剂
无机金属氧化物	低于1mol·L^{-1}稀酸溶液
有机油脂类物质	洗涤剂(弱碱性)
树脂高分子物质	酒精、丙酮、乙醚
蛋白质血球沉淀物	酸性酶溶液(如食母生)
颜料类物质	稀漂白液、过氧化氢

2. Delta 320-SpH 计

320-SpH 计的工作原理同 pHS-3B 型酸度计。

(1)显示屏及控制键

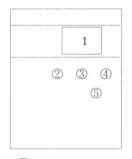

1—显示屏;
2—模式键;
3—校正键;
4—开关键;
5—读数键

模式　选择 pH、mV 或温度方式。

57

(校准) 在 pH 方式下启动校准程序；在温度方式下启动温度输入程序。

(开/关) 接通/关闭显示器,关闭时将 pH 计设置在备用状态。

(读数) 在 pH 方式和 mV 方式下启动样品测定过程,再按一次该键时锁定当前值。在温度方式下,读数键作为输入温度值时各位间的切换键。

320-SpH 计的显示屏：

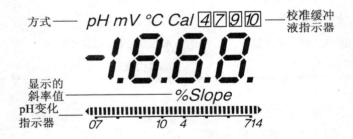

举例说明 pH 读数：

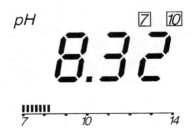

(2)pH 值测定操作图

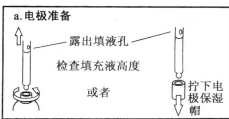

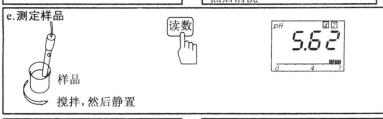

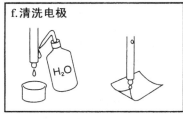

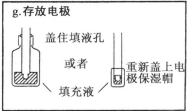

(三)分光光度计

在可见光分光光度计中,曾普遍使用的 72 型分光光度计,目前已被 721 型、721B 型分光光度计,722 型光栅分光光度计和 7220 型分光光度计等所取代。

本书着重介绍 721 型和 7220 型分光光度计。

分光光度计基本原理:

分光光度计的基本原理是溶液中的物质在光的照射激发下,产生了对光吸收的效应。物质对光的吸收是具有选择性的,各种不同的物质都具有各自的吸收光谱,因此当某单色光通过溶液时,其能量就会被吸收而减弱,光能量减弱的程度和物质的浓度有一定的比例关系,即其符合比色原理——比耳定律。

$$T = I/I_0$$
$$\lg I_0/I = Kcl$$
$$A = Kcl$$

其中:T——透射比; I_0——入射光强度;
I——透射光强度; A——吸光度;
K——吸收系数; l——溶液的光径长度;
c——溶液的浓度。

从以上公式可以看出,当入射光、吸收系数和溶液的光径长度不变时,透过光是随溶液的浓度而变化的,721 型分光光度计就是根据上述物理光学现象而设计的。

1. 721 型分光光度计

(1) 721 型分光光度计光学系统。

721 型分光光度计采用自准式光路,单光束方法,其波长范围为 360~800nm,用钨丝白炽灯泡作光源,其光学系统如图 2-11 所示。

由光源灯发出的连续辐射光线,射到聚光透镜上,会聚后再经过平面镜转角 90°,反射至入射狭缝,由此入射到单色光器内,狭

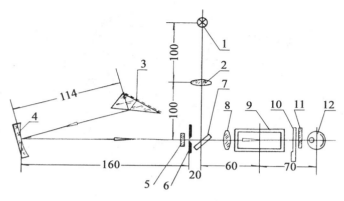

1—光源灯(12V,25W); 2—聚光透镜;   3—色散棱镜;
4—准直镜;   5—保护玻璃;   6—狭缝;
7—反射镜;   8—聚光透镜;   9—比色皿;
10—光门;   11—保护玻璃;   12—光电管

图 2-11 721 型分光光度计光学系统示意图

缝正好位于球面准直镜的焦面上,当入射光线经过准直镜反射后就以一束平行光射向棱镜(该棱镜的背面镀铝),光线进入棱镜后,就在其中色散,入射角在最小偏向角,入射光在铝面上依原路稍偏转一个角度反射回来,这样从棱镜色散后出来的光线再经过物镜反射后,就会聚在出光狭缝上,出射狭缝和入射狭缝是一体的。为了减少谱线通过棱镜后呈弯曲形状对单色性的影响,通常把狭缝的二片刀口做成弧形,以便近似地吻合谱线的弯曲度,保证了仪器有一定幅度的单色性。

(2)721 型分光光度计的结构如图 2-12 所示。

(3)721 型分光光度计使用方法。

a. 仪器在使用前先检查放大器及单色器的二个蓝色硅胶干燥筒(在仪器底部),如受潮则需更换干燥的硅胶或烘干后使用。

b. 仪器在接通电源前,电表的指针必须位于零刻度线上;否

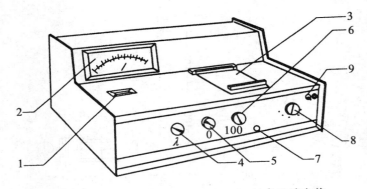

1—波长读数盘； 2—电表； 3—比色皿暗盒盖；
4—波长调节； 5—"0"透光率调节； 6—"100%"透光率调节；
7—比色皿架拉杆； 8—灵敏度选择； 9—电源开关

图 2-12　721 型分光光度计

则,应调节电表上零点校正螺丝,使指针指"0"处。

c. 将仪器的电源开关接通,打开比色皿暗箱盖,选择需用的单色波长,灵敏度选择则调节"0"电位器使电表指"0",然后将比色皿暗箱盖合上,比色皿座处于蒸馏水校正位置,使光电管受光,旋转调"100%"电位器使电表指针指到满度附近,仪器预热约 20min。

d. 放大器灵敏度有五档,是逐渐增加的,"1"最低,其选择原则是保证能使空白档调到"100"的情况下,尽可能采用灵敏度较低档,这样仪器将有更高的稳定性。所以使用时一般置"1",灵敏度不够时再逐渐升高,但改变灵敏度后须重新校正"0"和"100%"。

e. 预热后,连续几次调整"0"和"100%",仪器即可以进行测定工作。

f. 如果大幅度改变测试波长,在调整"0"和"100%"后需稍等片刻(钨灯在急剧改变亮度后需要一段热平衡时间),当指针稳定后重新调整"0"和"100%"即可工作。

g. 仪器使用完毕,取出比色皿,洗净,晾干。关闭电源开关,拔下电源插头,复原仪器(短时间停用仪器,不必关闭电源,只需打开比色皿暗盒盖)。

(4)比色皿使用注意事项:拿比色皿时,手指不能接触透光面,应拿毛玻璃面。用时先用蒸馏水洗,再用被测溶液润洗其内壁2~3次。溶液加入比色皿的3/4高度为宜。盛好溶液的比色皿用滤纸吸去其外壁的液体,再用擦镜纸轻轻擦干透光面。

比色皿用完后,要洗净,并晾干。必要时用(1+1)HCl和(1+2)HNO₃浸泡洗涤。忌用碱液或强氧化剂洗涤或用热水洗涤。

2.7220型分光光度计

(1)7220型分光光度计的光学系统见图2-13。

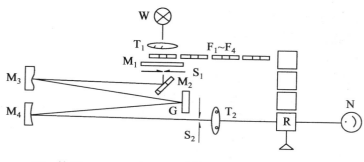

W—钨灯;　　　　T₁,T₂—透镜;　　　M₃,M₄—准直镜;
S₁,S₂—狭缝;　　F₁~F₄—滤色片;　　G—光栅;
M₁—保护片;　　M₂—反光镜;　　　 N—光电管

图2-13　7220型分光光度计光学系统示意图

本仪器采用寿命较长的溴钨灯作光源,由稳压电源为电源提供稳定的电压。

由光源W发出的复合光,经光源聚光镜T₁、滤光片F、保护窗片M₁,汇聚在入射狭缝S₁上,并进入单色器,入射光经过平面反

射镜 M_2 改变方向照在准直镜 M_3 上,经准直后,成为平行光照在光栅 G 上,经光栅色散后,光束投射到准直镜 M_4 上,经 M_4 的聚焦后,光束通过出射狭缝 S_2 出单色器成为单色光,单色光经过聚光镜 T_2 汇聚,通过样品池中样品 R 后到达接收器光电管 N。

光电管将光信号转为电信号,经前置放大器放大,信号进入 A/D 转换器,A/D 转换器将模拟信号转换成数字信号送往单片机进行数据处理。操作者将自己要做的事通过键盘输入到单片机中,单片机将各种处理结果通过显示窗口或打印机告诉操作者。

(2)7220 型分光光度计的主要技术指标。

　　a．波长范围:350~800nm

　　b．波长准确度:±2nm

　　c．波长重复性:1nm

　　d．透射比准确度:±0.5%T

　　e．透射比重复性:0.3%T

　　f．光谱带宽:2nm

　　g．光度范围:0~110%T,0~2A

　　h．仪器稳定性:100%T 稳定性,0.5%T/3min

　　　　　　　　　0%T 稳定性,0.3%T/3min

　　i．光学系统:光栅分光

(3)仪器的结构和使用。

　　a．仪器各部分功能介绍(见图 2-14)

①样品室门:

打开门(向显示窗方向推,即可打开样品室门)可放置样品,关上门才可进行测量。

②显示窗:

显示测量值。在不同的功能下,可以分别显示透射比、吸光度及浓度和错误显示。

③波长显示窗:

显示当前波长值。

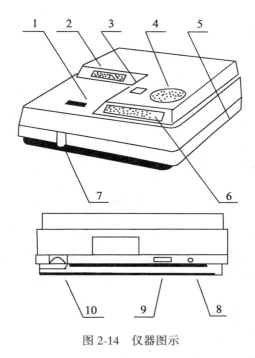

图 2-14 仪器图示

④波长调节旋钮：
调节波长用,当转动波长旋钮时,显示窗的数字随之改变。
⑤仪器电源开关。
⑥仪器操作键盘：
实现仪器测量及功能转换。
⑦样品池拉手：
前后拉动可改变四位样池的位置。
⑧Rs232 输出口(选配)。
⑨打印输出口。
⑩电源插座。

b. 键盘(见图 2-15)

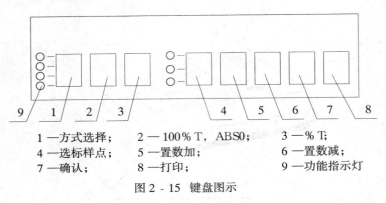

1—方式选择； 2—100%T，ABS0； 3—%T；
4—选标样点； 5—置数加； 6—置数减；
7—确认； 8—打印； 9—功能指示灯

图 2-15 键盘图示

如图 2-15 所示,本仪器共有八个操作键,七个工作方式指示灯,当用户每选用一种工作方式时,该指示灯亮,当进行测量时,每按一次操作键其对应指示灯亮一次,灯亮时间与按键时间长短一致。

操作键的具体功能如下：

①方式选择键

共有四种工作方式供用户选择。这四种方式是透射比、吸光度、浓度及建曲线,每按此键一次可循环进入下一种工作方式,同时相应指示灯亮,指示当前工作状态。

②100%T,ABS0

调 100%键：按此键后计算机对当前样品采样,调整电气系统放大量,并使显示器显示为 100.0(%T)或 0.000(ABS)。

按下此键后,仪器所有键被封锁,当调整 100%T 结束后释放,此键只在透射比及吸光度档起作用。

③0%T

调零键调整仪器零点,显示器显示 0.0。

应在全挡光的情况下调零。此键只在透射比档起作用。

④选标样点

用户选择"选标样点"功能时,需先按"方式选择"键,使"建曲线"功能指示灯亮,此时仪器处于选标样点建曲线功能状态。

本仪器有三种曲线拟合方式供用户选择,分别是:1 点法(即输入一个标样浓度值建拟合曲线)、2 点法(即输入二个标样浓度值建拟合曲线)、3 点法(同理)。用户选择哪种曲线拟合方式,哪种拟合方式对应的指示灯亮。

用户在进行浓度测量前,必须首先建立标样浓度曲线(即标准样品浓度曲线)。拟合曲线建好后,方可进行浓度测量,使用所选拟合曲线方式进行浓度测量,"第一点"(1 点法)、"第二点"(2 点法)、"第三点"(3 点法)的指示灯中,哪个指示灯亮表示选用几点法曲线拟合方式计算浓度。

例如:建拟合曲线时输入了两个标样值,则在浓度测量时,把"选标样点"指示灯放在 2 点法("第二点"指示灯亮),表示实际测量选用的标准曲线是用 2 点法建立的。但若建曲线时,输入的是三个标样值,而在浓度测量时,把"选标样点"指示灯放在了 2 点法("第二点"指示灯亮),则此时表示实际测量选用的标准曲线为前两点标样值所建,第三点标样值不起作用。

只有在建曲线状态下,选标样点键、置数键(+ −)、确认键才起作用。

⑤置数加

标样浓度置入数字增加键,改变显示器数值,可使显示窗显示的数字增大(按键一次数字加 1,按键时间超过 0.5s,则数字连续递增)。该键只在建曲线功能下起作用。

⑥置数减

标样浓度置入数字减少键,改变显示器数值,可使显示窗的数字减少(按键一次,数字减 1,按键时间超过 0.5s,则数字连续递减)。该键只在建曲线功能下起作用。

⑦确认

按置数加(减)键置好所需标样浓度值后(使显示窗数字与标

样浓度值一致)按下此键,确认所输入的标样值,并对当前值的信号进行采集,作为标样 A 值(一个标样浓度值)存入计算机内。

按确认键时要注意,显示器上的标样浓度应为光路中样品的标样值,当置入另一点标样时应注意改变光路中的标样(拉动样品池拉手移动样品池),该键只在建曲线功能下起作用。

⑧打印

在不同的方式选择功能下,可打印出透射比值、吸光度值及浓度值,在不同功能下的打印内容如下图所示:

透过率　　　　吸光度　　　　浓度　　　　建曲线
T×××.×　　A×.×××　　C×.×××　　A×.×××

c. 操作步骤

安装好仪器后,检查样池位置,使其处在光路中(拉动拉手应感到每档的定位)。关好样品室门,打开仪器电源开关,方式选择指示灯应在透射比位置,选标样点应在第一点,显示器应为××.×,预热 10min,即可以进行测量。

如果本仪器配有微型打印机,则应先连接主机与打印机之间的线缆,插上打印机电源线。请注意:使用时必须先开启主机电源,后开打印机。

透射比测量:

在样池中,放置空白溶液及样品。

①按需要调节波长旋钮,使显示窗显示所需波长值。

②按"方式选择"键使透射比指示灯亮,并使空白溶液处在光路中。

③按"100％T"键调 100％,待显示 100.0 时即表示已调好 100％T。

④在样池架中放挡光块,拉入光路,关好样品室门,观察显示是否为零,如不为 0.0 则按"0％T"调零。

⑤取出挡光块,放入空白溶液,关好样品室门,显示器应显示 100.0,若不为 100.0 则应重调 100％T(重复③)。

⑥拉动样品拉手使被测样品依次进入光路,则显示器上依次显示样品的透射比值。

吸光度测量:

吸光度测量与透射比测量基本相同,只是有两点要注意。

a. 在选择方式②(即100%T,ABS0)时,应使吸光度指示灯亮。

b. 在选择方式③(即0%T)调零时应在透射比功能下(即方式选择指示灯放在透射比档,调零后再将方式选择指示灯放回吸光度档)。

浓度直读:

a. 建曲线。

建曲线有三种方法:1点法、2点法、3点法。现以2点法为例进行介绍:

①先将配好的两个浓度标准溶液及空白溶液放入样池架。

②按需要调整波长。

③按"方式选择"键至透射比档,将空白溶液拉入光路,按"100%T"键调100.0。

④在样池中放挡光块,拉入光路,关好样品室门,调零按"0%T"键,调零后需检查100.0,若有变化应重调100%T。

⑤按"方式选择"键至建曲线档,按"选择标样点"键至第二点,显示器应显示500。

⑥将第一点标样拉入光路,按"置数加"或"置数减"键,使显示器显示标样浓度,按"确认"键,确认此组数据。

⑦将第二点标样拉入光路,按"置数加"或"置数减"键,使显示器显示第二点标样浓度值,按"确认"键,确认此组数据。

b. 浓度测量。

①将标准样品取出,将空白溶液及被测样品放入样品室内。

②按"方式选择"键至透射比档。

③在空白溶液时调100%T及0%T(方法同透射比测量)。

④按"方式选择"键至浓度档。

⑤拉样品至光路中,显示应为样品在 2 点曲线下的浓度值。

若要改为 1 点法,则在建曲线档把"选择标样点"设在第一点,然后再进行浓度测量,此时即为第一个标样所建标准曲线下的样品浓度值。

(四)高温电阻炉(马弗炉)

高温电阻炉也叫马弗炉,常用于重量分析中的样品灼烧、沉淀灼烧和灰分测定等工作。

本书着重介绍两种马弗炉:SX10-HTS 型高温箱式电阻炉和 TM6220S 型陶瓷纤维马弗炉。

1. 高温箱式电阻炉(SX10-HTS 型)

本电阻炉以硅炭棒为加热元件。额定温度为 1000℃,与数显表、可控硅电压调整器及铂铑-铂热电偶配套,从而实现测量、显示和自动控温。它具有精度高,稳定性强,操作简便,读数直观、清晰等优点。

(1)结构简介。

电阻炉外形为长方体,炉壳用薄钢板经折边焊接而成。内炉衬用轻质耐火纤维制成,加热元件为硅炭棒,插于内炉的顶部与底部或两侧,内炉衬为高级保温材料的保温层。

为了确保安全,炉体顶部或两侧有防护罩。温度控制调节旋钮和设定、显示装置的控制器,通过多级绞链固定在炉体右侧。

电炉炉门由单臂支承,通过多级绞链固定于电炉面板上。炉门关闭时,利用炉门把手的自重将炉门紧闭于炉口,通过门钩扣住门扣。开启时只需将把手稍往上提,脱钩后往外拉开,将炉门置于左侧即可。

(2)仪器外形结构如图 2-16 所示。

(3)使用方法。

将装有样品的坩埚放入炉膛中部,关闭炉门。打开控温器的

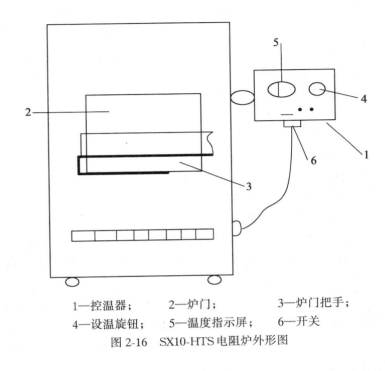

1—控温器； 2—炉门； 3—炉门把手；
4—设温旋钮； 5—温度指示屏； 6—开关
图 2-16 SX10-HTS 电阻炉外形图

电源开关,绿灯显示加热,将温度设定旋钮设定到所需温度,温度显示指针将显示炉膛内温度,到设定温度后,加热会自动停止,红灯亮,表示处于保温状态。

加热时间到,先关闭电源,不应立即打开炉门,以免炉膛骤冷碎裂。一般可先开一条小缝,让其降温快些,最后用长柄坩埚钳取出被加热物体。

高温炉在使用时,要经常照看,防止自控失灵,造成电炉丝烧断等事故。

炉膛内要保持清洁,炉子周围不要放易燃易爆物品。

2. TM6220S 型陶瓷纤维马弗炉

该炉既具有微波马弗炉的优点:保温好,升温快,可通风,重量轻,节电显著;又有普通马弗炉容积大,价格适中等优点。其空载由室温升至 900℃ 不到 20min;而输入功率为 2.2kW,容积为 3L 的微波马弗炉也需 25min。

(1) TM6220S 型炉技术参数如下:

容积:6L

功率:2kW

温度:1 200℃

温控精度:±2%FS

(2) TM6220S 型炉结构:

分为炉和控制箱两部分。

a. 炉:由炉腔和门两部分构成。炉腔和门的主体均为陶瓷纤维。炉内左右二壁嵌有发热体;炉腔固定在前后与底构成的 U 形金属壳上,左右和顶为一倒 U 形金属罩;壳底有四个底脚支撑;后面板可卸下,便于更换发热体和传感器;其下有 6 芯矩形插座,用电缆连至控制箱;顶部可安装不锈钢抽风烟筒,以促进灰化。门在正前方,开门时,抓住把手斜着向上往怀里拉,然后顺着弹簧的力量向上推;反方向操作一遍,就可关门。

b. 控制箱:控制箱面板示意图见图 2-17。左上部为一温度控制数显表,用法见其使用说明书;右上部为负载电压和电流表;下部从左至右为:电源开关、温度保持 LED、定时调整旋钮、功率调整旋钮;后面板上有保险器、控制连接插座和电源线。

(3) 安装与使用:

a. 用连接线将炉体与控制箱相连,锁紧。温度控制器右下部的开关指向"测量"。

b. 控制箱上的电源线连至接线板。

c. 控制箱上的电源开关通电,开关上的氖管,温度控制器上数码管显示当前温度 T_i,用手触摸传感器,示值应有变化。

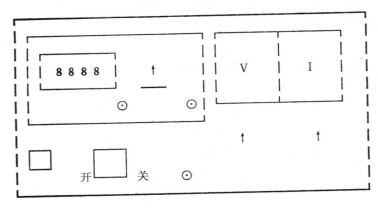

图 2-17 控制箱面板示意图

d. 温度控制器右下部的开关指向"设定",数码管指示设定温度,调整多圈电位器,改变设定温度 T_0,当它小于 T_i 时,绿色加热灯亮,大于 T_i 则红色停止灯亮。然后让 $T_0 = 600℃$,开关回到"测量"。

e. 顺时针转动定时器旋钮,立即开始加热,将旋钮定在到达设定温度后想保持的时间上,然后观察电流,根据经验进行调整,在速度与温度之间找平衡,上升阶段,离设定温度差 10℃ 左右时,每分钟升温不要超过 4℃。

f. 第一次达到 T 前,定时器旋钮不转;达到 T_0 后,温控器上温度保持黄色 LED 亮,定时器开始倒计时,加热时断时续,温度维持在 T_0 左右,如果波动过大,可调整电流。

g. 定时时间到,铃响,停止加热,温度自然下降。不要急于开炉门,尽量避免骤冷。

(五)滴定分析玻璃仪器及基本操作

滴定分析用的玻璃仪器主要由滴定管、容量瓶、移液管及吸量管等容量器皿组成。非容量器皿包括烧杯、锥形瓶、称量瓶、表面皿和量筒。其规格、用途如表2-4所示。

表2-4 滴定分析玻璃仪器规格及主要用途

名称	规格（容量/mL）	主要用途
烧杯	10, 15, 25, 50, 100, 250, 400, 500, 600, 1000, 2000	配制溶液、溶样
锥形瓶	25, 50, 100, 250, 500, 1000	分析滴定,加热处理样品
碘瓶	25, 50, 100, 250, 500, 1000	碘量法
量筒,量杯	5, 10, 25, 50, 100, 250, 500, 1000, 2000	量取液体体积
容量瓶	10, 25, 50, 100, 150, 200, 250, 500, 1000, 2000, ⋯ 量入式	配标准溶液和被测试液
滴定管（常量）	25, 50, 100	容量分析滴定
微量滴定管	1, 2, 3, 4, 5, 10	微量或半微量分析滴定
移液管	1, 2, 5, 10, 25, 50, 100	准确移取一定量的液体
吸量管	1, 2, 5, 10, 20, 25, 50, 100	准确移取各种不同量的液体
称量瓶	矮形 10, 15, 30, ⋯ 高形 10, 20	矮形瓶用于测定水分或烘干基准物质 高形瓶用于称量基准物、样品

容量体积的误差是滴定分析中误差的主要来源,故正确使用容量器皿是影响样品测定准确度的重要因素。

1. 玻璃仪器的洗涤

用于无机及分析化学实验的玻璃器皿在使用前必须经过仔细

洗涤,洗涤至容器内壁能被水均匀地润湿而无水的条纹,不挂水珠为止。若容器内部有油污存在则水液会附着其上,造成读数误差或体积不准,从而影响结果的准确度。

一般玻璃器皿如烧杯、锥形瓶、量筒等非容量器皿可用蘸取去污粉或洗衣粉的毛刷直接刷洗其内外表面,再用自来水冲洗干净,然后再用蒸馏水淋洗 2~3 遍。对于容量器皿如滴定管、容量瓶、移液管,为避免容器内壁受机械磨损而影响测量的准确度,一般不用刷子刷洗,而应选择合适的洗涤剂进行清洗。

滴定管如无明显油污,可直接用自来水或洗涤剂冲洗。若有油污则可倒入铬酸洗涤液,把滴定管横过来,两手平端滴定管转动直至洗涤液布满全管。碱式滴定管则应先将乳胶管卸下,把橡皮滴头套在滴定管底部,然后再倒入洗涤液进行洗涤。污染严重的可用铬酸洗涤液浸泡数小时后再用水冲洗。

容量瓶用水冲洗后,如还不干净,可倒入洗涤液摇动或浸泡,再用水冲洗干净。

移液管可吸取洗涤液进行洗涤,若污染严重则可放在高型玻璃筒或大量筒内用洗涤液浸泡,然后用水冲洗干净,或用吸耳球吸取四分之一管洗涤液,再把管横过来,让洗涤液布满全管,并用水冲干净。

洗涤液用完后仍倒回原来的瓶中。注意不要将铬酸洗涤液溅在身上,以免灼伤皮肤或腐蚀衣服。因铬酸洗涤液含六价铬,对人体和环境有害,故应尽可能不用或尽量少用。洗涤液决不能随意排放,应进行回收处理。

2. 滴定管

滴定管是滴定分析中最常用的准确量器,用于测量滴定时放出标准溶液的准确体积,以此来计算被测物的含量。

滴定管一般分为酸式、碱式和酸碱通用式三种。由于玻璃磨口旋塞控制滴速的酸式滴定管在使用时易堵易漏,而碱式滴定管的乳胶管易老化。滴定剂在使用时,需根据其性质来选用所盛的滴定管形式,比较麻烦,故现在酸、碱式滴定管逐渐被聚四氟乙烯活塞滴定管(酸碱通用)所取代。

聚四氟乙烯活塞滴定管(简称四氟滴定管)外形如图 2-18 所示。由于活塞采用聚四氟乙烯材料制成,具有耐酸、耐碱、耐强氧化剂腐蚀的功能,故所有的酸、碱和强氧化剂的滴定剂都可在四氟滴定管中进行滴定操作。其操作方法如下:

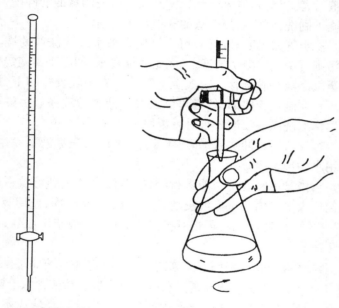

图 2-18　四氟滴定管　　　　图 2-19　滴定管的操作

(1)首先检查滴定管是否漏水,可在滴定管内装入蒸馏水至 0 刻度以上,把滴定管垂直夹在滴定管架上,静置几分钟,观察有无漏水。若从旋塞缝隙中有水渗出,可将旋紧螺帽旋紧至不漏水;若旋塞过紧不能转动,则将旋紧螺帽调松些,以不渗水为准。

(2)滴定剂的加入。首先将试剂瓶中的滴定剂摇匀,使试剂瓶内壁上的水珠混入溶液中,以保持浓度的均匀性。滴定剂应直接倒入滴定管内,先注入约 10mL 滴定剂,两手平端滴定管,慢慢转动,使溶液洗遍全管内壁,打开滴定管活塞,冲洗出口,放尽残液,如此重复润洗 2~3 次。再加入滴定剂至 0 刻度以上。

(3)滴定操作。将滴定管垂直夹在滴定台架上,滴定反应可在锥形瓶、碘量瓶或烧杯中进行,其操作姿势如图 2-19 所示。

使用四氟滴定管时,用左手控制滴定管的活塞,右手握锥形瓶,滴定时向同一方向作圆周旋转,不能前后振荡,以免溶液溅出。滴定速度一般为 10mL/min,即 3~4 滴/s,不能像流水或直线状放出滴定剂。半滴加入法是使半液滴悬挂在管尖而不让其滴下,然后用锥形瓶内壁靠下液滴,再用洗瓶将内壁附着的液滴用蒸馏水洗下去,摇匀,如此继续滴定至终点。

碱式滴定管操作:

滴定剂的加入方法同四氟滴定管。加入滴定剂后,将乳胶管向上弯曲 45°以上,用手捏住玻璃珠稍上处挤捏乳胶管,使溶液向上流出,至乳胶管内的气泡全部排出后,即可进行滴定。滴定时左手握住滴定管,拇指在前,食指在后,捏住乳胶管中的玻璃珠稍上处挤捏皮管,使其与玻璃珠之间形成一条缝隙,溶液即可流出。使用时应注意不要使玻璃珠上下移动,更不能捏玻璃珠下部乳胶管,以免空气进入管内形成气泡,影响读数准确性。

滴定管读数的正确与否,直接关系到试样分析结果的准确性。这也是滴定误差的主要来源之一,一般读数应遵守如下原则:

(1)读数时应将滴定管从滴定架上取下,用右手大拇指和食指捏住滴定管上部无刻度处,左手拿住滴定管下部无刻度处,使滴定管垂直。滴定剂加入或流出后,让液面稳定 1min 后方可读数。

(2)由于水的附着力和内聚力的作用,滴定管内的液面呈弯月形,无色和浅色的溶液弯月面较清晰。读数时,视线应与弯月面下缘实线的最低点相切,如图 2-20 所示。对于深色溶液,如 $KMnO_4$、I_2 溶液等,读数时视线应与液面两侧的最高点相切。

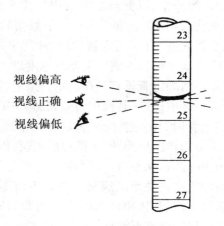

图 2-20 读数视线位置

(3)为协助读数,可采用读数卡,这种方法一般用于初学者练习读数。读数卡可用黑纸或涂有黑颜料的长方形纸块制成。读数时,将卡放在滴定管背后,使黑色部分在弯月面下约 1mm 处,如图 2-21 所示。此时弯月面的反射层全部成为黑色,然后读此黑色弯月面下缘的最低点。对于有色溶液,读其两侧最高点。

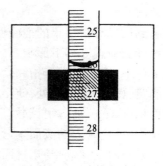

图 2-21 用读数卡读数

图 2-22 滴定管读数

(4)"蓝带"滴定管中溶液读数,无色或浅色溶液有两个弯月面尖端相交于滴定管蓝线的某一点,如图 2-22 所示,读数时视线应与此点在同一水平面上。对于深色溶液,应使视线与液面两侧最高点相切。

(5)每次滴定前应将液面调节在刻度 0.00mL,这样可固定在某一段体积范围内滴定,减少体积误差。

滴定结束后,应将滴定管内剩余溶液弃去,不得倒回原试剂瓶中,以免沾污滴定剂。然后,洗净滴定管,将其放在滴定台架上,备用。

3.00mL 微型四氟滴定管的使用:

为减少废液排放,保护环境,减少贵重试剂的用量,微型滴定分析逐步在实验教学中得到推广。

微型滴定管结构如图 2-23 所示。1 为缓冲球,作用是防止滴定剂吸取过量而冲至吸耳球中和消除吸入刻度管内的气泡;2 为刻度管;3 为四氟旋塞;4 为塑料套管滴头。

微型滴定管使用方法:

(1)将滴定管固定在滴定台架上。

(2)打开旋塞,用吸耳球抽取清洗液至刻度管内,反复挤压吸耳球,让清洗液不断上下抽动。洗完后,再用清水和蒸馏水洗净,如刻度管内的油污很多,可先用铬酸洗涤液抽洗或浸一段时间,再用清水洗。

(3)加滴定液时,将滴定管放入试剂瓶中,注意不要将塑料滴嘴碰到瓶底,以免弯折。旋开活塞,用吸耳球吸取滴定液至玻璃球内,再放至 0 刻度线,旋紧活塞,即可进行滴定操作。

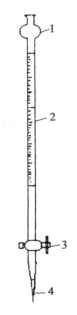

图 2-23 微型滴定管

(4)读数时眼睛平视液面进行读数。

3．移液管和吸量管

移液管和吸量管都是用来准确吸取一定量溶液的容量器皿。移液管是一根细长而中间膨大的玻璃管,在管的上端有一环形标线。

吸量管是具有分刻度的玻璃管。它可以吸取所需的不同体积的溶液,但准确度不如移液管。

移液管和吸量管正确使用方法如下:

使用前按上述玻璃仪器洗涤方法将其洗至内壁不挂水珠为止。移取溶液前,用滤纸将管尖端内外的水除去,然后用待吸溶液淋洗三次。吸取溶液时,右手拇指和中指拿住移液管上端,插入待吸取溶液的液面下约2cm处,左手拿吸耳球并将其捏瘪,排除空气后,将吸耳球对准移液管的上口,按紧不漏气,然后慢慢松开吸耳球,使溶液慢慢上升至标线以上,移去吸耳球,迅速用食指按紧其上口。然后拿起移液管,将管尖放在试瓶瓶口内壁上,左手扶住试剂瓶,微松按住管口的食指,让液面缓慢而均匀地下降。观察到液体弯月面的最低点与标刻线相切时,立即按紧管口,将溶液转入承接容器(如锥形瓶、碘瓶、烧杯),将移液管的下口紧靠容器内壁,松开食指,让溶液沿容器内壁流出后,稍等15s左右,拿出移液管。残留在移液管尖端的溶液,一般不能吹入接收容器内,因校准移液管时,已考虑了末端保留溶液的体积。

吸量管的操作与移液管相同。但吸量管上常标有"吹"字,在使用这种吸量管时,必须在管子内的溶液全部流出后,将末端的溶液也吹出,不允许有残留。

移液管和吸量管使用完毕,应用自来水冲洗,再用蒸馏水洗净,并放在专制架上。

4．容量瓶

容量瓶主要用来配制标准溶液,或稀释一定量溶液到一定的体积。

一般容量瓶分为"量入"式和"量出"式两类。"量入"式在瓶上标有 E 字样,目前统一用 In 表示。它表示在标明温度下,液体充满到标度线时,瓶内液体体积恰好与瓶上标明的体积相同。"量出"式瓶上标有 A,目前统一用 Ex 表示。它表示在标明温度下,液体充满到标度线时,按一定方法倒出液体时,其体积与瓶上标明的体积相同。对于精确分析使用"量入"式容量瓶更适合。

容量瓶使用方法如下:

使用前首先试漏。在容量瓶中加水至标线,塞紧瓶塞,右手拿住瓶底,左手托住磨口塞,将瓶倒立,观察有无漏水。如不漏水即可使用。瓶塞用橡皮筋系在瓶颈上,以防止搞错后因不配套而漏水。

洗涤。按玻璃仪器洗涤方法将其洗净。

使用。先将准确称取的固体物质溶解于洁净干燥的小烧杯中,再将溶液定量移入容量瓶中,操作如图 2-24 所示。

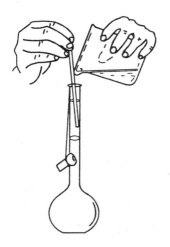

图 2-24 转移溶液操作

在转移过程中,用一根玻璃棒插入容量瓶内,烧杯嘴紧靠玻璃棒,使溶液沿玻璃棒慢慢流入,玻璃棒下端要靠近瓶颈内壁,但不要太接近瓶口,以免有溶液溢出。待溶液流完后,将烧杯沿玻璃棒稍向上提,同时直立,使附着在烧杯嘴上的一滴溶液流回烧杯中。残留在烧杯中的少许溶液,可用少量蒸馏水洗3~4次,洗涤液按上述方法转移到容量瓶中。

当溶液盛至容积约3/4时,应摇晃容量瓶,使溶液初步混匀,然后小心地稀释至刻度。无论溶液有无颜色,其加水位置均为使水至弯月面下缘与标线相切为准,因为加水时,溶液尚未混匀,这时最上层仍为透明水溶液,弯月面下缘仍可清楚看出。盖好瓶塞,用左手食指压住瓶塞,其余手指拿住瓶颈标线以上部位,右手用指尖托住瓶底边缘,然后将容量瓶倒转,使气泡上升到顶部,使瓶摇动,混匀溶液。再将瓶直立,又将瓶倒转,振荡溶液。如此反复10次左右。由于瓶塞部分的溶液可能还未完全混匀,为此,打开瓶塞让附近的液体流下,重新塞好瓶塞,再倒转摇动3~5次,以使溶液充分混合。

热溶液应冷却至室温后,才能稀释至标线。需避光的溶液应以棕色容量瓶配制。

容量玻璃仪器用水洗涤干净后,不得放入烘箱中烘干,而应晾干备用。

5. **容量仪器的校正**

容量仪器的容积并不经常与它所标出的大小完全符合,因此,对于准确度要求较高的分析工作,必须加以校正。

容量仪器的校正方法是:称量一定体积的水,然后根据该温度时水的密度,将水的质量换算为体积。这种方法的前提是在不同温度下水的密度都已经很准确地测定过。称量的结果必须对下列三点加以校正:

①对于水的密度随着温度的改变而改变的校正。

②对于玻璃容器的容积由于温度改变而改变的校正。

③对于物体由于空气浮力而使质量改变的校正。

为了便于计算,将此三项校正值合并而得一总校正值(见表2-5),表中的数字表示在不同温度下,用水充满20℃时容积为1L的玻璃容器在空气中用黄铜砝码称取的水质量。校正后的容积是指20℃时该容器的真实容积。应用该表来校正容量仪器是十分方便的。

表 2-5 不同温度下用水充满 20℃ 时容积为 1L 的玻璃容器,于空气中以黄铜砝码称取的水的质量

温度/℃	质量/g	温度/℃	质量/g	温度/℃	质量/g
0	998.24	14	998.04	28	995.44
1	998.32	15	997.93	29	995.18
2	998.39	16	997.80	30	994.91
3	998.44	17	997.65	31	994.64
4	998.48	18	997.51	32	994.34
5	998.50	19	997.34	33	994.06
6	998.51	20	997.18	34	993.75
7	998.50	21	997.00	35	993.45
8	998.48	22	996.80	36	993.12
9	998.44	23	996.60	37	992.80
10	998.39	24	996.38	38	992.46
11	998.32	25	996.17	39	992.12
12	998.23	26	995.93	40	991.77
13	998.14	27	995.69		

玻璃容器是以 20℃ 为标准而校准的,但使用时不一定也在 20℃,因此,器皿的容量以及溶液的体积都将发生变化。器皿容量的改变是由于玻璃的胀缩而引起的,但玻璃的膨胀系数极小,在温度相差不太大时可以忽略不计。溶液体积的改变是由于溶液密度的改变所致,稀溶液的密度一般可以用相应的水密度来代替。为了便于校准在其它温度下所测量的体积,表 2-6 列出了在不同温度下 1000mL 水(或稀溶液)换算到 20℃ 时,其体积应增减的毫

升数。

表 2-6 不同温度下每 1000mL 水(或稀溶液)换算到 20℃时的校正值

温度/℃	水,0.1mol·L^{-1} HCl 0.01mol·L^{-1}溶液 (ΔV/mL)	0.1mol·L^{-1}溶液 (ΔV/mL)
5	+1.5	+1.7
10	+1.3	+1.45
15	+0.8	+0.9
20	0.0	0.0
25	−1.0	−1.1
30	−2.3	−2.5

例如,在 10℃时 25.00mL 浓度为 0.1mol·L^{-1} 的标准溶液,在 20℃时应相当于 $25.00 + \dfrac{1.45 \times 25.00}{1000} = 25.04 \text{mL}$。

(1)滴定管的校正

将待校正的滴定管充分洗净,并在活塞上涂以凡士林(四氟滴定管活塞不需涂凡士林),加水调至滴定管"零"处(加入水的温度应当与室温相同)。记录水的温度,将滴定管尖外面水珠除去,然后放出 10mL 水(不必恰等于 10mL,但相差也不应大于 0.1mL),置于预先准确称过质量[①] 的 50mL 具有玻璃塞的锥形瓶中(锥形瓶外壁必须干燥,内壁不必干燥),将滴定管尖与锥形瓶内壁接触,收集管尖余液。1min 后读数[②] (准确到 0.01mL),并记录,将锥

---

① 由于滴定管读数只能准确到 0.01mL,约相当于 0.01g 水,故在称量时精确到 0.01g 即可。

② 校正时停 1min,让壁上溶液流下来,以后使用时也应该遵守此规定。

形瓶玻璃塞盖上,再称出它的质量,并记录,两次质量之差即为放出的水的质量。

由滴定管中再放出 10mL 水(即放至约 20mL 处)于原锥形瓶中,用上述同样方法称量,并记录。同样,每次再放出 10mL 水,即从 20mL 到 30mL,30mL 到 40mL,直至 50mL 为止。用实验温度时 1mL 水的质量(查表 2-5 数据)来除每次得到的水的质量,即可得相当于滴定管各部分容积的实际毫升数①(即 20℃ 时的真实容积)。

例如,在 21℃ 时由滴定管中放出 10.03mL 水,其质量为 10.04g。查表知道在 21℃ 时每 1mL 水的质量为 0.99700g。由此,可算出 20℃ 时其实际容积为 $\frac{10.04}{0.99700}$mL = 10.07mL。

故此管容积之误差为:10.07 - 10.03 = 0.04mL。

碱式滴定管的校正方法与酸式滴定管的校正方法相同。

现将在温度为 25℃ 时校正滴定管的一组实验数据列于表 2-7 中。

表 2-7 滴定管校正(水温 25℃,1mL 水的质量为 0.9962g)

滴定管 读 数	读数的 容积/mL	瓶与水 的质量/g	m_{H_2O}/g	实际 容积/mL	校正值 /mL	总校正值 /mL
0.03		29.20 (空瓶)				
10.13	10.10	39.28	10.08	10.12	+0.02	+0.02
20.10	9.97	49.19	9.91	9.95	-0.02	0.00
30.17	10.07	59.27	10.08	10.12	+0.05	+0.05
40.20	10.03	69.24	9.97	10.01	-0.02	+0.03
49.99	9.79	79.07	9.83	9.86	+0.07	+0.10

---

① 若已知滴定管的任何部分的 10mL 之间的误差大于 0.1mL,则最好再将该段分次称量少量体积(例如每次 2mL)进行校正。

最后一项为总校正值,例如 0mL 与 10mL 之间的校正值为 +0.02mL,而 10mL 与 20mL 之间的校正值为 -0.02mL,则 0mL 到 20mL 之间总校正值为

$$+0.02+(-0.02)=0.00$$

由此即可校正滴定时所用去的溶液的实际量(毫升数)。

(2)移液管和吸量管的校正

移液管和吸量管的校正方法与上述滴定管的校正方法相同。

(3)容量瓶的校正

a. 绝对校正法

将洗净、干燥、带塞的容量瓶准确称量(空瓶质量)。注入蒸馏水至标线,记录水温,用滤纸条吸干瓶颈内壁水滴,盖上瓶塞称量,两次称量之差即为容量瓶容纳的水的质量。根据上述方法算出该容量瓶 20℃ 时的真实容积数值,求出校正值。

b. 相对校正法

在很多情况下,容量瓶与移液管是配合使用的。因此,重要的不是要知道所用容量瓶的绝对容积,而是要看容量瓶与移液管的容积比是否正确。例如,250mL 容量瓶的容积是否为 25mL 移液管所放出的液体体积的 10 倍?一般只需要做容量瓶与移液管的相对校正即可。其校正方法如下:

预先将容量瓶洗净空干,用洁净的移液管吸取蒸馏水注入该容量瓶中。假如容量瓶容积为 250mL,移液管为 25mL,则共吸 10 次,观察容量瓶中水的弯月面是否与标线相切。若不相切,表示有误差,一般应将容量瓶空干后再重复校正一次;如果仍不相切,可在容量瓶颈上做一新标记,以后配合该移液管使用时,可以新标记为准。

(4)玻璃量器的最大允许公差见表 2-8。

表 2-8 标准温度 20℃时标准容量允差[1]

标准容量允差(±)/mL

容量 V/mL	无塞滴定管 具塞滴定管 微量滴定管		吸量管							容量瓶		量筒		量杯
			单标线者		有分度和无分度				吹出式			量入式	量出式	
					完全流出式		不完全流出式							
	A级	B级	A级	B级	A级	B级	A级	B级	A级	B级	A级	B级			
2 000	—	—	—	—	—	—	—	—	—	—	0.60	1.20	10.0	20.0	—
1 000	—	—	—	—	—	—	—	—	—	—	0.40	0.80	5.0	10.0	10.0
500	—	—	—	—	—	—	—	—	—	—	0.25	0.50	2.5	5.0	6.0
250	—	—	—	—	—	—	—	—	—	—	0.15	0.30	1.0	2.0	3.0
200	—	—	—	—	—	—	—	—	—	—	0.15	0.30	—	—	—
100	0.10	0.20	0.080	0.160	—	—	—	—	—	—	0.10	0.20	0.5	1.0	1.5
50	0.05	0.10	0.050	0.100	0.100	0.200	0.100	0.200	—	—	0.05	0.10	0.25	0.5	1.0
40	—	—	—	—	0.100	0.200	0.100	0.200	—	—	—	—	—	—	—
25	0.05	0.10	0.030	0.060	0.100	0.200	0.100	0.200	—	—	0.03	0.06	0.25	0.5	—
20	—	—	0.030	0.060	—	—	—	—	—	—	—	—	—	—	0.5
15	—	—	0.025	0.050	—	—	—	—	—	—	—	—	—	—	—
1 1	—	—	—	—	—	—	—	—	—	—	—	—	—	—	—

续表

标准容量允差(±/mL)

容量V/mL	无塞滴定管 A级	无塞滴定管 B级	具塞滴定管微量滴定管 A级	具塞滴定管微量滴定管 B级	吸量管 单标线者 A级	吸量管 单标线者 B级	吸量管 有分度和无分度有二标线者 完全流出式 A级	有分度和无分度有二标线者 完全流出式 B级	不完全流出式 A级	不完全流出式 B级	吹出式	容量瓶 A级	容量瓶 B级	量筒 量入式	量筒 量出式	量杯
10	0.025	0.05	—	—	0.020	0.040	0.050	0.100	0.050	0.100	0.100	0.02	0.04	0.1	0.2	0.4
5	0.01	0.02	—	—	0.015	0.030	0.025	0.050	0.025	0.050	0.050	0.02	0.04	0.05	0.1	0.2
4	—	—	—	—	0.015	0.030	—	—	—	—	—	—	—	—	—	—
3	—	—	—	—	0.015	0.030	—	—	—	—	—	—	—	—	—	—
2	0.01	0.02	—	—	0.010	0.020	0.012	0.025	0.012	0.025	0.025	—	—	—	—	—
1	0.01	0.02	—	—	0.007	0.015	0.008	0.015	0.008	0.015	0.015	—	—	—	—	—
0.5	—	—	—	—	—	—	—	—	—	0.010	0.010	—	—	—	—	—
0.25	—	—	—	—	—	—	—	—	—	0.005	0.008	—	—	—	—	—
0.20	—	—	—	—	—	—	—	—	—	0.005	0.006	—	—	—	—	—
0.10	—	—	—	—	—	—	—	—	—	0.003	0.004	—	—	—	—	—

① 参考中华人民共和国国家标准 GB 12803—12808—91,GB/T 12809—12810—94,国家技术监督局发布,北京:中国标准出版社,1991。

第三部分　无机及分析化学实验

实验 1　酸 碱 反 应

一、实验目的

1. 比较相同浓度的各种电解质溶液的 pH 值。
2. 研究 $SbCl_3$ 和 $BiCl_3$ 等盐类的水解作用及影响水解的主要因素。
3. 了解同离子效应对弱电解质离解平衡的影响。
4. 学习缓冲溶液的配制方法，了解缓冲溶液的性质。

二、主要试剂

1. HCl 溶液（$0.1, 0.2, 2, 6 mol \cdot L^{-1}$）
2. HAc 溶液（$0.1, 0.2 mol \cdot L^{-1}$）
3. NaOH 溶液（$0.1, 0.2, 2 mol \cdot L^{-1}$）
4. HNO_3 溶液（$6 mol \cdot L^{-1}$）
5. 氨水溶液（$0.1, 0.2 mol \cdot L^{-1}$）
6. NH_4Cl（$0.1 mol \cdot L^{-1}$，固体）
7. NH_4Ac 溶液（$0.1 mol \cdot L^{-1}$）
8. NaCl 溶液（$0.1 mol \cdot L^{-1}$）
9. NaAc（$0.1, 0.2 mol \cdot L^{-1}$，固体）
10. $SbCl_3$（$1 mol \cdot L^{-1}$，1:9 HCl 溶液中）
11. $BiCl_3$ 固体
12. NaH_2PO_4 溶液（$0.1 mol \cdot L^{-1}$）

13. Na_2HPO_4 溶液($0.1mol·L^{-1}$)
14. 酚酞指示剂(0.2%乙醇溶液)
15. 甲基橙指示剂(0.2%)

三、实验步骤

1. 比较相同浓度的各种电解质溶液的 pH 值。

用 pH 试纸分别测定浓度为 $0.1mol·L^{-1}$ 的 HCl、HAc、氨水、NH_4Cl、NH_4Ac、NaCl、NaH_2PO_4、Na_2HPO_4、NaAc、NaOH 溶液和蒸馏水的 pH 值,并与计算结果相比较。将上述溶液按测得的 pH 值由小到大排列成序。

2. $SbCl_3$、$BiCl_3$ 的水解作用及其抑制。

在两支干净的试管中,分别加入 5 滴 $1mol·L^{-1}$ 的 $SbCl_3$ 溶液和少许固体 $BiCl_3$,再各加数滴水(不超过 2mL),观察现象,写出反应方程式。然后,在两支试管中分别逐滴加入 $6mol·L^{-1}$ HCl 溶液,边滴边摇动,使沉淀刚刚溶解。再加水稀释,又有什么现象?用平衡原理解释这一系列现象。

水解反应式为:

$$SbCl_3 + H_2O \rightleftharpoons SbOCl \downarrow + 2HCl$$

$$BiCl_3 + H_2O \rightleftharpoons BiOCl \downarrow + 2HCl$$

3. 同离子效应和离解平衡。

(1)在洁净的试管中,加入 1~2mL $0.1mol·L^{-1}$ 的 HAc 溶液,滴 1 滴 0.2%甲基橙指示剂,观察溶液的颜色。再加入少许固体 NaAc,观察溶液颜色的变化。

(2)取 1mL $0.2mol·L^{-1}$ 氨水于试管中,加入 1 滴 0.2%的酚酞指示剂,观察溶液的颜色,加入 2mL $0.1mol·L^{-1}$ 的 NH_4Cl 溶液,观察指示剂颜色的变化。再加入少量固体 NH_4Cl,摇匀,观察指示剂颜色的变化。

4. 缓冲溶液的配制。

(1) 在两支各盛 5mL 蒸馏水的试管中,分别滴入 1 滴 0.1 mol·L^{-1} 的 HCl 和 NaOH 溶液,摇匀,用 pH 试纸测定其 pH 值,与蒸馏水的 pH 值作比较。

(2) 在一支试管中加入 5mL 0.1mol·L^{-1} HAc 和 5mL 0.1 mol·L^{-1} NaAc 溶液。摇匀后,用 pH 试纸测其 pH 值。将上述 HAc 和 NaAc 的混合溶液分别装入 5 支试管中。在第一支试管中加入 1 滴 0.1mol·L^{-1} HCl;第二支试管中加入 1 滴 2mol·L^{-1} HCl;第三支试管中加入 1 滴 0.1mol·L^{-1} NaOH;第四支试管中加入 1 滴 2mol·L^{-1} NaOH;第五支试管中加入等体积的蒸馏水,摇匀。用 pH 试纸分别测定此五种溶液的 pH 值。

(3) 欲配制 pH=4.4 的缓冲溶液 100mL,现有 0.2mol·L^{-1} HAc 和 0.2mol·L^{-1} NaAc 溶液,应如何配制? 配制后,用精密 pH 试纸测定其 pH 值。然后将溶液分为两份,一份中加一滴 0.2 mol·L^{-1} HCl 溶液,另一份加一滴 0.2mol·L^{-1} NaOH 溶液,摇匀。再用 pH 试纸测出它们的 pH 值,判断其有无缓冲能力。

思 考 题

1. 为什么 Na_3PO_4 溶液显碱性,Na_2HPO_4 溶液显微碱性? 为什么 NaH_2PO_4 溶液呈微酸性,H_3PO_4 溶液呈酸性? 试计算浓度为 0.1mol·L^{-1} 上述溶液的 pH 值。

2. 欲配制 pH=4.7 和 9.7 的两种缓冲溶液各 20mL,现有 0.5mol·L^{-1} 的各种酸和碱及其相应的盐溶液,应如何配制? 通过计算说明。

3. 如何配制 $SnCl_2$ 溶液和 $FeCl_3$ 溶液?

4. 在一装有饱和 $Al_2(SO_4)_3$ 溶液的试管中,注入饱和 Na_2CO_3 溶液,有何现象? 产生的沉淀为何物? 如何证实(详述验证步骤)? 写出有关的反应方程式。

5. 去离子水或蒸馏水的 pH 值为什么常常低于 7.0?

附注 1 pH 试纸的使用

1. 检查溶液的酸碱性。将 pH 试纸剪成小块,放于洁净干燥的点滴板或表面皿上,用洗净的玻璃棒蘸一下待测溶液与其接触,将 pH 试纸显现的颜色与标准色板对照,找出色调相近者即为待测溶液的 pH 值。

2.检查气体的酸碱性。将 pH 试纸用蒸馏水润湿,置于试管口(不与试管口接触),根据 pH 试纸颜色的变化确定逸出气体的酸碱性。

3.使用试纸要注意节约。取出试纸后,应将盛试纸的容器盖严,以防被沾污。用过的废试纸不得随地乱丢。

附注 2　实验报告示例

实验名称

一、实验时间：　　年　月　日　室温：　℃
二、实验目的
三、实验内容

主要步骤与装置	现　　象	解释及反应方程式

四、思考题,讨论存在问题及建议

实验 2　沉 淀 反 应

一、实验目的

1.了解沉淀的生成、溶解和沉淀的转化条件,掌握沉淀平衡、同离子效应以及溶度积原理。

2.学习离心分离操作和电动离心机的使用。

二、主要试剂

1.KI 溶液($0.01, 0.1 \text{mol} \cdot \text{L}^{-1}$)

2.$Pb(NO_3)_2$ 溶液($0.005, 0.1 \text{mol} \cdot \text{L}^{-1}$)

3.$CuSO_4$ 溶液($0.25 \text{mol} \cdot \text{L}^{-1}$)

4.Na_2S 溶液($0.1, 1 \text{mol} \cdot \text{L}^{-1}$)

5. $AgNO_3$ 溶液($0.1mol·L^{-1}$)
6. $BaCl_2$ 溶液($0.1mol·L^{-1}$)
7. $NaCl$ 溶液($0.5,1mol·L^{-1}$)
8. $Ca(NO_3)_2$ 溶液($0.25mol·L^{-1}$)
9. $(NH_4)_2C_2O_4$ 溶液($0.1mol·L^{-1}$,饱和)
10. $FeCl_3$ 溶液($0.1mol·L^{-1}$)
11. Na_2SO_4 饱和溶液
12. K_2CrO_4 溶液($0.1,0.5mol·L^{-1}$)
13. $CaCO_3$ 固体
14. $NaOH$ 溶液($1mol·L^{-1}$)
15. HAc(浓)
16. HCl 溶液($6mol·L^{-1}$,浓)
17. H_2SO_4 溶液($6mol·L^{-1}$)
18. HNO_3 溶液($6mol·L^{-1}$,浓)

三、实验步骤

1. 沉淀的生成和溶解。

(1)沉淀的生成：

①取 10 滴 $0.1mol·L^{-1}$ KI 溶液于离心管中，逐滴加入 $0.005mol·L^{-1}$ $Pb(NO_3)_2$ 溶液，边滴边摇，观察现象。

②取两支试管，于第一支试管中加入 $0.01mol·L^{-1}$ KI 溶液 2 滴及蒸馏水 18 滴，第二支试管中加入 $0.005mol·L^{-1}$ $Pb(NO_3)_2$ 溶液 2 滴及蒸馏水 18 滴。将此两种溶液混合，摇匀。观察现象。

③在试管中加入 2 滴 $0.1mol·L^{-1}$ Na_2S 溶液和 5 滴 $0.1mol·L^{-1}$ K_2CrO_4 溶液，用水稀释至约 5mL，然后滴入 $0.1mol·L^{-1}$ $Pb(NO_3)_2$ 溶液，观察首先生成沉淀的颜色。待沉淀沉降后，继续向清液中滴加 $Pb(NO_3)_2$ 溶液，出现什么颜色的沉淀？根据有关的溶度积数据加以说明。

(2)沉淀的溶解：

①取少量 $CaCO_3$ 固体于试管中,加入少量水,摇动。然后逐滴加入 $6mol \cdot L^{-1}$ HCl 溶液,观察现象。写出离子反应式。

②在两支试管中,各加入 5～6 滴 $0.25mol \cdot L^{-1}$ $Ca(NO_3)_2$ 溶液,分别加入 $0.1mol \cdot L^{-1}$ $(NH_4)_2C_2O_4$ 溶液数滴,当两支试管中有白色沉淀出现时,再分别加入 $6mol \cdot L^{-1}$ HCl 溶液和浓 HAc,各有何现象？写出有关的离子反应式。

③取 4～5 滴 $0.1mol \cdot L^{-1}$ 的 $FeCl_3$ 溶液于试管中,加入 $1mol \cdot L^{-1}$ NaOH 溶液数滴,当有红色沉淀产生时,加入 $6mol \cdot L^{-1}$ HCl 溶液数滴,摇匀,出现什么现象？写出离子反应式。

④取 3～4 滴 $0.25mol \cdot L^{-1}$ $CuSO_4$ 溶液于离心管中,加入几滴 $0.1mol \cdot L^{-1}$ Na_2S 溶液,观察沉淀的生成。离心分离,弃去滤液。在沉淀上逐滴滴加浓 HNO_3,水浴加热,观察沉淀的溶解,写出反应式。

2.沉淀的溶解和转化。

(1) 取 5 滴 $0.1mol \cdot L^{-1}$ $BaCl_2$ 溶液,加入 3 滴饱和 $(NH_4)_2C_2O_4$ 溶液,观察沉淀的生成。离心分离,弃去溶液。在沉淀上滴加 $6mol \cdot L^{-1}$ HCl 溶液,有何现象？写出有关反应方程式。

(2)取 5 滴 $0.1mol \cdot L^{-1}$ $AgNO_3$ 溶液于离心管中,滴加 3～4 滴 $0.1mol \cdot L^{-1}$ Na_2S 溶液,观察现象。离心分离,弃去溶液。在沉淀上加几滴 $6mol \cdot L^{-1}$ HNO_3 溶液,于水浴上加热到 70～80℃,有何现象？写出反应方程式。

(3)取 5 滴 $0.1mol \cdot L^{-1}$ $Pb(NO_3)_2$ 溶液于离心管中,再加 3 滴 $1mol \cdot L^{-1}$ NaCl 溶液,振荡离心管,待沉淀完全后,离心分离。用 0.5mL 蒸馏水洗涤沉淀一次。然后在 $PbCl_2$ 沉淀中滴加 3 滴 $0.1mol \cdot L^{-1}$ KI 溶液,观察现象。按上述操作依次先后滴入 5 滴饱和 Na_2SO_4 溶液、$0.5mol \cdot L^{-1}$ K_2CrO_4 溶液、$1mol \cdot L^{-1}$ Na_2S 溶液。每加入一种新的溶液后都应仔细观察沉淀的转化和颜色的

变化。

用溶解度的数据解释本实验中出现的各种现象,并小结沉淀的溶解与转化的条件。

思 考 题

1. 试用溶度积原理解释实验中几种沉淀的生成、溶解与转化。
2. 什么叫分步沉淀? 举例说明。
3. 在生成 PbI_2 沉淀时,能否加入过量的 KI 溶液?
4. 试用平衡移动的原理,预测下列沉淀哪些可溶于强酸: CaC_2O_4, $CaCO_3$, $BaSO_4$, $BaSO_3$, $AgCl$。

实验3 配 位 反 应

一、实验目的

1. 了解配位化合物的生成,比较配合物的稳定性。
2. 了解配位平衡与沉淀反应、氧化还原反应和溶液酸度的关系。

二、主要试剂

1. $CuSO_4$ 溶液($0.25 mol \cdot L^{-1}$)
2. $HgCl_2$ 溶液($0.1, 0.25 mol \cdot L^{-1}$)
3. KI 溶液($0.1, 2 mol \cdot L^{-1}$)
4. $AgNO_3$ 溶液($0.1 mol \cdot L^{-1}$)
5. NaCl 溶液($0.1 mol \cdot L^{-1}$)
6. $FeCl_3$ 溶液($0.1, 0.5 mol \cdot L^{-1}$)
7. NH_4SCN 溶液($0.1 mol \cdot L^{-1}$)
8. NH_4F 溶液($2, 4 mol \cdot L^{-1}$)
9. $(NH_4)_2C_2O_4$ 溶液($0.1 mol \cdot L^{-1}$)

10. $Na_2S_2O_3$ 溶液($0.1mol·L^{-1}$)

11. NaBr 溶液($0.1mol·L^{-1}$)

12. $SnCl_2$ 溶液($0.1mol·L^{-1}$)

13. $NiSO_4$ 溶液($0.2,1mol·L^{-1}$)

14. $BaCl_2$ 溶液($0.1mol·L^{-1}$)

15. KCN 溶液(剧毒！$0.1mol·L^{-1}$)

16. Na_2S 溶液($0.1mol·L^{-1}$)

17. NaOH 溶液($0.1,2mol·L^{-1}$)

18. 氨水溶液($0.1,2,6mol·L^{-1}$)

19. H_2SO_4 溶液($6mol·L^{-1}$)

20. HCl 溶液($6mol·L^{-1}$)

21. CCl_4 溶液(浓)

三、实验步骤

1. 配合物的生成及其稳定性的比较。

(1)取3~4滴 $0.25mol·L^{-1}$ $CuSO_4$ 溶液于试管中,逐滴加入 $2mol·L^{-1}$ 氨水至生成浅蓝色的沉淀,继续加入过量的氨水至沉淀溶解为深蓝色的溶液。

(2)取3~4滴 $0.25mol·L^{-1}$ $HgCl_2$(有毒)于试管中,加1滴 $2mol·L^{-1}$ KI 溶液至生成桔红色沉淀(先出现黄色沉淀,这是碘化汞的一种不稳定变体)。继续滴加 KI 溶液至沉淀溶解。

(3)在两支试管中各加入 $1mol·L^{-1}$ $NiSO_4$ 溶液,然后在这两支试管中各滴入少量 $0.1mol·L^{-1}$ $BaCl_2$ 溶液和 $0.1mol·L^{-1}$ NaOH 溶液,各有何现象发生？写出反应式。

在另一支试管中加入 2mL $0.2mol·L^{-1}$ $NiSO_4$ 溶液,边振荡边逐滴加入 $6mol·L^{-1}$ 氨水,待生成的沉淀完全溶解后,再适当多加些氨水。将此溶液分成两份,分别滴加 $0.1mol·L^{-1}$ $BaCl_2$ 溶液和 $0.1mol·L^{-1}$ NaOH 溶液,各有何现象？写出反应方程式。

(4)在两支试管中各加入3滴0.1mol·L^{-1} AgNO$_3$溶液,向第一支试管中逐滴加入0.1mol·L^{-1} Na$_2$S$_2$O$_3$溶液,待生成的沉淀溶解后,再迅速多加几滴Na$_2$S$_2$O$_3$溶液;向第二支试管中滴加0.1mol·L^{-1}氨水至沉淀生成,再滴加2mol·L^{-1}氨水溶解沉淀,并过量2滴。然后分别向两支试管中加入0.1mol·L^{-1} NaBr溶液,观察有何现象发生?写出各步反应式。

2.配位平衡的移动。

(1)配位平衡与沉淀反应:

取2～3滴0.1mol·L^{-1} AgNO$_3$溶液于试管中,加入2滴0.1mol·L^{-1} NaCl溶液,观察现象。然后加入5～6滴2mol·L^{-1}氨水并摇动试管,观察现象。写出反应式并解释之。

取5～6滴0.1mol·L^{-1} AgNO$_3$溶液于试管中,向其中滴加0.1mol·L^{-1} NaBr溶液,有何现象?再加入10滴0.1mol·L^{-1} Na$_2$S$_2$O$_3$溶液,有何现象?再向试管中滴加0.1mol·L^{-1} KI溶液,又有何现象?然后滴加0.1mol·L^{-1} KCN溶液(剧毒!实验后废液集中处理,不得倒入水槽),出现什么现象?再向试管中滴加0.1mol·L^{-1} Na$_2$S溶液,又有何现象?根据难溶化合物的溶度积和配合物的稳定常数解释上述现象,并写出离子反应方程式。

(2)配位平衡与氧化还原反应:

在试管中加入2滴0.5mol·L^{-1} FeCl$_3$溶液,滴加2mol·L^{-1} KI溶液,出现红棕色;然后加入5～6滴CCl$_4$,振荡,观察CCl$_4$层的颜色。解释现象,写出反应式。

在另一支试管中加入3～4滴0.5mol·L^{-1} FeCl$_3$溶液,逐滴加入2mol·L^{-1} NH$_4$F溶液至试管中的溶液为无色,再过量1～2滴,再加入3滴2mol·L^{-1} KI溶液和5～6滴CCl$_4$,振荡后静置。观察CCl$_4$层的颜色。解释现象并写出有关的反应式。

(3)配位平衡与溶液酸度的关系:

在试管中加入2滴0.1mol·L^{-1} FeCl$_3$溶液,逐滴加入

$0.1mol·L^{-1}(NH_4)_2C_2O_4$ 溶液至试管中的溶液呈无色,此时生成配离子$[Fe(C_2O_4)_3]^{3-}$。加入 1 滴 $0.1mol·L^{-1}$ NH_4SCN 溶液,有何现象发生?为什么?然后在溶液中逐滴加入 $6mol·L^{-1}$ HCl 溶液,又有何现象?写出反应式。

在试管中加入 3~5 滴 $0.5mol·L^{-1}$ $FeCl_3$ 溶液,逐滴加入 $4mol·L^{-1}$ NH_4F 至溶液呈无色。将此溶液分成两份,分别滴加 $2mol·L^{-1}$ NaOH 和 $6mol·L^{-1}$ H_2SO_4 溶液,观察现象,并写出反应式。

思 考 题

1. 根据实验结果,判断$[Ag(NH_3)_2]^+$和$[Ag(S_2O_3)_2]^{3-}$的稳定性大小,并查出它们的不稳定常数,与上述判断相比较。$[Ag(S_2O_3)_2]^{3-}$ 的 $K_{不} = 4.2×10^{-14}$。

2. Cu^{2+}、Ag^+、Zn^{2+}、Cd^{2+}、Hg^{2+}离子中分别加入过量的氨水后会发生什么反应?

3. 配位反应常用于分离和鉴定某些阳离子。试设计一个分离混合溶液中 Ag^+、Fe^{3+}、Cu^{2+}的实验方案。

4. 总结本实验,归纳有哪些因素影响配位平衡及其移动。

实验4 氧化还原反应

一、实验目的

1. 了解某些氧化剂和还原剂的性质。
2. 了解浓度、介质酸度、沉淀和络合反应等对氧化还原反应的影响。

二、主要试剂

1. H_2SO_4 溶液$(1,2,3mol·L^{-1})$

2. HNO_3 溶液($2mol \cdot L^{-1}$,浓)

3. HAc 溶液($6mol \cdot L^{-1}$)

4. $H_2C_2O_4$ 溶液($0.2mol \cdot L^{-1}$)

5. H_2O_2 溶液(3%)

6. NaOH 溶液($2,6mol \cdot L^{-1}$,40%)

7. $FeCl_3$ 溶液($0.5mol \cdot L^{-1}$)

8. $KMnO_4$ 溶液($0.01,0.1mol \cdot L^{-1}$)

9. Na_3AsO_4 溶液($0.1mol \cdot L^{-1}$)

10. Na_3AsO_3 溶液($0.1mol \cdot L^{-1}$)

11. $Na_2S_2O_3$ 溶液($0.1mol \cdot L^{-1}$)

12. KI 溶液($0.1mol \cdot L^{-1}$)

13. KBr 溶液($0.1mol \cdot L^{-1}$)

14. $CuSO_4$ 溶液($0.25mol \cdot L^{-1}$)

15. $SnCl_2$ 溶液($0.5mol \cdot L^{-1}$)

16. I_2 溶液($0.01,0.1mol \cdot L^{-1}$)

17. Na_2SO_3 溶液($0.1mol \cdot L^{-1}$)

18. $ZnSO_4$ 溶液($0.2mol \cdot L^{-1}$)

19. $AgNO_3$ 溶液($0.1mol \cdot L^{-1}$)

20. $MnSO_4$ 溶液($0.002mol \cdot L^{-1}$)

21. NaF 溶液($1mol \cdot L^{-1}$)

22. $K_3[Fe(CN)_6]$溶液($0.1mol \cdot L^{-1}$)

23. $(NH_4)_2S_2O_8$ 固体

24. CCl_4 溶液

25. 锌粒

26. 淀粉溶液(0.5%)

三、实验步骤

   1. 某些氧化剂和还原剂的性质。

(1) Fe^{3+} 的氧化性和 Fe^{2+} 的还原性:

在试管中加入 10 滴 $0.5mol \cdot L^{-1}$ $FeCl_3$ 溶液,逐滴加入 $0.5mol \cdot L^{-1}$ $SnCl_2$ 溶液,充分摇匀,直至溶液的黄色退去。然后在此溶液中滴加 3% H_2O_2 溶液 2~3 滴,溶液又变为黄色,为什么? 写出有关的反应式。

(2) $Na_2S_2O_3$ 的还原性:

取 5 滴 $0.1mol \cdot L^{-1}$ I_2 溶液于试管中,滴加 $0.1mol \cdot L^{-1}$ $Na_2S_2O_3$ 溶液,观察现象,写出反应式。

(3) Cu^{2+} 的氧化性:

取 5~6 滴 $0.25mol \cdot L^{-1}$ $CuSO_4$ 溶液于离心管中,加入几滴 $2mol \cdot L^{-1}$ H_2SO_4 溶液,逐滴加入 $0.1mol \cdot L^{-1}$ KI 溶液,观察现象,写出反应式。离心分离,待离心管中沉淀沉降后,吸取上部溶液于另一试管中,加少量水稀释,再滴加少量 0.5% 淀粉溶液,观察现象。

为了清楚地观察 CuI 沉淀的颜色,可滴加适量的 $0.1mol \cdot L^{-1}$ $Na_2S_2O_3$ 溶液,以除去 I_2 对沉淀颜色的干扰。

2. 影响氧化还原反应的因素。

(1) 浓度和酸度对氧化还原反应产物的影响:

①在两支各盛 1 粒锌的试管中,分别加入 10 滴浓 HNO_3 和 $2mol \cdot L^{-1}$ HNO_3 溶液,观察所发生的现象。它们的反应速度是否相同? 反应产物有何不同?

浓 HNO_3 被还原的主要产物可通过观察气体产物的颜色来判断,稀 HNO_3 被还原的主要产物可用检验溶液中是否有 NH_4^+ 生成的方法来确定(参见实验 7 中气室法检验 NH_4^+ 部分)。

②在三支试管中,各加入 10 滴 $0.1mol \cdot L^{-1}$ Na_2SO_3 溶液。在第一支试管中滴加 10 滴 $1mol \cdot L^{-1}$ H_2SO_4 溶液,第二支试管中加入 10 滴水,第三支试管中加入 10 滴 $6mol \cdot L^{-1}$ NaOH 溶液。然后往三支试管中各加 2~3 滴 $0.01mol \cdot L^{-1}$ $KMnO_4$ 溶液,摇动试管。

观察 $KMnO_4$ 与 Na_2SO_3 在酸性、中性和强碱性介质中的反应产物有何不同？写出反应方程式。

（2）浓度和酸度对氧化还原反应速度和方向的影响：

①于两支试管中各加入 1 滴 $0.1mol·L^{-1}$ $KMnO_4$ 溶液，分别加入 10 滴 $3mol·L^{-1}$ H_2SO_4 和 $6mol·L^{-1}$ HAc 溶液，然后向两支试管中各加入等量的 $0.1mol·L^{-1}$ KBr 溶液，比较两支试管中溶液退色的快慢。写出反应方程式。

②AsO_4^{3-} 与 I^- 发生如下的化学反应：

$$AsO_4^{3-} + 2I^- + 2H^+ \rightleftharpoons AsO_3^{3-} + I_2 + H_2O$$

将 10mL $0.1mol·L^{-1}$ Na_3AsO_4 和 10mL $0.1mol·L^{-1}$ Na_3AsO_3 放在同一小烧杯中，在另一烧杯中混和 10 mL $0.1mol·L^{-1}$ KI 溶液和 10mL $0.01mol·L^{-1}$ I_2 溶液。每一烧杯中各插一炭棒，以盐桥沟通，用导线将原电池与微安表连接。由指针的偏转，可以判断化学反应方向的改变。在 Na_3AsO_4 和 Na_3AsO_3 的混合液中逐滴加入浓盐酸，观察微安表指针的移动；再在该溶液中滴加 40% NaOH 溶液，观察电流方向的改变。

（3）沉淀的生成对氧化还原反应的影响：

于试管中加入 10 滴 $0.1mol·L^{-1}$ KI 溶液和 5 滴 $0.1mol·L^{-1}$ $K_3[Fe(CN)_6]$ 溶液，摇匀后再加入 5 滴 CCl_4，充分振荡，观察 CCl_4 层的颜色有无变化。再加入 5 滴 $0.2mol·L^{-1}$ $ZnSO_4$ 溶液，充分振荡，静置数分钟，观察现象并加以解释。根据 E^0 判断 I^- 是否能还原 $[Fe(CN)_6]^{3-}$。加入 Zn^{2+} 又有何影响？反应式如下：

$$2I^- + 2[Fe(CN)_6]^{3-} \rightleftharpoons I_2 + 2[Fe(CN)_6]^{4-}$$
$$\Big| + Zn^{2+}$$
$$\longrightarrow Zn_2[Fe(CN)_6] \downarrow （白色）$$

（4）催化剂对氧化还原反应速度的影响：

①取少量 $(NH_4)_2S_2O_8$ 固体于试管中，加约 4mL $2mol·L^{-1}$ HNO_3 溶解之（加盐酸可否），再加 2 滴 $0.002mol·L^{-1}$ $MnSO_4$ 溶

液,观察溶液颜色有无变化。将此溶液分成两份,向其中一份中加1滴 $0.1\text{mol}\cdot\text{L}^{-1}$ $AgNO_3$ 溶液。将这两支试管同时置于水浴中加热。注意观察两试管中的区别。根据实验结果得出什么结论?若实验中加入 $MnSO_4$ 过多,又会出现什么现象?为什么?有关的反应式如下:

$$2Mn^{2+} + 5S_2O_8^{2-} + 8H_2O \xrightarrow[\triangle]{Ag^+} 2MnO_4^- + 10SO_4^{2-} + 16H^+$$

②$KMnO_4$ 溶液和 $H_2C_2O_4$ 在酸性介质中能发生如下反应:

$$2MnO_4^- + 5H_2C_2O_4 + 6H^+ \Longrightarrow 2Mn^{2+} + 10CO_2 + 8H_2O$$

在此反应中,Mn^{2+} 起着催化作用。随着反应自身产生的 Mn^{2+} 浓度增加而反应加快。如果加入 F^-,它会与反应产生的 Mn^{2+} 形成配合物,则反应进行较慢。

在三支试管中分别加入少量 $0.2\text{mol}\cdot\text{L}^{-1}$ $H_2C_2O_4$ 溶液和几滴 $1\text{mol}\cdot\text{L}^{-1}$ H_2SO_4 溶液。在1号试管中加入2滴 $0.002\text{mol}\cdot\text{L}^{-1}$ $MnSO_4$ 溶液,在3号试管中滴加几滴 $1\text{mol}\cdot\text{L}^{-1}$ NaF 溶液。然后向三支试管中各加入2滴 $0.1\text{mol}\cdot\text{L}^{-1}$ $KMnO_4$ 溶液,振荡,静置,观察三支试管中红色退去之快慢。必要时可水浴加热。

思 考 题

1. 如何将 Mn^{2+} 氧化为 MnO_4^-?实验中为什么 Mn^{2+} 不能过量?$KMnO_4$ 在不同酸度下被还原的产物各是什么?

2. 为什么 $K_2Cr_2O_7$ 能氧化浓盐酸中的氯离子,而不能氧化氯化钠浓溶液中的氯离子?

3. $KMnO_4$ 溶液在强碱性介质中还原为绿色的 K_2MnO_4 溶液。此溶液经放置后会产生棕色 MnO_2 沉淀,为什么?(提示:K_2MnO_4 不稳定,水溶液中会产生歧化反应:$3MnO_4^{2-} + 2H_2O \Longrightarrow MnO_2\downarrow + 2MnO_4^- + 4OH^-$)

附注 盐桥的制备和保养

将2g琼胶和30g KCl加入100mL水中,在不断搅拌的条件下,加热溶解,煮沸数分钟后趁热倒入U形玻璃管中(注意必须倒满U形管,不能留夹气泡),冷却后浸入装有饱和 KCl 溶液的烧杯中备用。用后仍放入饱和 KCl 溶液中。

实验5 主族元素若干重要化合物的性质

一、实验目的

1. 掌握过氧化氢的氧化性和还原性。
2. 了解二价锡的还原性和四价铅的氧化性。
3. 了解磷酸盐的酸碱性和溶解性。
4. 了解金属硫化物的生成及其性质。

二、主要试剂

1. KI 溶液($0.1 mol \cdot L^{-1}$)
2. H_2SO_4 溶液($1,3 mol \cdot L^{-1}$)
3. H_2O_2 溶液(3%)
4. $KMnO_4$ 溶液($0.001 mol \cdot L^{-1}$)
5. $HgCl_2$ 溶液($0.1,0.25 mol \cdot L^{-1}$)
6. $SnCl_2$ 溶液($0.5 mol \cdot L^{-1}$)
7. $MnSO_4$ 溶液($0.1 mol \cdot L^{-1}$)
8. Na_3PO_4 溶液($0.1 mol \cdot L^{-1}$)
9. Na_2HPO_4 溶液($0.1 mol \cdot L^{-1}$)
10. NaH_2PO_4 溶液($0.1 mol \cdot L^{-1}$)
11. $AgNO_3$ 溶液($0.1 mol \cdot L^{-1}$)
12. HCl 溶液($0.6,1,2$ 和 $6 mol \cdot L^{-1}$)
13. 氨水($15 mol \cdot L^{-1}$,浓)
14. $CaCl_2$ 溶液($0.05 mol \cdot L^{-1}$)
15. $ZnSO_4$ 溶液($0.05 mol \cdot L^{-1}$)

16. $SnCl_4$ 溶液（$0.025mol·L^{-1}$）

17. $FeSO_4$ 溶液（$0.05mol·L^{-1}$）

18. $Pb(NO_3)_2$ 溶液（$0.05mol·L^{-1}$）

19. HNO_3 溶液（$6mol·L^{-1}$）

20. Na_2S 溶液（$2mol·L^{-1}$）

21. $CuSO_4$ 溶液（$0.05mol·L^{-1}$）

22. H_2S 水溶液（饱和）

23. $(NH_4)_2S$ 溶液（$6mol·L^{-1}$）

24. PbO_2 固体

25. 淀粉溶液（0.5%）

三、实验步骤

1. 过氧化氢的氧化性和还原性。

（1）取 10 滴 $0.1mol·L^{-1}$ KI 溶液于试管中，加 2 滴 $3mol·L^{-1}$ H_2SO_4 溶液酸化，滴加 3% H_2O_2 溶液，摇匀。当溶液颜色变化后，再滴入 1 滴淀粉溶液，观察现象，写出反应式。

（2）取 2～3 滴 $0.001mol·L^{-1}$ $KMnO_4$ 溶液于试管中，加 2 滴 $1mol·L^{-1}$ H_2SO_4 溶液酸化，逐滴加入 3% H_2O_2 溶液，观察溶液颜色的变化。写出反应式。

2. 二价锡的还原性和四价铅的氧化性。

（1）二价锡的还原性：

取 10 滴 $0.1mol·L^{-1}$ $HgCl_2$ 溶液置于试管中，逐滴加入 $0.5mol·L^{-1}$ $SnCl_2$ 溶液，摇匀，观察现象。继续加入过量的 $0.5mol·L^{-1}$ $SnCl_2$ 溶液，摇匀。放置 2～3min，观察现象。反应式为：

$$Sn^{2+} + 2HgCl_2 = Sn^{4+} + 2Cl^- + Hg_2Cl_2\downarrow（白）$$

$$Sn^{2+} + Hg_2Cl_2 = Sn^{4+} + 2Cl^- + 2Hg\downarrow（黑）$$

（2）四价铅的氧化性：

取少量 PbO_2 固体于试管中，加入 2mL $3mol·L^{-1}$ H_2SO_4 和

2~3滴 $0.1\text{mol}\cdot\text{L}^{-1}$ $MnSO_4$ 溶液,微热,观察现象。反应式为：

$$5PbO_2 + 2Mn^{2+} + 4H^+ + 5SO_4^{2-} =\!=\!= 5PbSO_4 + 2MnO_4^- + 2H_2O$$

3.磷酸钙盐的生成及其溶解性。

分别在三支试管中加入 5~6 滴 $0.1\text{mol}\cdot\text{L}^{-1}$ Na_3PO_4、Na_2HPO_4 和 NaH_2PO_4 溶液,再各加 5~6 滴 $0.05\text{mol}\cdot\text{L}^{-1}$ $CaCl_2$ 溶液,观察哪几支试管中有沉淀生成。

在有沉淀生成的试管中,各加入 3 滴 $2\text{mol}\cdot\text{L}^{-1}$ HCl 溶液,在无沉淀生成的试管中,各加入几滴 $15\text{mol}\cdot\text{L}^{-1}$ 氨水,观察现象。

比较 $Ca_3(PO_4)_2$、$CaHPO_4$ 和 $Ca(H_2PO_4)_2$ 的溶解性,说明它们相互转化的条件,并写出有关的反应方程式。

4.金属硫化物的生成及其性质。

取离心管 8 支,分别加入 5~6 滴 $0.25\text{mol}\cdot\text{L}^{-1}$ $HgCl_2$、$0.1\text{mol}\cdot\text{L}^{-1}$ $MnSO_4$、$0.025\text{mol}\cdot\text{L}^{-1}$ $SnCl_4$、$0.05\text{mol}\cdot\text{L}^{-1}$ $CuSO_4$、$FeSO_4$、$Pb(NO_3)_2$、$ZnSO_4$ 和 $CaCl_2$ 溶液,再各加入 5~6 滴 $0.6\text{mol}\cdot\text{L}^{-1}$ HCl 溶液和 5~6 滴饱和 H_2S 水溶液,观察哪些离心管中有沉淀生成,并记录沉淀的颜色。

有沉淀生成的离心管按下述方法(1)处理;无沉淀生成的离心管按下述方法(2)处理。

(1)将各有沉淀的离心管离心分离,弃去溶液,将每种沉淀分成三份,分别置于离心管中,进行以下实验：

①在一份沉淀中,加入 5~6 滴 $6\text{mol}\cdot\text{L}^{-1}$ HCl 溶液,加热。观察哪些沉淀溶解。

②在一份沉淀中,加入 5~6 滴 $6\text{mol}\cdot\text{L}^{-1}$ HNO_3 溶液,加热。观察哪些沉淀溶解。

③在一份沉淀中,加入 5~6 滴新配制的 $2\text{mol}\cdot\text{L}^{-1}$ Na_2S 溶液,加热。观察哪些沉淀溶解。

(2)对于无沉淀生成的溶液,再另取原试液 4~5 滴,分别置于离心管中,滴加 2~3 滴 $6\text{mol}\cdot\text{L}^{-1}$ $(NH_4)_2S$(不含 CO_3^{2-})溶液,观

察哪些离子产生沉淀,并记录沉淀的颜色。

将沉淀离心分离,加入 5～6 滴 $2mol \cdot L^{-1}$ HCl 溶液,加热,观察现象。

写出以上各步相应的反应方程式。

思 考 题

1. 为什么 H_2O_2 既可作为氧化剂又可作为还原剂? H_2O_2 被氧化和被还原的产物各是什么? 举例说明。H_2O_2 常被用作氧化剂,有何优点?

2. 查出本实验中难溶的金属硫化物的溶度积。讨论它们与硝酸、盐酸、硫化钠作用的结果。比较这些硫化物沉淀和溶解的条件及规律。

实验 6   过渡族元素若干重要化合物的性质

一、实验目的

1. 了解过渡族元素若干氢氧化物的酸碱性和稳定性。
2. 了解某些元素低价化合物的还原性和高价化合物的氧化性。
3. 讨论铁、钴和锌的配位化合物的形成及其性质。

二、主要试剂

1. $Cr_2(SO_4)_3$ 溶液($0.2mol \cdot L^{-1}$)
2. $MnSO_4$ 溶液($0.2mol \cdot L^{-1}$)
3. $CoCl_2$ 溶液($0.2mol \cdot L^{-1}$)
4. $FeCl_3$ 溶液($0.2mol \cdot L^{-1}$)
5. $CuSO_4$ 溶液($0.2mol \cdot L^{-1}$)
6. $Hg(NO_3)_2$ 溶液($0.2mol \cdot L^{-1}$)
7. $ZnCl_2$ 溶液($0.2mol \cdot L^{-1}$)
8. KSCN 溶液($0.1mol \cdot L^{-1}$,饱和)

9. $ZnSO_4$ 溶液($0.1mol·L^{-1}$)
10. $K_2Cr_2O_7$ 溶液($0.1mol·L^{-1}$)
11. $NaNO_2$ 固体
12. Na_2SO_3 固体
13. NaF 固体
14. $K_4[Fe(CN)_6]$ 溶液($0.5mol·L^{-1}$)
15. $(NH_4)_2Fe(SO_4)_2$ 溶液($0.2mol·L^{-1}$)
16. $NiSO_4$ 溶液($0.2mol·L^{-1}$)
17. $NaOH$ 溶液($2,6mol·L^{-1}$)
18. KOH 溶液($1mol·L^{-1}$)
19. 氨水($2mol·L^{-1}$,浓)
20. HCl 溶液($1,6mol·L^{-1}$)
21. H_2O_2 溶液(3%)
22. 戊醇
23. 丙酮
24. 乙醚
25. 碘水
26. 丁二酮肟(1%)

三、实验步骤

1. 氢氧化物的酸碱性和稳定性。

(1)取 7 支试管,分别滴加 4～5 滴 $0.2mol·L^{-1}$ $Cr_2(SO_4)_3$、$MnSO_4$、$CoCl_2$、$FeCl_3$、$CuSO_4$、$Hg(NO_3)_2$ 和 $ZnCl_2$ 溶液,然后分别滴加 $2mol·L^{-1}$ $NaOH$ 溶液,边加边摇匀;直至产生大量沉淀为止(不要过量),观察沉淀的颜色。然后再加过量的 $6mol·L^{-1}$ $NaOH$ 溶液,观察哪些沉淀溶解。写出反应式。

(2)取 3 支试管,分别加入 10 滴 $0.2mol·L^{-1}$ $MnSO_4$、$CoCl_2$ 和 $CuSO_4$ 溶液,然后加入 $2mol·L^{-1}$ $NaOH$ 溶液,边加边摇匀,直

至产生大量沉淀为止。观察沉淀的颜色。放置10min,观察哪几个试管中的沉淀发生变化。若无变化,稍稍加热,再观察其变化。写出有关反应式。

2.低价化合物的还原性和高价化合物的氧化性。

(1)三价铬在碱性介质中的还原性

取10滴$0.2mol·L^{-1}$ $Cr_2(SO_4)_3$溶液于试管中,逐滴加入过量的$2mol·L^{-1}$ NaOH溶液,直至生成的沉淀溶解为澄清的溶液,再逐滴加入3% H_2O_2溶液,在水浴中加热。观察溶液颜色的变化,解释现象。反应式为:

$$2Cr^{3+} + 3H_2O_2 + 10OH^- = 2CrO_4^{2-} + 8H_2O$$

(2)高价铬的强氧化性

将$0.1mol·L^{-1}$ $K_2Cr_2O_7$溶液用$1mol·L^{-1}$ H_2SO_4酸化分成两份。一份加入少量固体$NaNO_2$,另一份加入少量Na_2SO_3。加热,观察溶液颜色的变化。反应方程式如下:

$$Cr_2O_7^{2-} + 3NO_2^- + 8H^+ = 2Cr^{3+} + 3NO_3^- + 4H_2O$$

$$Cr_2O_7^{2-} + 3SO_3^{2-} + 8H^+ = 2Cr^{3+} + 3SO_4^{2-} + 4H_2O$$

(3)铬酸根和重铬酸根在溶液中的平衡

滴入适量$1mol·L^{-1}$ KOH于$0.1mol·L^{-1}$ $K_2Cr_2O_7$溶液中,使溶液呈碱性。观察溶液颜色的变化。平衡反应式为:

$$2CrO_4^{2-} + 2H^+ \rightleftharpoons Cr_2O_7^{2-} + H_2O$$

3.铁、钴、镍和锌的配合物。

(1)铁的配合物

①取10滴$0.1mol·L^{-1}$ $FeCl_3$溶液,置于试管中,加入10滴$0.1mol·L^{-1}$ KSCN溶液,观察现象。再加入少量固体NaF,摇荡,再逐滴加入$6mol·L^{-1}$ HCl溶液,观察现象并写出反应式。

②向盛有2mL $K_4[Fe(CN)_6]$溶液的试管里滴入约0.5mL碘水,摇动试管后滴入数滴$(NH_4)_2Fe(SO_4)_2$溶液,有何现象发生?(此为Fe^{2+}的鉴定反应之一)

$$2[Fe(CN)_6]^{4-} + I_2 \rightleftharpoons 2[Fe(CN)_6]^{3-} + 2I^-$$
$$3Fe^{2+} + 2[Fe(CN)_6]^{3-} \rightleftharpoons Fe_3[Fe(CN)_6]_2 \downarrow$$

(2)钴的配合物

取 5 滴 $0.1mol \cdot L^{-1}$ $CoCl_2$ 溶液,置于试管中,加入 10 滴戊醇和 10 滴乙醚(或丙酮),再滴加饱和的 KSCN 溶液,摇匀。观察水相和有机相颜色的变化,写出反应式。

(3)镍的配合物

在 1mL $0.2mol \cdot L^{-1}$ $NiSO_4$ 溶液中,滴加浓氨水至生成的沉淀刚好溶解,观察现象。然后滴入几滴 1% 丁二酮肟试剂,有鲜红色内配化合物生成。

(4)锌的配合物

取 10 滴 $0.1mol \cdot L^{-1}$ $ZnSO_4$ 溶液置于试管中,滴加 $2mol \cdot L^{-1}$ 氨水,观察沉淀的生成。继续滴加过量的 $2mol \cdot L^{-1}$ 氨水,直到沉淀溶解为止。然后逐滴加入 $1mol \cdot L^{-1}$ HCl 溶液,摇动试管,观察现象,写出反应方程式。

思 考 题

1. 如何鉴定 Fe^{3+}、Fe^{2+}？它们之间如何相互转化？简述掩蔽 Fe^{3+} 的方法。

2. Cr(Ⅲ)和 Cr(Ⅵ)在酸性、碱性介质中各以何种形式存在？如何实现 $Cr_2O_7^{2-}$ 与 CrO_4^{2-} 以及 Cr(Ⅲ) 与 Cr(Ⅵ) 之间的转化？

3. 试从配合物的生成使电极电势改变来解释 $[Fe(CN)_6]^{4-}$ 能将 I_2 还原为 I^-,而 Fe^{2+} 则不能。

实验 7　常见离子和某些生化物质的定性鉴定

一、实验目的

1. 以离子的分析特性为基础,用溶液平衡理论作指导,学习和掌握常见的阳离子、阴离子的定性鉴定。

2.初步了解几种生化物质的定性鉴定。

二、主要试剂(见附录5)

三、实验步骤

1.常见阳离子的定性鉴定

(1)Ag^+的鉴定

①取2滴Ag^+试液滴入离心管中,加1滴$3mol \cdot L^{-1}$ HCl溶液,生成白色凝乳状沉淀,离心分离。在沉淀上加2滴$2mol \cdot L^{-1}$氨水,使沉淀溶解。再逐滴加入$2mol \cdot L^{-1}$ HNO_3溶液,摇动,又生成白色沉淀,示有Ag^+。

②取1滴Ag^+试液(近中性)于离心管中,加1滴$1mol \cdot L^{-1}$ K_2CrO_4溶液,产生砖红色沉淀,示有Ag^+。

(2)Hg^{2+}的鉴定

取2滴Hg^{2+}试液滴入离心管中,加入1~2滴$0.5mol \cdot L^{-1}$ $SnCl_2$溶液,生成白色沉淀,逐渐变成灰或黑色,示有Hg^{2+}。

(3)Pb^{2+}的鉴定

①取1滴Pb^{2+}试液滴入离心管中,加2滴$1mol \cdot L^{-1}$酒石酸钾钠,再滴加$6mol \cdot L^{-1}$氨水,调至溶液的pH值为9~11,加入0.01%二苯硫腙4~5滴,用力摇动,下层(CCl_4层)呈红色,示有Pb^{2+}。

②取1滴Pb^{2+}试液滴入离心管中,加1滴$1mol \cdot L^{-1}$ K_2CrO_4溶液,产生黄色沉淀,示有Pb^{2+}。

(4)Bi^{3+}的鉴定

取1滴Bi^{3+}试液,加2滴$3mol \cdot L^{-1}$ HNO_3,加1滴2.5%硫脲,生成鲜黄色可溶的配合物,示有Bi^{3+}。

(5)Cu^{2+}的鉴定

取 1 滴 Cu^{2+} 试液滴于点滴板上,滴加 1 滴 $0.25mol \cdot L^{-1}$ $K_4[Fe(CN)_6]$ 溶液,生成红棕色 $Cu_2[Fe(CN)_6]$ 沉淀,示有 Cu^{2+}。

(6) Cd^{2+} 的鉴定

①镉试剂 2B(即 Cadion 2B)法:于定量滤纸上加 1 滴 0.02% Cadion 2B 溶液,烘干。加 1 滴含 Cd^{2+} 试液(应先调至微酸,并含少量的酒石酸钾钠),烘干。然后加 1 滴 $2mol \cdot L^{-1}$ KOH 溶液,则斑点成红色,示有 Cd^{2+}。

②硫氰化汞铵法:取含 Cd^{2+} 试液 1 滴,加饱和 NaAc 使之呈中性或弱酸性。取 1 滴溶液于载片上,加 1 滴 $(NH_4)_2Hg(SCN)_4$,放置数分钟,在显微镜下观察 $CdHg(SCN)_4$ 的特殊晶形。

(7) Sn^{2+} 的鉴定

与 $HgCl_2$ 的反应。取 2 滴 Sn^{2+} 试液滴入离心管中,加入 1 滴 $0.2mol \cdot L^{-1}$ $HgCl_2$ 溶液,生成白色沉淀,逐渐变成灰或黑色,示有 Sn^{2+}。

(8) Al^{3+} 的鉴定

与茜素磺酸钠(Alizarins 简称 Aliz·S)反应:在滤纸上加 Al^{3+} 试液和 0.1% Aliz·S 各 1 滴,再加 1 滴 $6mol \cdot L^{-1}$ 氨水,生成红色斑点,示有 Al^{3+}。

(9) Cr^{3+} 的鉴定

①生成 $PbCrO_4$:取 2 滴 Cr^{3+} 试液滴入离心管中,加 2 滴 6 $mol \cdot L^{-1}$ NaOH 和数滴 6% H_2O_2,煮沸,使过量的 H_2O_2 分解,溶液变黄,可能有 Cr^{3+} 存在。取此溶液 2 滴,用 $6mol \cdot L^{-1}$ HAc 酸化,加 2 滴 Pb^{2+} 试液,生成黄色沉淀,示有 Cr^{3+}。

②生成过铬酸:按上法将 Cr^{3+} 氧化为 CrO_4^{2-}。在另一支离心管中加入 1 滴 $1mol \cdot L^{-1}$ H_2SO_4,加 2 滴 6% H_2O_2,3 滴戊醇,1~2 滴 CrO_4^{2-} 试液,摇匀,振荡,戊醇层显蓝色,示有 Cr^{3+}。

(10) Fe^{3+} 的鉴定

①NH_4SCN 法:取 1 滴 Fe^{3+} 试液滴在点滴板上,加 2 滴

NH_4SCN 饱和溶液,生成血红色溶液,示有 Fe^{3+}。

②$K_4[Fe(CN)_6]$ 法:取 1 滴 Fe^{3+} 试液滴在点滴板上,加 1 滴 $0.25mol·L^{-1}$ $K_4[Fe(CN)_6]$ 溶液,立即生成深蓝色沉淀,此沉淀为:$Fe(Ⅲ)[Fe(Ⅲ)Fe(Ⅱ)(CN)_6]_3↓$,示有 Fe^{3+}。

(11)Fe^{2+} 的鉴定

①$K_3[Fe(CN)_6]$ 法:取 1 滴新配制的 Fe^{2+} 试液滴在点滴板上,加 2 滴 $0.25mol·L^{-1}$ $K_3[Fe(CN)_6]$ 溶液,生成深蓝色沉淀:$Fe(Ⅲ)[Fe(Ⅲ)Fe(Ⅱ)(CN)_6]_3↓$,示有 Fe^{2+}。

②邻二氮菲法:取 1 滴新配制的 Fe^{2+} 试液滴在点滴板上,加 1~2 滴 2% 邻二氮菲,溶液呈桔红色,示有 Fe^{2+}。

(12)Mn^{2+} 的鉴定

①$NaBiO_3$ 法:取 1 滴 Mn^{2+} 试液滴入离心管中,加 3 滴 2 $mol·L^{-1}$ HNO_3 和少许固体 $NaBiO_3$,搅拌或适当水浴加热后离心沉降,溶液显紫红色,示有 Mn^{2+}。

②取含 Mn^{2+} 试液 1 滴于离心管中,加 $0.5mol·L^{-1}$ HAc,NaAc 调节溶液 pH 值为 2~4,加 $0.25mol·L^{-1}$ $(NH_4)_2C_2O_4$ 溶液 2~3 滴,加少量固体 $NaNO_2$,如生成粉黄色配位化合物,示有 Mn^{2+}。

(13)Zn^{2+} 的鉴定

①与 $CuSO_4$,$(NH_4)_2Hg(SCN)_4$ 的反应:取 1 滴 Zn^{2+} 的酸性(H_2SO_4 或 HAc)试液,加 1 滴 0.02% $CuSO_4$ 溶液,同时再加 1 滴 $(NH_4)_2Hg(SCN)_4$,如生成紫色混晶 $ZnHg(SCN)_4·CuHg(SCN)_4$,示有 Zn^{2+}。

②诱导法:取 1 滴 0.02% $CoCl_2$ 于点滴板上,加 1 滴 $(NH_4)_2Hg(SCN)_4$ 溶液,搅动,此时不生成蓝色沉淀。加 1 滴 Zn^{2+} 试液,磨擦,即生成蓝色沉淀,示有 Zn^{2+}。

(14)Co^{2+} 的鉴定

①取 1 滴 Co^{2+} 试液滴入离心管中,加饱和 NH_4SCN 溶液,再

加入 3～5 滴丙酮,依含 Co^{2+} 量的多少而呈现出蓝色、绿色 $[Co(SCN)_4]^{2-}$,示有 Co^{2+}。

②4-[(5-氯吡啶)偶氮]-1,3-二胺基苯法(简称 5-Cl-PADAB 法):取 1 滴 Co^{2+} 试液滴在点滴板上,加 1 滴 0.04% 5-Cl-PADAB 乙醇溶液和 1 滴 $6mol·L^{-1}$ HCl,溶液呈玫瑰红色,示有 Co^{2+}。

(15) Ni^{2+} 的鉴定

①取 1 滴 Ni^{2+} 试液滴入离心管中,加 1 滴 $2mol·L^{-1}$ 氨水,再加 1 滴 1% 丁二酮肟,生成鲜红色沉淀,示有 Ni^{2+}。

②二硫代乙二酰胺$(H_2NCS)_2$ 法:取 1 滴氨性介质中的 Ni^{2+} 试液于滤纸上,再用 1% $(H_2NCS)_2$ 在斑点周围画圈。如显蓝色或蓝紫环,示有 Ni^{2+}。

(16) Ba^{2+} 的鉴定

①K_2CrO_4 法:取 1 滴 Ba^{2+} 试液滴入离心管中,加 1 滴 $2mol·L^{-1}$ HAc 和 1 滴 $1mol·L^{-1}$ K_2CrO_4 溶液,生成黄色沉淀,离心分离,沉淀上加 2 滴 $2mol·L^{-1}$ NaOH 溶液,沉淀不溶解,示有 Ba^{2+}。

②玫瑰红酸钠(Sodium Rhodizonate)法:取中性或弱酸性介质中的 Ba^{2+} 试液 1 滴于滤纸上,加 5% 玫瑰红酸钠试剂 1 滴,形成红棕色斑点。再加 $0.5mol·L^{-1}$ HAc 溶液 1 滴,斑点变为红色,示有 Ba^{2+}。

(17) Ca^{2+} 的鉴定

取 1 滴 Ca^{2+} 试液滴入离心管中,加 4～5 滴 $0.25mol·L^{-1}$ $(NH_4)_2C_2O_4$ 溶液,再加 $2mol·L^{-1}$ 氨水至呈碱性,在水浴上加热,生成白色 CaC_2O_4 沉淀,示有 Ca^{2+}。

(18) Sr^{2+} 的鉴定

①焰色反应:用镍铬丝或铂丝沾 $SrCl_2$ 试液,在无色的氧化焰中燃烧,火焰呈特征的洋红色(钙盐呈砖红色,故大量 Ca^{2+} 会影响少量 Sr^{2+} 的鉴定),示有 Sr^{2+}。

②玫瑰红酸钠法:取 Sr^{2+} 试液 2 滴滴入离心管中,加 1 滴溴百里酚蓝指示剂,用 $0.5\ mol \cdot L^{-1}$ KOH 调节溶液为黄绿色(pH=6.4),加 5 滴玫瑰红酸钠试剂,搅拌,放 5min,生成红棕色沉淀。离心分离,沉淀用水洗两次后,取少许沉淀置于点滴板上,加 1 滴 $0.5 mol \cdot L^{-1}$ HCl 溶液,如沉淀溶解,示有 Sr^{2+}。

(19) Mg^{2+} 的鉴定

①对硝基苯偶氮间苯二酚(镁试剂Ⅰ)法:取 1 滴 Mg^{2+} 试液滴在点滴板上,加 1 滴 $6mol \cdot L^{-1}$ NaOH 和 1~2 滴镁试剂Ⅰ溶液,生成蓝色沉淀(若 Mg^{2+} 量少时仅溶液变蓝),示有 Mg^{2+}。

②铬黑T(简称EBT)法:取 1 滴 Mg^{2+} 试液于点滴板上,加 pH=10 的缓冲溶液 2 滴,EBT 试剂 1 滴,搅拌,溶液显红紫色,示有 Mg^{2+}。

(20) Na^+ 的鉴定

①醋酸铀酰锌法:取 1 滴 Na^+ 试液滴入离心管中,加 4 滴 95%乙醇和 8 滴醋酸铀酰锌溶液,用搅拌棒摩擦管壁,生成淡黄色晶形沉淀,示有 Na^+。

②显微结晶法:取 1 滴 Na^+ 试液滴在载片上,小心蒸发至干。冷却后加 1 滴醋酸铀酰 $UO_2(Ac)_2$,稍待片刻,用显微镜观察到四面体或八面体结晶 $NaUO_2(Ac)_3$。

(21) K^+ 的鉴定

①四苯硼钠法:取 1 滴 K^+ 试液滴入离心管中,加 2 滴 3% $NaB(C_6H_5)_4$,生成白色沉淀,示有 K^+。

②亚硝酸钴钠法:取 1 滴 K^+ 试液滴入离心管中,加入 1% $0.1mol \cdot L^{-1}$ $Na_3Co(NO_2)_6$ 溶液,产生黄色沉淀 $K_3Co(NO_2)_6$,示有 K^+。

(22) NH_4^+ 的鉴定

①与奈斯勒试剂反应:取 1 滴 NH_4^+ 试液滴于点滴板上,加 2 滴奈斯勒试剂,产生红棕色沉淀(NH_4^+ 浓度小时仅显棕色或黄

色),示有 NH_4^+。

②气室法:在一表面皿中加 2 滴 NH_4^+ 试液和 2 滴 $2mol \cdot L^{-1}$ NaOH 溶液,很快用另一个贴有 pH 试纸的表面皿盖上。将此气室置于水浴上加热,如 pH 试纸颜色变碱色(pH 值大于 10),示有 NH_4^+。

2. 常见阴离子的定性鉴定

阴离子分析溶液的制备:

取几毫升试液或 0.1~0.2g 研细的固体样品于小烧杯中,加入 4~5mL $1mol \cdot L^{-1}$ Na_2CO_3 溶液,煮沸 5~8min,充分搅拌,当沸腾时蒸发的水分应补充。将此溶液和沉淀移入离心管中,离心分离,此清液即"制备溶液",用作鉴定阴离子用。沉淀用水洗三次后用 $6mol \cdot L^{-1}$ HCl 处理,沉淀完全溶解于 HCl 溶液中,表示其中不存在 PO_4^{3-}、F^-、SO_4^{2-}、S^{2-}、SiO_3^{2-} 和卤素化合物以及金属氧化物如 Al_2O_3 和 Cr_2O_3 等。若沉淀未完全溶解,则保留此不溶残渣供分析上述阴离子用。

(1) SO_4^{2-} 的鉴定

①取 1 滴 Ba^{2+} 溶液滴于滤纸上,加 1 滴新配制的 0.5% 玫瑰红酸钠溶液,生成红棕色斑点,在此斑点上加 1 滴 SO_4^{2-} 试液,斑点变成白色,示有 SO_4^{2-} 存在。

②取 2 滴 SO_4^{2-} 试液于离心管中,用 $6mol \cdot L^{-1}$ HCl 酸化后,再多加 1 滴试液,加 2 滴 $0.5mol \cdot L^{-1}$ $BaCl_2$,析出 $BaSO_4$ 白色沉淀,示有 SO_4^{2-} 存在。

(2) CO_3^{2-} 的鉴定

①取 1 滴试液于载片上,加 1 滴 $0.5mol \cdot L^{-1}$ $BaCl_2$ 溶液,小火蒸干,放冷,以水浸湿,盖上玻璃片,在盖片周围放 1 小滴 $3mol \cdot L^{-1}$ HCl 溶液,在显微镜下以低倍放大观察放出的 CO_2 气泡,示有 CO_3^{2-} 存在。

②取 2 滴试液于验气管中,并在盲肠小管中加入酚酞-

Na_2CO_3 溶液 1 滴,再加 2 滴 $1mol·L^{-1}$ H_2SO_4 于验气管中,立即塞上塞子,观察到盲肠小管中的红色溶液退色,示有 CO_3^{2-} 存在。酚酞在可溶性酸式碳酸盐溶液中为无色。

(3)SO_3^{2-} 的鉴定

①取 SO_3^{2-} 试液(不含 S^{2-})3 滴,用 $3mol·L^{-1}$ HCl 中和。取 2 滴中性溶液放在点滴板上,加入 1 滴 0.1% 的品红试剂。如溶液很快退色,示有 SO_3^{2-} 存在。

②取①中剩余的中性溶液,加 1 滴 3% $Na_2[Fe(CN)_5NO]$、1 滴饱和 $ZnSO_4$ 溶液和 1 滴 $K_4[Fe(CN)_6]$ 溶液,产生红色沉淀,产物组成可能为 $Zn[Fe(CN)_5NO]$,示有 SO_3^{2-} 存在。

(4)$S_2O_3^{2-}$ 的鉴定

①取 1 滴 $0.5mol·L^{-1}$ $FeCl_3$ 溶液滴于点滴板上,加 2 滴试液,如溶液变深紫色,1~2min 后紫色退去,示有 $S_2O_3^{2-}$ 存在。

②取 2 滴试液滴入离心管中,加入 2 滴 $2mol·L^{-1}$ HCl 溶液,微热,同时管口盖上用 1 滴 $K_2Cr_2O_7$ 湿润过的滤纸,滤纸上斑点变灰绿色,且离心管中有硫磺沉淀或浑浊,示有 $S_2O_3^{2-}$ 存在。

(5)S^{2-} 的鉴定

①在离心管中滴入 2 滴试液,加 $6mol·L^{-1}$ HCl 溶液使之呈酸性,同时将 1 滴 $Na_2Pb(OH)_4$ 试剂溶液浸湿的滤纸快速盖住管口,如滤纸变黑,示有 S^{2-} 存在。

②取 1 滴"制备溶液"于点滴板上,加 1 滴 3% 亚硝酰铁氰化钠溶液,溶液变成紫色,示有 S^{2-}。

(6)SCN^- 的鉴定

①取 1 滴试液加 1 滴 $FeCl_3$ 溶液,溶液呈红色,示有 SCN^- 存在。

②滴加 1 滴试液于坩埚中,加一小滴(0.02mL) $0.5mol·L^{-1}$ $Co(NO_3)_2$,蒸干。残渣如呈紫色,加几滴丙酮。有机层呈现蓝绿色或绿色,示有 SCN^- 存在。

(7)NO_3^- 的鉴定

①取 1 小粒 $FeSO_4 \cdot 7H_2O$ 结晶放在点滴板上,加 1 滴试液,2 滴浓 H_2SO_4,$FeSO_4$ 周围形成棕色环,示有 NO_3^- 存在。

②试液用 HAc 调到 pH=4~5,取此试液 1 滴于载片上,加 1 滴 10% $Ba(Ac)_2$ 溶液,微热。冷却后,在显微镜下观察生成的八面体结晶,示有 NO_3^- 存在。

(8)NO_2^- 的鉴定

①在点滴板上放 1 滴醋酸性试液,再加 0.34% 对胺基苯磺酸及 0.12% α-萘胺各 1 滴,立即出现红色,但很快消失(NO_2^- 浓度大时),示有 NO_2^- 存在。

②取 1 滴用 HAc 酸化的试液,加 2 滴 2.5% 硫脲,再加 2 滴 $2mol \cdot L^{-1}$ HCl 及 1 滴 $0.5mol \cdot L^{-1}$ $FeCl_3$ 溶液,溶液变为深红色,示有 NO_2^- 存在。

(9)CN^- 的鉴定

①取 1 滴试液,加 $2mol \cdot L^{-1}$ NaOH 使之呈强碱性,加 1 滴 25% $FeSO_4$ 溶液,煮沸。加 2 滴 $2mol \cdot L^{-1}$ HCl 酸化,加 1 滴 $0.5 mol \cdot L^{-1}$ $FeCl_3$,生成蓝色沉淀,示有 CN^- 存在。

②取几滴试液于小试管中,加 1~2 滴 $1mol \cdot L^{-1}$ H_2SO_4 溶液,立即将预先用等体积 $Cu(Ac)_2$ 和联苯胺试剂湿润的滤纸盖住管口,滤纸上出现蓝色斑点,示有 CN^- 存在。

(10)Cl^- 的鉴定

①在离心管中加入 1 滴试液和 1 滴 $0.1mol \cdot L^{-1}$ $AgNO_3$ 溶液,生成白色 AgCl 沉淀。离心分离,用水洗涤沉淀 1~2 次,加 2~3 滴 $0.1mol \cdot L^{-1}$ Na_3AsO_3 溶液,生成黄色沉淀,示有 Cl^- 存在。

②滴 1 滴经 HNO_3 酸化的试液于载片上,加 1 滴 $0.1mol \cdot L^{-1}$ $AgNO_3$ 及 1 滴浓氨水,放置一会儿,在显微镜下观察 $Ag(NH_3)_2Cl$ 的晶形,示有 Cl^- 存在。

(11)Br^- 的鉴定

①取 2 滴试液滴入离心管中,加 4 滴 CCl_4,滴加 2 滴 Cl_2 水,搅拌后 CCl_4 层呈红棕色,再加过量 Cl_2 水,CCl_4 层颜色变浅黄或无色,示有 Br^- 存在。

②在离心管中加 2 滴试液,加少许细研的固体 $K_2Cr_2O_7$ 及 2 滴浓 H_2SO_4,混匀。将一块预先被 $NaHSO_3$ 退色的品红溶液浸过的滤纸置于离心管口的上方,离心管在水浴上微热,析出的 Br_2 上升,与无色品红作用,几分钟后滤纸呈紫红色,示有 Br^- 存在。滤纸在检验时应保持湿润,不接触管壁。若 Br^- 不存在,滤纸呈玫瑰红色。

(12) I^- 的鉴定

①取 1 滴中性或微酸性试液,加入 Bi^{3+}、Cu^{2+} 和硫脲各 1 滴,生成红色或橙红色沉淀,示有 I^- 存在。

②在离心管中加入 1 滴试液,用 $3 mol \cdot L^{-1}$ H_2SO_4 酸化,加入 4 滴 CCl_4,然后滴加 Cl_2 水,用力振荡,每加 1 滴后注意观察 CCl_4 层。当 I^- 存在时 CCl_4 层呈紫红色。Cl_2 水过量则颜色退去。

(13) F^- 的鉴定

①加 1 滴锆-茜素 S 试剂(0.1% $ZrCl_4$ 和 0.1% 茜素 S 等体积混合,溶液呈紫红色)于滤纸上,在空气中干燥滤纸,加 1 滴 HAc(1+1)湿润,滴 1 滴中性试液于湿斑上,紫红色湿斑变成黄色,示有 F^- 存在。

②在载片上滴 1 滴试液,加 1 滴 Na_2SiO_3 溶液,用浓 HCl 酸化,缓慢加热到液滴外圈稍干,冷却,在显微镜下观察玫瑰红色雪花状结晶(Na_2SiF_6),示有 F^- 存在。

(14) BO_2^- 的鉴定

在瓷坩埚中滴入几滴试液,蒸干。冷却后加 1mL 无水乙醇润湿残渣,再加 2~3 滴浓 H_2SO_4,用铂丝搅匀,将搅拌用的铂丝尖端置于煤气灯的氧化焰中,火焰边缘呈绿色。

(15) SiO_3^{2-} 的鉴定

①在滤纸上加 1 滴试液和 1 滴 3%$(NH_4)_2MoO_4$ 溶液,再加 1 滴联苯胺醋酸溶液和 1 滴饱和 NaAc 溶液,斑点现蓝色,示有 SiO_3^{2-} 存在。

②滴 1 滴试液于载片上,加 1 滴 $0.1mol·L^{-1}$ NaF 溶液和 1 滴浓 HCl,缓慢加热至边缘出现固体薄层,冷却。在显微镜下观察 SiO_3^{2-} 和 NaF 反应生成的淡红色 Na_2SiF_6 晶体(同 F^- 的鉴定),示有 SiO_3^{2-} 存在。

(16)PO_4^{3-} 的鉴定

①在滤纸上加 1 滴酸性试液,再加 1 滴 3% $(NH_4)_2MoO_4$ 溶液,烘干。在斑点的中央滴 1 滴酒石酸及联苯胺,再用 NH_3 煮一下,则斑点呈现蓝色$(NH_4)_3P(Mo_3O_{14})_4$,示有 PO_4^{3-} 存在。

②与镁混合试剂(NH_4Cl 和 $MgCl_2·NH_3$ 的混合液)反应,此溶液与 PO_4^{3-} 形成白色晶状沉淀 MgN_4PO_4。

AsO_4^{3-} 有干扰。此时若将沉淀溶于 HAc,再加 1 滴 $AgNO_3$,得到黄色 Ag_3PO_4 沉淀,则有 PO_4^{3-} 存在。

(17)$C_2O_4^{2-}$ 的鉴定

①取 2 滴试液滴于离心管中,加热到 60~70℃,加 1 滴 $1 mol·L^{-1}$ H_2SO_4 和 1 滴 $0.05mol·L^{-1}$ $KMnO_4$ 溶液,混合后 $KMnO_4$ 溶液的紫色退去,并有 CO_2 产生,示有 $C_2O_4^{2-}$ 存在。

②取 1 滴 $0.5mol·L^{-1}$ $MnSO_4$ 溶液于离心管中,加 2 滴 $2 mol·L^{-1}$ NaOH 溶液,生成白色沉淀。在水浴上加热几分钟,离心分离,弃去离心液,此时沉淀应为黄棕色。冷却,加试液 2 滴,再加 1~2 滴 $2mol·L^{-1}$ H_2SO_4,沉淀溶解,溶液呈红色,示有 $C_2O_4^{2-}$ 存在。

3.某些生化物质的定性鉴定

(1)蛋白质及氨基酸的鉴定

蛋白质是一切生物体内重要的组成部分,是由二十多种氨基酸以肽键相互联接而成的复杂的高分子化合物。

①双缩脲反应:取少量尿素于一支干燥的试管中,微火加热使之熔化,待变硬时停止加热,此时尿素已缩合成双缩脲并放出氨。冷却,加入约 1mL 10% NaOH 溶液,振荡使双缩脲溶解,再加入 1 滴 1% $CuSO_4$ 溶液,混匀后观察出现的粉红色,此即为双缩脲反应。

取两支试管,分别加入两滴蛋白溶液(取 5mL 蛋清,用蒸馏水稀释至 100mL,搅拌均匀后,用纱布过滤)及 20 滴黄豆提取液,再加入 5 滴 10% NaOH 溶液,摇匀,加入 1 滴 1% $CuSO_4$ 溶液,再摇匀,出现紫红色,示有蛋白质存在。

$$H_2N-C(=O)-NH_2 + O=C(NH_2)-NH_2 \xrightarrow{180℃} H_2NC(=O)-NH-C(=O)NH_2 + NH_3\uparrow$$

蛋白质分子中含有多个与双缩脲相似的肽键,因此也可发生双缩脲反应(在碱性介质中与 Cu^{2+} 结合形成紫红色化合物)。

②茚三酮反应:除脯氨酸和羟脯氨酸外,所有的蛋白质、氨基酸都能与茚三酮反应,生成紫红色到蓝紫色的化合物。

取一支试管,加入 4 滴蛋白质溶液,2 滴 0.1% 的 95% 乙醇茚三酮溶液,混匀后小火煮沸 1~2min,冷却。溶液颜色由粉红色到紫红色,到蓝色。

滴 1 滴 0.5% 甘氨酸溶液于滤纸上,风干。加 1 滴 0.1% 的茚三酮乙醇溶液,显色,烘干,观察出现的紫红色斑点。

(2)糖类的鉴定反应——α萘酚反应

糖类经浓 H_2SO_4 脱水生成糖醛或其衍生物。后者与 α 萘酚结合生成红紫色物质,在糖溶液与浓 H_2SO_4 两液面间出现紫环,又叫紫环反应。

取 5 支试管,分别加入约 1mL 2% 葡萄糖、蔗糖、果糖、麦芽糖和梨汁,再各加入 2% α萘酚 95% 乙醇溶液(新配制),混匀。逐一将试管倾斜,分别沿管壁慢慢加入浓 H_2SO_4 各约 1mL,再小心地竖起试管,使 H_2SO_4 与糖类溶液清楚地分为两层。仔细观察两液面间出现的紫色环(糖液过浓时呈红褐色)。如数分钟内颜色无变化,可在温水浴中加热几分钟。

(3)维生素 B_1 的鉴定反应

维生素 B_1 属于水溶性维生素,因含有硫及氨基,又称硫胺素。硫胺素经 $K_3Fe(CN)_6$ 轻微氧化后,即生成黄色而带有蓝色荧光的胱氨硫胺素(硫色素、硫胺荧)。溶于异丁醇中的胱氨硫胺素显深蓝色荧光,在紫外光下更为显著。

取 0.2%硫胺素溶液 1～2mL,加入 2mL 1% $K_3Fe(CN)_6$ 溶液及 1mL 30% NaOH 溶液。充分混匀后,再加入 2mL 异丁醇,充分振荡。待两液相分开后,观察上层异丁醇溶液中的黄色荧光。

(4)核糖核酸(RNA)的水解及其组成成分的鉴定

用 H_2SO_4 水解 RNA 时,产物为磷酸、戊糖和碱基。各种成分分别以下列反应鉴定:

磷酸与钼酸铵试剂作用,产生黄色的磷钼酸铵 $(NH_4)_3PO_4 \cdot 12MoO_3$ 沉淀;

核糖与地衣酚试剂反应呈鲜绿色。脱氧核糖与二苯胺试剂反应生成蓝色化合物,而核糖无此反应;

嘌呤碱与硝酸银能产生白色的嘌呤银化合物沉淀。

定性分析步骤如下。

①水解 RNA:向锥形瓶中加入约 0.1～0.2g 酵母 RNA 和 10% H_2SO_4 溶液 15mL。在瓶口插一玻璃小漏斗,漏斗上盖一表面玻璃,然后在沸水浴中加热水解约 0.5h,过滤。滤液供下列试验用。

②磷酸的鉴定:取 2mL 滤液加入 1 支试管中,滴加 5 滴浓 HNO_3 和 1mL 2% 钼酸铵 10% H_2SO_4 溶液后,在沸水浴中加热,观察黄色磷钼酸铵沉淀的生成。

③嘌呤碱基的鉴定:在一支试管中加入 1mL $0.1 mol \cdot L^{-1}$

$AgNO_3$ 溶液,再逐滴加入 $1mol \cdot L^{-1}$ 氨水至沉淀消失。然后加入 1mL 滤液,放置片刻,生成白色嘌呤碱基的银化合物沉淀(见光变为红棕色)。

④戊糖的鉴定:取两支试管,各加入 1mL 滤液,分别加入等体积的地衣酚① 试剂和二苯胺② 试剂,于沸水浴中加热 10～15min。比较两支试管中的颜色变化。

实验 8　阳离子 Pb^{2+}、Cu^{2+}、Hg^{2+}、$As(Ⅲ)$ 混合溶液的分析

一、实验目的

练习 Pb^{2+}、Cu^{2+}、Hg^{2+}、$As(Ⅲ)$ 离子混合溶液的定性分析。

二、主要试剂(见附录 5)

三、实验步骤

1. Pb^{2+}、Cu^{2+}、Hg^{2+}、$As(Ⅲ)$ 离子混合溶液的准备。

取 Pb^{2+}、Cu^{2+}、Hg^{2+} 及 $As(Ⅲ)$ 的试液各 5 滴置于离心管(1)中,搅拌使之混匀。

2. Pb^{2+}、Cu^{2+}、Hg^{2+}、$As(Ⅲ)$ 离子的沉淀分离。

于离心管(1)中,逐滴加入浓氨水,并不断搅拌使试液中大部分的酸被中和,然后用 $2mol \cdot L^{-1}$ 氨水调节溶液至呈中性(用石蕊试纸检验),此时可不必考虑析出的氢氧化物沉淀。另取一形状、

---

① 100mL 浓 HCl 加入 0.1g $FeCl_3$,摇匀,贮存备用。使用前加入 476mg 地衣酚(又名甲基苯二酚)。

② 将二苯胺溶于 400mL 冰 HAc 中,再加入 11mL 浓 H_2SO_4。若冰 HAc 不纯,试剂呈蓝色或绿色,则不能使用。

大小与管(1)相似的离心管,放入与上述中性溶液等体积的 0.6 mol·L^{-1} HCl,并倾入管(1)的中性溶液中,此混合液的酸浓度约为 0.3mol·L^{-1}。

将溶液加热,趁热通入 H$_2$S(H$_2$S 有毒,必须在通风橱中进行)约 3min。取出离心管,待沉淀自由下沉后,加适量水以稀释溶液(加入的水量约等于沉淀在离心管中所占的体积)。冷却,再通入 H$_2$S 约 1~2min,离心。在上层清液中缓缓通入 H$_2$S 约 0.5min,如有新的沉淀析出,则在离心管中继续通入 H$_2$S 约 2min,并再按上法检查沉淀是否完全。如此操作,直至上层清液中没有新的沉淀析出为止。

吸出离心液,于沉淀上加饱和 NH$_4$Cl 溶液 3 滴及水 10~12 滴,搅拌,洗涤沉淀,离心,吸出洗涤液。管(1)中所得的硫化氢组离子(Pb^{2+}、Cu^{2+}、Hg^{2+}、As^{3+})的硫化物沉淀,应及时进行铜组和砷组离子的分离和鉴定。

3. 铜组和砷组离子的分离。

于离心管(1)的硫化物沉淀上,加 2mol·L^{-1} Na$_2$S 溶液 10 滴。加热搅拌,加水 10 滴稀释后,离心。离心液移入离心管(2)中,沉淀上再加 2mol·L^{-1} Na$_2$S 溶液 5 滴。加热搅拌,加水 5 滴稀释后,离心。离心液合并至管(2)中。管(1)中所剩的沉淀为铜组(Cu^{2+}、Pb^{2+})离子的硫化物,管(2)中的溶液为砷组离子的硫代酸盐。

4. 砷组离子的分离和鉴定。

于离心管(2)的溶液中,滴加 6mol·L^{-1} HAc,不断搅拌,直至溶液呈酸性为止(用石蕊试纸检验)。加热离心,于上层清液中再滴加 6mol·L^{-1} HAc,检验沉淀是否完全。若沉淀已完全,则弃去离心液。沉淀用 2 滴饱和 NH$_4$Cl 溶液及 8 滴水洗涤,弃去洗涤液。

①砷与汞的分离:于离心管(2)的沉淀上,加水 6 滴,再加入固体(NH$_4$)$_2$CO$_3$(加入的量约等于沉淀量)。温热搅拌,此时 As$_2$S$_3$

应溶解。离心,将离心液移入离心管(3)中。

②砷的鉴定:

a. 取离心管(3)中的离心液 2 滴,加 $2mol \cdot L^{-1}$ HCl 酸化。若有黄色的 As_2S_3 沉淀析出,证明有大量砷存在。

b. 如砷量太少,上法检查不出,则在离心管(3)中,加铝屑少许。仔细滴入 $2mol \cdot L^{-1}$ NaOH 溶液数滴(不要使 NaOH 溶液沾污管内壁的上端)。离管口 1～2cm 处,塞入棉花一小团,在棉花上放一小片滴有 1 滴 $AgNO_3$ 溶液的滤纸(滴有 $AgNO_3$ 溶液的一面向下),再用一片薄纸包住管口。数分钟后,滤纸上滴有 $AgNO_3$ 溶液处变为黄褐色或黑色,证明有砷存在。此反应非常灵敏,必须做空白试验,以检查试剂中的杂质。注意,实验室空气中的 H_2S 及管口上的 NaOH 溶液,也能使滴有 $AgNO_3$ 溶液的滤纸发生类似的颜色变化。

③汞的鉴定:于离心管(2)中的沉淀上加浓 HNO_3 2 滴,浓 HCl 6 滴,加热并搅拌,使 HgS 沉淀溶解。离心,使硫磺沉降。将溶液移入有柄蒸发皿中,蒸至近干(不能过分加热,否则 $HgCl_2$ 挥发逸去)。冷却,加水 6 滴,搅拌。将溶液移入离心管中,加入 0.5 $mol \cdot L^{-1}$ $SnCl_2$ 溶液 1 滴,如有白色 $HgCl_2$ 沉淀产生,再多加 $SnCl_2$ 溶液数滴,白色沉淀渐渐变成灰色,证明有汞存在。如果对鉴定结果产生疑问,可做对照试验进行比较。

5. 铜组离子的分离和鉴定。

于离心管(1)的沉淀上,加 $6mol \cdot L^{-1}$ HNO_3 10～15 滴,加热搅拌。并加 2～3 颗固体 KNO_2 作氧化剂,以加速沉淀溶解。充分加热使析出的硫磺凝集,离心除去硫磺。

①铜与铅的分离:将上面所得溶液转入有柄蒸发皿中,加入 $3mol \cdot L^{-1}$ H_2SO_4 10 滴。慢慢加热,蒸发至水蒸气赶尽,最后出现浓厚的 SO_3 白烟,表示 HNO_3 已除尽。冷却。小心加入 10～12 滴水并不断摇动,使可溶性盐类全部溶解,而 Pb^{2+} 离子则生成 $PbSO_4$ 沉淀析出。将有柄蒸发皿中的残留物全部转入离心管(4)

中,并用水 4~5 滴将皿底沾有的沉淀洗至离心管(4)中鉴定铅。离心,将离心液移入离心管(5)中鉴定铜。

②铅的鉴定:于离心管(4)的沉淀上,加 30% NH_4Ac 数滴,加热使 $PbSO_4$ 溶解。冷却。溶液用 $2mol·L^{-1}$ HAc 酸化(用石蕊试纸检验)。加入 $1mol·L^{-1}$ $K_2Cr_2O_7$ 溶液 1~2 滴,如有黄色沉淀,证明有铅存在。

③铜的鉴定:取离心管(5)中的溶液 5 滴,加入浓氨水使之呈碱性(用石蕊试纸检验),并多加 4~5 滴。溶液呈深蓝色,证明有铜存在。

若上述实验中得到的蓝色不明显,则另取离心管(5)中的溶液 3 滴,用 $2mol·L^{-1}$ HCl 酸化后,加入 $1mol·L^{-1}$ $K_4[Fe(CN)_6]$ 溶液 1 滴。如产生红棕色沉淀,示有铜存在。

实验9　醋酸离解度和离解常数的测定

一、实验目的

1. 测定醋酸的离解度和离解常数。
2. 学习使用 pH 计。
3. 进一步熟悉滴定管、移液管的使用方法,分析天平的称重和指示剂的选择。

二、主要试剂

1. NaOH 标准溶液(约 $0.1mol·L^{-1}$)
2. HAc 溶液($0.1mol·L^{-1}$)
3. 酚酞(0.2%)
4. 邻苯二甲酸氢钾($KHC_8H_4O_4$)

三、实验步骤

醋酸是弱电解质，在水溶液中存在以下的离解平衡：
$$HAc \rightleftharpoons H^+ + Ac^-$$
若 c 为 HAc 的起始浓度，$[H^+]$、$[Ac^-]$ 和 $[HAc]$ 分别为 H^+、Ac^- 和 HAc 的平衡浓度，α 为离解度，K_a 为离解常数。平衡时 $[H^+] = [Ac^-]$，$[HAc] = c(1-\alpha)$，则：

$$\alpha = \frac{[H^+]}{c} \times 100\%$$

$$K_a = \frac{[H^+][Ac^-]}{[HAc]} = \frac{[H^+]^2}{c - [H^+]}$$

当 $\alpha < 5\%$ 时，$K_a \approx \frac{[H^+]^2}{c}$。

测定出已知浓度的 HAc 溶液的 pH 值，即可计算其离解度和离解常数。

1. $0.1 mol \cdot L^{-1}$ NaOH 溶液的标定

准确称取 $0.4 \sim 0.6g$ 基准 $KHC_8H_4O_4$ 三份，分别置于 250mL 锥形瓶中，加 $20 \sim 30mL$ 水溶解，加入 $1 \sim 2$ 滴酚酞指示剂，用 NaOH 溶液滴定至溶液呈微红色，30s 不退色即为终点。计算 NaOH 溶液的浓度。

2. $0.1 mol \cdot L^{-1}$ HAc 溶液的标定

用移液管准确移取 25mL $0.1 mol \cdot L^{-1}$ HAc 溶液三份于 250mL 锥形瓶中，各加 $2 \sim 3$ 滴酚酞指示剂，用上述标准 NaOH 溶液滴定至微红色，30s 不退色即为终点。计算此 HAc 溶液的浓度。

3. 配制不同浓度的 HAc 溶液

用移液管（或滴定管）分别量取上述 HAc 标准溶液 25mL、10mL、5mL 和 2.5mL，置于 50mL 容量瓶中，分别用蒸馏水稀释到刻度，摇匀。

4. 测定不同浓度 HAc 溶液的 pH 值

将原液及以上四种不同浓度的 HAc 溶液分别转入四只干燥

的50mL烧杯中,按由稀至浓的顺序用pH计分别测定它们的pH值,记录数据和室温如下表。计算HAc的离解度和离解常数。

HAc离解度 α 和离解常数 K_a 的测定

HAc溶液编号	c	pH	$[H^+]$	离解度 α	离解常数 K_a	
					测得值	平均值
1						
2						
3						
4						

思 考 题

1. 若所用HAc溶液的浓度极稀,是否还可用 $K_a = \dfrac{[H^+]^2}{c}$ 求离解常数?为什么?

2. 改变所测醋酸的浓度或温度,则离解度和离解常数有无变化?若有变化,会有怎样的变化?

3. 为什么HAc溶液的pH值要用pH计来测定?HAc的浓度与HAc溶液的酸度有何区别?

4. 如何使用酸度计测量溶液的pH值?请写出主要的操作步骤。

5. 298K时HAc的电离常数的文献值为 $1.754 \times 10^{-5} \mathrm{mol \cdot L^{-1}}$,求本实验测得值的相对误差,并分析产生误差的原因。

实验10　由粗食盐制备试剂级氯化钠

一、实验目的

1. 学习分离提纯的方法及有关基本操作。

2. 掌握有关化学平衡原理在化学方法提纯氯化钠过程中的应用。

3. 学习中间控制检验方法。

二、实验原理

由粗食盐制备试剂级氯化钠,应分析粗食盐含有哪些产物所不允许的杂质(由原料的成分分析可知),再考虑采用怎样的方法除去这些杂质:包括相关元素、离子、化合物的性质及化学平衡原理;包括杂质的去除顺序及反应条件的控制,是否除尽的检验(即中间控制检验);还包括有关制备方法和实验操作的正确、熟练与灵活应用等,这些涉及到科学性原则、可行性原则、安全性原则与简明性原则。可将此作为一次综合性设计实验,还可将提纯后的产物与沉淀滴定法相结合。

粗食盐的主要杂质为 K^+、Ca^{2+}、Mg^{2+}、Fe^{3+}、SO_4^{2-}、CO_3^{2-} 和一些不溶性杂质等。这些杂质中除 K^+ 外其它均可生成难溶于水的物质而与 NaCl 分离,因而可利用它们在水中溶解度的差别而将杂质除去,而少量残余的 K^+ 含量不超过普通化学试剂对其限量要求。杂质去除顺序和反应条件的确定原则是既要除尽杂质,又要科学合理,做到可行、简明,并尽量避免引入新的杂质。

三、主要仪器及试剂

1. 抽滤装置
2. 离心机
3. 比色管,蒸发皿,漏斗,滤纸
4. 粗食盐
5. $BaCl_2$ 溶液(25%)
6. 饱和 Na_2CO_3 溶液
7. HCl 溶液($3mol·L^{-1}$)
8. H_2SO_4 溶液($6mol·L^{-1}$)

9. NaOH 溶液($6mol \cdot L^{-1}$)
10. 无水乙醇
11. KSCN 溶液(25%)

四、实验步骤

1. 称取 20g 粗食盐,按下述提示,自拟实验步骤,完成制备。

$$\boxed{SO_4^{2-}、CO_3^{2-}、Ca^{2+}、Mg^{2+}、Fe^{3+}} \xrightarrow[\text{除 } SO_4^{2-},\text{检查并过滤}]{\text{加 } BaCl_2 \text{ 溶液},\triangle 10min} \boxed{Ba^{2+}、CO_3^{2-}、Ca^{2+}、Mg^{2+}、Fe^{3+}}$$

$$\xrightarrow[\text{去除阳离子,检查 } Ba^{2+},\text{过滤}]{\text{加饱和 } Na_2CO_3 \text{ 并略过量,温热}} CO_3^{2-} \xrightarrow[\text{加热除去 } CO_2]{\text{加 HCl,调 pH}=2\sim3} \text{清液}$$

$$\xrightarrow[\text{冷却,减压抽滤}]{\text{蒸发至粘稠状①}} NaCl \text{ 固体} \xrightarrow{\text{烘干}} \text{产品}$$

2. 进行产品主成分 NaCl 的含量分析(沉淀滴定法)和 Fe^{3+}、SO_4^{2-} 两种杂质离子的限量分析。方法如下:

(1) SO_4^{2-} 的限量分析法。称取 NaCl 成品 3g 置于 25mL 比色管中,加 15mL 蒸馏水溶解,再加 1mL HCl 溶液和 3mL $BaCl_2$ 溶液混合,加水稀释至刻度,摇匀后,与标准溶液进行比较。

(2) Fe^{3+} 的限量分析法。称取 NaCl 成品 3g 置于比色管中,加 20mL 蒸馏水溶解,再加 2mL KSCN 溶液和 2mL HCl 溶液,加水稀释至 25mL 刻度,摇匀。然后将试样与标准溶液② 比较,确定等级。

3. 计算产品产率。

4. 根据提纯后试剂 NaCl 及 Fe^{3+}、SO_4^{2-} 的含量,判断提纯氯化钠试剂的级别,讨论提纯效果并分析原因。

---

① 不直接蒸发至干是为了进一步减少产品中的杂质。
② 可由实验室工作人员配制,供学生作比较。

实验11 分析天平称量练习

定量分析基本操作练习包括分析天平称量操作和滴定分析基本操作两部分。实验前,应要求学生认真预习这两部分内容,并组织观看《分析天平称量操作》和《滴定分析基本操作》录像。

一、实验目的

1. 学习分析天平的基本操作和样品的称量方法,做到熟练地使用天平。

2. 培养准确、简明地记录实验原始数据的习惯,不得涂改数据,不得将数据记录在实验报告纸以外的地方。

二、实验原理

参见本教材有关部分。

三、主要仪器及试剂

1. 分析天平一台(半自动电光天平)
2. 电子天平一台
3. 台秤(又称托盘天平)一台
4. 称量瓶,50mL烧杯,表面皿,牛角匙(又称药匙)
5. 石英砂(供称重练习用)

四、实验步骤

(一)半自动电光分析天平称样步骤。

1. 固定质量称量法(称取石英砂0.5000g):

固定质量称量法是指称取某一固定质量的试样的称量方法。该称量法常用于称取不易吸水、在空气中较稳定的试样,如金属、矿样、基准物质等。

称量方法如下：

(1)在分析天平上准确称出洗净并干燥过的表面皿的质量,在实验报告纸上记录数据。

(2)在天平的右称盘上再加500mg砝(圈)码。

(3)用牛角匙取石英砂试样慢慢加到表面皿中,直到天平的平衡点与称量表面皿时的平衡点一致(误差范围≤0.2~0.4mg)。

(4)用上述方法称2~3次,将称量数据记录到实验报告纸上。

2.递减称量法(称取0.3~0.4g石英砂两份)：

递减称量法(又称差减法)常用于称取易吸水、易氧化或易与CO_2反应的物质。

(1)用滤纸条取两个干净小烧杯,编号分别为1、2,分别在分析天平上准确称重,空烧杯质量记为m_0和m_0'。

(2)用滤纸条取一干净的称量瓶,先在台秤上初称其质量,加入约1g石英砂粉末(想想为什么),在分析天平上准确称重(准确至0.1mg),记下其质量为m_1克。

(3)用一小条滤纸套在称量瓶上,取出称量瓶后,再用一小片滤纸包住瓶盖,将称量瓶打开,用盖轻轻敲击称量瓶,转移石英砂0.3~0.4g于小烧杯1中,并准确称出称量瓶和剩余石英砂质量为m_2克,以同样方法转移试样0.3~0.4g于小烧杯2中,再准确称出称量瓶和剩余试样的质量为m_3克。

(4)准确称出两个烧杯加试样的质量,分别为m_4和m_5克。

3.将以上各数据分别记入下列表格中。

(1)固定称量法记录表格：

次数	表面皿重(g)	表面皿+试样重(g)	试样重(g)

(2)递减称量法记录表格:

称量编号	1	2
称量瓶+样重(敲出前)g	m_1	m_2
称量瓶+样重(敲出后)g	m_2	m_3
倾出试样重(g)	$m_1 - m_2$	$m_2 - m_3$
烧杯+试样重(g)	m_4	m_5
空小烧杯重(g)	m_0	m_0'
称取试样重(g)	$m_4 - m_0$	$m_5 - m_0'$
绝对差值(g)		

(3)数据处理

要求倾出试样重与称取试样重之间的绝对差值每份应小于0.4mg。若绝对差值较大,则需分析原因,反复练习,直至达到误差要求。

(二)电子天平称样步骤。

1.使用步骤:

(1)查看水平仪,如不水平,要通过水平调节脚调至水平。

(2)接通电源,预热30min后,方可开启显示器进行操作。

(3)轻按 ON 显示键后,出现 0.0000g 称量模式后方可称量。

(4)将称量物轻放在称盘中央,待显示器上数字稳定后出现质量单位 g,即可读数,并记录称量结果。

2.称量方法:

(1)固定称量法(每份称取石英砂 0.5000g):

取一干净表面皿,放入电子天平内,待显示准确质量后,按 TAR(清零键)后,直接用牛角匙向表面皿中慢慢加样,至天平屏幕上显示 0.5000g。

(2)差减称量法与半自动电光天平的差减称量法相同。

思 考 题

1. 开启半自动电光天平之前,应做哪些准备工作?
2. 使用称量瓶时,如何操作才能保证样品不致损失?
3. 什么情况下应选用固定称量法? 什么情况下应选用差减称量法?
4. 称量时,砝码和被称物体为何要放在天平盘的中央?
5. 分析天平的灵敏度越高,是否称量的准确度越高?

实验12　滴定分析操作练习

一、实验目的

1. 学习、掌握滴定分析常用仪器的洗涤方法和使用方法。
2. 了解常用玻璃量器的基本知识。
3. 练习滴定分析基本操作和利用指示剂正确地判断滴定终点。

二、实验原理

一定浓度的 HCl 溶液和 NaOH 溶液相互滴定时,所消耗的体积之比 V_{HCl}/V_{NaOH} 应是一定的。在指示剂不变的情况下,改变被滴定溶液的体积,此体积之比应基本不变。由此可以检验滴定操作技术和判断终点。

$0.1\,mol\cdot L^{-1}$ HCl(强酸)和 $0.1\,mol\cdot L^{-1}$ NaOH(强碱)相互滴定时,化学计量点的 pH 值为 7.0,pH 突跃范围为 4.3~9.7。凡在突跃范围内变色的指示剂,都可以保证测定有足够的准确度。

甲基橙(简写为 MO)的 pH 变色范围是 3.1(红)~4.4(黄),pH 为 4.0 左右为橙色。

酚酞(简写为 PP)的 pH 变色范围是 8.0(无色)~10.0(红)。

因此,本实验采用甲基橙和酚酞作为指示剂。

三、主要试剂及仪器

1. 氢氧化钠(固体,A.R级)
2. 浓盐酸(密度 $1.19g \cdot cm^{-3}$,A.R级)
3. 酚酞指示剂($2g \cdot L^{-1}$乙醇溶液)
4. 甲基橙指示剂($1g \cdot L^{-1}$水溶液)
5. 50mL 酸式滴定管一支,50mL 碱式滴定管一支,25mL 移液管一支,250mL 锥形瓶三个,量筒等

四、实验步骤

1. 酸碱溶液的配制。

(1) $0.1mol \cdot L^{-1}$盐酸溶液的配制

用 10mL 干净量筒量取浓盐酸约 9mL,倒入 1L 试剂瓶中,加蒸馏水稀释至 1L,盖上玻璃塞,摇匀。

(2) $0.1mol \cdot L^{-1}$氢氧化钠溶液的配制

在台秤上称取约 4g 氢氧化钠固体①,置于 250mL 烧杯中,加入蒸馏水使之溶解后,倒入带橡皮塞② 的 1L 试剂瓶中,加水稀释至 1L,用橡皮塞塞好瓶口,充分摇匀。

2. 酸、碱溶液的相互滴定。

(1) 用 $0.1mol \cdot L^{-1}$的 NaOH 溶液润洗已洗净的碱式滴定管 2~3 次,每次 5~10mL,然后将 $0.1mol \cdot L^{-1}$的 NaOH 溶液装入碱式滴定管中,调节液面到 0.00 刻度。

---

① 这种配制方法对于初学者较为方便,但不严格。因为市售的 NaOH 常因吸收 CO_2 而混有少量 Na_2CO_3,以致在分析结果中导致误差。如要求严格,必须设法除去 CO_3^{2-} 离子。

② NaOH 溶液腐蚀玻璃,不能使用玻璃塞,否则长久放置,瓶子打不开,且浪费试剂。一定要使用橡皮塞。长久放置的 NaOH 标准溶液,应装入广口瓶中,瓶塞上部装有一碱石灰装置,以防止吸收 CO_2 和水分。

(2)用 0.1mol·L^{-1} HCl 溶液润洗已洗净的酸式滴定管 2~3 次,每次 5~10mL,然后将 0.1mol·L^{-1}HCl 溶液装入酸式滴定管中,调节液面到 0.00 刻度。

(3)由碱式滴定管中放出 NaOH 溶液约 20mL 于 250mL 锥形瓶中,加入 1 滴甲基橙指示剂,用 0.1mol·L^{-1} 的 HCl 溶液滴至溶液由黄色变为橙色。练习过程中可以不断补充 NaOH 和 HCl,反复进行,直至操作熟练及能准确判断终点颜色(橙色)后,再进行下列各实验步骤。

(4)由碱式滴定管中分别准确放出 20~25mL NaOH 溶液三份(要求每份体积不一样)于 250mL 锥形瓶中,放出时以约 10 mL·min^{-1}的速度进行,即 3~4 滴·s^{-1},加入 1 滴甲基橙指示剂,用 0.1mol·L^{-1} HCl 溶液滴至黄色转变为橙色即为终点。记下消耗 HCl 的毫升数,并求出每次实验中两溶液的体积比 V_{HCl}/V_{NaOH},要求相对偏差在 ±0.3% 以内。

(5)用移液管准确吸取 25.00mL 浓度为 0.1mol·L^{-1} 的 HCl 溶液于 250mL 锥形瓶中,加 1~2 滴酚酞指示剂,用 0.1mol·L^{-1} 的 NaOH 溶液滴定至微红色,30s 不退色即为终点,记下消耗的 NaOH 溶液的毫升数。平行滴定三份,要求三次间所消耗 NaOH 溶液的体积绝对差值(最大和最小体积差)不超过 0.04mL。

五、滴定记录表格

1. HCl 溶液滴定 NaOH 溶液(指示剂:)

记录项目＼滴定号码	Ⅰ	Ⅱ	Ⅲ
V_{NaOH}/mL			
V_{HCl}/mL			
V_{HCl}/V_{NaOH}			

续表

滴定号码 记录项目	I	II	III
平均值 V_{HCl}/V_{NaOH}			
相对偏差/%			
平均相对偏差			

2. NaOH 溶液滴定 HCl 溶液(指示剂：　　　)

滴定号码 记录项目	I	II	III
V_{HCl}/mL			
V_{NaOH}/mL			
消耗 $\overline{V}_{NaOH}$/mL			
n 次间 V_{NaOH} 最大绝对值/mL			

思 考 题

1. 在滴定分析实验中,滴定管要用滴定剂,移液管要用所移取的溶液各润洗几次？为什么？
2. 为什么滴定管的初读数每次最好调至 0.00mL 刻度处？
3. 滴定管、移液管、容量瓶是滴定分析中三种准确量器,应记几位有效数字？
4. NaOH 和 HCl 能否直接配制准确浓度？为什么？解释本实验中配制 1L 浓度为 $0.1\text{mol}\cdot L^{-1}$ 的 HCl 溶液和 NaOH 溶液的原理。

实验 13 食用醋中醋酸含量的测定

一、实验目的

1. 了解强碱滴定弱酸过程中的 pH 变化,化学计量点以及指示剂的选择。

2. 进一步掌握移液管、滴定管的使用方法和滴定操作技术。

二、实验原理

食用醋的主要成分是醋酸(HAc)，此外还含有少量其它弱酸如乳酸等。醋酸的电离常数 $K_a = 1.8 \times 10^{-5}$，用 NaOH 标准溶液滴定醋酸，其反应式是：

$$NaOH + HAc = NaAc + H_2O$$

滴定化学计量点的 pH 值约为 8.7，应选用酚酞为指示剂，滴定终点时由无色变为微红色，且 30s 内不退色。滴定时，不仅 HAc 与 NaOH 反应，食醋中可能存在的其它各种形式的酸也与 NaOH 反应，故滴定所得为总酸度，以 $\rho_{HAc}(g \cdot L^{-1})$ 表示。

三、主要试剂

1. 邻苯二甲酸氢钾 $KHC_8H_4O_4$ 基准试剂
2. NaOH 溶液($0.1 mol \cdot L^{-1}$)
3. 酚酞指示剂($2g \cdot L^{-1}$ 乙醇溶液)
4. 食醋试液

四、实验步骤

1. $0.1 mol \cdot L^{-1}$ NaOH 溶液的标定。

以差减称量法准确称取邻苯二甲酸氢钾 0.4~0.6g 三份，分别置于 250mL 锥形瓶中，加入 20~30mL 蒸馏水溶解后(可稍加热)，加入 1~2 滴酚酞指示剂，用 NaOH 滴定至溶液呈微红色且 30s 内不退色即为终点。根据所消耗的 NaOH 溶液的体积，计算 NaOH 溶液的浓度及平均值。可平行测定 5~7 份，各次相对偏差应在 ±0.2% 以内。

2. 食用醋总酸度的测定。

准确吸取食用醋试液 10.00mL 于 100mL 容量瓶中，用新煮沸并冷却的蒸馏水稀释至刻度,摇匀。

用移液管吸取 25.00mL 上述稀释后试液于 250mL 锥形瓶中,加入 25mL 新煮沸并冷却的蒸馏水,2 滴酚酞指示剂。用上述 0.1mol·L^{-1} NaOH 标准溶液滴至溶液呈微红色且 30s 内不退色即为终点。根据 NaOH 标准溶液的用量,计算食醋总酸量。

五、实验数据记录表格

1. $KHC_8H_4O_4$ 标定 NaOH 溶液

号码 记录项目	1	2	3	4	5
称量瓶+样重/g					
敲出样后重量/g					
$m_{基}$/g					
V_{NaOH}/mL					
c_{NaOH}					
c_{NaOH} 平均值					
相对偏差/%					
平均相对偏差/%					

2. 食用醋中总酸量的测定

号码 记录项目	Ⅰ	Ⅱ	Ⅲ
移取试液体积数/mL			
V_{NaOH}/mL			

续表

号码 记录项目	I	II	III
总酸量/(g/L)			
总酸量平均值(g/L)			
相对偏差/%			
平均相对偏差/%			

思 考 题

1. 写出本实验中标定 c_{NaOH} 和测定 ρ_{HAc} 的计算公式。
2. 以 NaOH 溶液滴定 HAc 溶液,属于哪类滴定？怎样选择指示剂？
3. 草酸、柠檬酸、酒石酸等多元有机酸能否用 NaOH 溶液分步滴定？
4. 为什么称取的 $KHC_8H_4O_4$ 基准物质要在 0.4~0.6g 范围内？能否少于 0.4g 或多于 0.6g？为什么？

实验 14　碳酸钠的制备及其含量的测定

一、实验目的

1. 了解工业制碱法的反应原理。
2. 学习用双指示剂法测定 Na_2CO_3 和 $NaHCO_3$ 混合物的原理和方法。
3. 学会用参比溶液确定终点的方法。

二、实验原理

由氯化钠和碳酸氢铵制备碳酸钠和氯化铵,其反应方程式为：

$$NH_4HCO_3 + NaCl \Longrightarrow NaHCO_3 + NH_4Cl \tag{1}$$

$$2NaHCO_3 \stackrel{\triangle}{=\!=\!=} Na_2CO_3 + H_2O + CO_2 \uparrow \tag{2}$$

反应(1)实际上是水溶液中离子的相互反应,在溶液中存在着 $NaCl$、NH_4HCO_3、$NaHCO_3$ 和 NH_4Cl 四种盐,是一个复杂的四元体系。它们的溶解度是相互影响的。本实验可根据它们的溶解度和碳酸氢钠在不同温度下的分解速度(见表 3-1,图 3-1)来确定制备碳酸钠的条件,即反应温度控制在 32~35℃,碳酸氢钠加热分解的温度控制在 300℃。

表 3-1 几种盐的溶解度(g/100g 水)

温度℃ 盐	0	10	20	30	40	50	60	70	80	90	100
NaCl	35.7	35.8	36.0	36.3	36.6	37.0	37.3	37.8	38.4	39.0	39.8
NH_4HCO_3	11.9	15.3	21.0	27.0	—	—	—	—	—	—	—
$NaHCO_3$	6.9	8.15	9.60	11.1	12.7	14.5	16.4	—	—	—	—
NH_4Cl	29.4	33.3	37.2	41.4	45.8	50.4	55.2	60.2	65.6	71.3	77.3

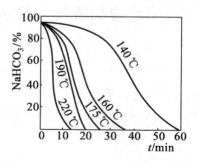

图 3-1 不同温度下 $NaHCO_3$ 的分解速度

回收氯化铵时,加氨水可提高碳酸氢钠的溶解度,使之不致与氯化铵共同析出,再加热使碳酸氢铵分解。从图 3-2 可以看出氯化铵和氯化钠的溶解曲线在 16℃ 处有一交点,因此,氯化铵结晶的温度应控制在小于 16℃ 比较合适。

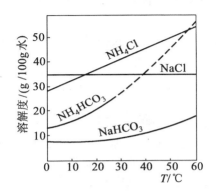

图 3-2 几种盐的溶解度曲线

由于所制得的碳酸钠还会有其它成分,如 $NaHCO_3$ 等,欲测定同一份试样中各组分的含量,可用盐酸标准溶液滴定,根据滴定过程中 pH 值变化的情况,选用两种不同的指示剂分别指示第一、第二化学计量点的到达,常称为"双指示剂法"。

在 Na_2CO_3 和 $NaHCO_3$ 的混合溶液中滴加 HCl 溶液时,首先发生下列反应:

$$Na_2CO_3 + HCl \rightleftharpoons NaHCO_3 + NaCl$$

到达第一化学计量点时,溶液 pH 值为 8.32,滴定以酚酞为指示剂。由于酚酞变色(即由红色变为无色)不很敏锐,人眼观察这种颜色变化的灵敏性稍差些,滴定误差较大。因此,常用参比溶液① 作对照,以提高分析的准确度。此时,滴定体积记为 V_1。

继续用 HCl 溶液滴定,发生如下反应:

---

① 参比溶液是根据化学计量点时溶液的组成、浓度、体积和指示剂量专门配制的溶液,或者是化学计量点时溶液的 pH 值、体积和指示剂量相同的缓冲溶液。

$$NaHCO_3 + HCl \rightleftharpoons H_2CO_3 + NaCl$$

到达第二化学计量点时,溶液的 pH 值为 3.89,可用甲基橙为指示剂。此时滴定体积为 V_2。

工业上纯碱的总碱度常用 Na_2CO_3 或 Na_2O 的质量分数表示。

三、实验步骤

1. 制备碳酸钠。

(1)称取经提纯的氯化钠 6.25g 于 100mL 烧杯中,加蒸馏水配制成 25%的溶液。在水浴上加热,控制温度在 30~35℃,在搅拌的情况下分次加入 10.5g 研细的碳酸氢铵,加完后继续保温并不时搅拌反应物,使反应充分进行 0.5h 后,静置,抽滤得碳酸氢钠沉淀,并用少量水洗涤 2 次,再抽干,称重。

(2)将抽干的碳酸氢钠置入蒸发皿中,在马弗炉内控制温度为 300℃灼烧 1h,取出后,冷至室温,称重,计算产率。或将抽干的碳酸氢钠置入蒸发皿中,放在 850W 微波炉内,将火力选择旋钮调至最高档,加热 20min,取出后,冷至室温,称重,计算产率。

2. $0.1mol \cdot L^{-1}$ HCl 溶液的标定。

(1)以无水 Na_2CO_3 基准物质标定。用差减称量法准确称取 0.15~0.2g 无水 Na_2CO_3 基准物质三份,分别置于 250mL 锥形瓶中,加入 20~30mL 蒸馏水使之溶解,滴加甲基橙指示剂 1~2 滴,用待标定的 HCl 溶液滴定,溶液由黄色变为橙色即为终点。记录格式参见实验 13,计算 HCl 溶液浓度 c_{HCl}。

(2)以硼砂 $Na_2B_4O_7 \cdot 10H_2O$ 标定。用差减称量法准确称取 0.4~0.6g 硼砂三份,分别倾入 250mL 锥形瓶中,加水 50mL 使之溶解后①,加入 2 滴甲基红指示剂,用已标定的 HCl 溶液滴定溶液至黄色恰好变为浅红色,即为终点。计算 HCl 溶液的浓度 c_{HCl}。

---

① 硼砂在 20℃,100g 水中可溶解 5g,如温度太低,有时不易溶解,可适量地加入温热的水,加速溶解。但滴定时一定要冷至室温。

3. 产品含量的测定。

准确称取约 2g 产品于干燥烧杯中,加少量蒸馏水使其溶解(必要时可稍加热)。待溶液冷却后,定量转移至 250mL 容量瓶中,加水稀释至刻度,摇匀。

用移液管移取 25.00mL 上述溶液于 250mL 锥形瓶中,加酚酞指示剂 2~3 滴,用 HCl 标准溶液滴定至溶液由红色退至无色,即为终点。记下所消耗 HCl 标准溶液体积 V_1(mL)。

在上述溶液中加入 1~2 滴甲基橙指示剂,将酸式滴定管中 HCl 溶液调至 0.00 刻度后,继续用 HCl 溶液滴定到溶液由黄色变为橙色①,记录所消耗 HCl 溶液体积 V_2(mL)。平行测定三次,计算产品中 Na_2CO_3 和 $NaHCO_3$ 的含量及试样的总碱量(以 Na_2CO_3 含量表示)。

数据记录表格参考实验 13。

思 考 题

1. 若样品为 NaOH 和 Na_2CO_3 的混合物,应如何测定其含量?
2. 测定混合碱,接近第一化学计量点时,若滴定速度太快,摇动锥形瓶不够,致使滴定液 HCl 局部过浓,会对测定造成什么影响?为什么?
3. 标定 HCl 的基准物质无水 Na_2CO_3 如保存不当,吸有少量水分,对标定 HCl 溶液浓度有何影响?

实验 15 铵盐中氮含量的测定(甲醛法)

一、实验目的

1. 掌握以甲醛强化间接法测定铵盐中氮含量的原理和方法。

---

① 接近化学计量点时应剧烈摇动溶液,以免形成 CO_2 过饱和溶液而使终点提前。

2.学会除去试剂中的甲酸和试样中的游离酸的方法。

二、实验原理

铵盐 NH_4Cl 和 $(NH_4)_2S$ 是常用的无机化肥,为强酸弱碱盐,可用酸碱滴定法测定其含氮量,但由于 NH_4^+ 的酸性太弱($K_a = 5.6×10^{-10}$),故不能用 NaOH 标准溶液直接滴定。因此生产和实验室中广泛采用甲醛法测定铵盐中的含氮量。

甲醛法是基于铵盐与甲醛作用,可定量地生成六次甲基四胺盐和 H^+,反应式如下:

$$4NH_4^+ + 6HCHO = (CH_2)_6N_4H^+ + 6H_2O + 3H^+$$

由于生成的 $(CH_2)_6N_4H^+$($K_a = 7.1×10^{-6}$)和 H^+ 可用 NaOH 标准溶液滴定,滴定终点生成的 $(CH_2)_6N_4$ 是弱碱,化学计量点时,溶液的 pH 约为 8.7,应选用酚酞为指示剂,滴定至溶液呈现微红色即为终点。

铵盐与甲醛的反应在室温下进行较慢,加甲醛后,需放置几分钟,使反应完全。

甲醛中常含有少量甲酸,使用前必须先以酚酞为指示剂,用 NaOH 溶液中和,否则会使测定结果偏高。

三、主要试剂

1. NaOH 标准溶液($0.1 mol·L^{-1}$)
2. 酚酞指示剂($2g·L^{-1}$ 乙醇溶液)
3. 甲醛溶液($200g·L^{-1}$)
4. 邻苯二甲醛氢钾($KHC_4H_4O_4$)基准试剂
5. 铵盐试样

四、实验步骤

1. 甲醛溶液的处理。

甲醛中常含有微量甲酸(甲醛受空气氧化所致),应将其除去,否则会产生误差。处理方法如下:取原装甲醛① 上层清液于烧杯中,用水稀释一倍,加入 1~2 滴酚酞指示剂,用 0.1mol·L^{-1} NaOH 溶液滴定至甲醛溶液呈淡红色。

2. 试样中含氮量的测定②。

准确称取铵盐试样 2~3g 于干燥烧杯中,加适量蒸馏水溶解后,定量转移到 250mL 容量瓶中,以水稀释至刻度,摇匀。

用移液管移取上述试液 25.00mL 于 250mL 锥形瓶中,加入 10mL 已处理的 200g·L^{-1} 的甲醛溶液,充分摇匀,静置 1min 后,加 2~3 滴酚酞指示剂,用 0.1mol·L^{-1} 的 NaOH 标准溶液滴定至溶液呈微红色,且 30s 不退色,即为终点。记录数据,平行滴定三份,计算试样中的含氮量,以 n/N 表示,要求相对偏差在 ±0.2% 以内。

思 考 题

1. NH_4NO_3、NH_4HCO_3 中的含氮量能否用甲醛法测定?
2. 铵盐中的氮的测定为何不采用 NaOH 直接滴定法?
3. 用 NaOH 标准溶液中和 $(NH_4)_2SO_4$ 样品中的游离酸时,能否选用酚酞作为指示剂?为什么?
4. 尿素 $CO(NH_2)_2$ 中含氮量的测定,先加 H_2SO_4 加热使其消化,全部转成 $(NH_4)_2SO_4$ 后,同样按甲醛法测定,试写出含氮量测定计算式。

---

① 甲醛常以白色聚合状态存在(多聚甲醛),是链状聚合体的混合物。甲醛溶液中含少量多聚甲醛不影响测定结果。

② 试样中含有游离酸,则在滴定之前先用标准 NaOH 中和,在试样中加入 1~2 滴甲基红指示剂,用 NaOH 标准溶液滴定至溶液由红色到黄色,然后再对此试样进行含氮量的测定。因有二种指示剂混合,终点变色不敏锐,稍有拖尾现象,如试样中含游离酸甚微,则不必预先中和。

实验16 阿司匹林药片中乙酰水杨酸含量的测定

一、实验目的

1. 学习阿司匹林药片中乙酰水杨酸含量的测定方法。
2. 学习利用滴定法分析样品。

二、实验原理

阿司匹林曾经是国内外广泛使用的解热镇痛药,它的主要成分是乙酰水杨酸。乙酰水杨酸是有机弱酸($K_a = 1 \times 10^{-3}$),结构式为 (邻-COOH,OCOCH$_3$ 苯环),摩尔质量为180.16g/mol,微溶于水,易溶于乙醇。在强碱性溶液中溶解并分解为水杨酸(邻羟基苯甲酸)和乙酸盐,反应式如下:

(邻-COOH,OCOCH$_3$ 苯环) + 3OH$^-$ ⇌ (邻-COO$^-$,O$^-$ 苯环) + CH$_3$COO$^-$ + 2H$_2$O

由于药片中一般都添加一定量的赋形剂如硬脂酸镁、淀粉等不溶物,不宜直接滴定,可采用反滴定法进行测定。将药片研磨成粉状后加入过量的NaOH标准溶液,加热一段时间使乙酰基水解完全,再用HCl标准溶液回滴过量的NaOH,滴定至溶液由红色变为接近无色即为终点。在这一滴定反应中,1mol乙酰水杨酸消耗2mol NaOH。

三、主要试剂及仪器

1. 1mol·L^{-1} NaOH标准溶液
2. 0.1mol·L^{-1} HCl标准溶液

3. 酚酞指示剂($2g·L^{-1}$乙醇溶液)

4. 研钵

四、实验步骤

1. 药片中乙酰水杨酸含量的测定。

将阿司匹林药片研成粉末后,准确称取约 0.6g 左右药粉,于干燥 100mL 烧杯中,用移液管准确加入 25.00mL $1mol·L^{-1}$ NaOH 标准溶液后,盖上表面皿,轻摇几下,水浴加热 15min①,迅速用流水冷却,将烧杯中的溶液定量转移至 100mL 容量瓶中,用蒸馏水稀释到刻度线,摇匀。

准确移取上述试液 10.00mL,于 250mL 锥形瓶中,加入 2~3 滴酚酞指示剂,用 $0.1mol·L^{-1}$ HCl 标准溶液滴至红色刚刚消失即为终点。根据所消耗的 HCl 溶液的体积计算药片中乙酰水杨酸的质量分数及每片药剂中乙酰水杨酸的质量(g/片)。

2. NaOH 标准溶液 HCl 标准溶液体积比的测定②。

用移液管准确移取 10.00mL $1mol·L^{-1}$ NaOH 溶液于 250mL 容量瓶中,稀释至刻度,摇匀。在锥形瓶中加入 10.00mL 上述 NaOH 溶液,在与测定药粉相同的实验条件下进行加热、冷却和滴定。平行测定 2~3 次,计算 V_{NaOH}/V_{HCl} 值。

思 考 题

1. 在测定药片的实验中,为什么 1mol 乙酰水杨酸消耗 2molNaOH,而不是 3molNaOH? 回滴后的溶液中,水解产物的存在形式是什么?

2. 请列出计算药片中乙酰水杨酸含量的关系式。

---

① 平行三份在水浴上加热,加热时间及冷却的时间都要一致。

② 这是一种空白试验。由于 NaOH 溶液在加热过程中会受空气中 CO_2 的干扰,给测定造成一定程度的系统误差,而在与测定样品相同的条件下测定两种溶液的体积比就可扣除空白值。

3. 若测定的是乙酰水杨酸纯品(晶体),可否采用直接滴定法?

实验17 磷矿中 P_2O_5 含量的测定

一、实验目的

1. 了解和学习矿石等实际样品的酸熔分解的预处理方法。
2. 学习沉淀分离、过滤等基本操作。
3. 了解微量磷的酸碱滴定测定方法。

二、实验原理

钢铁和矿石等试样中的磷可采用酸碱滴定法进行测定。在硝酸介质中,磷酸与喹钼柠酮试剂反应,生成黄色沉淀:

$$PO_4^{3-} + 12MoO_4^{2-} + C_9H_7N + 27H^+ \rightleftharpoons$$
$$H_3PO_4 \cdot 12MoO_3 \cdot (C_9H_7N) \downarrow (黄) + 12H_2O$$

沉淀过滤之后,用水洗涤,然后将沉淀溶解于一定量且过量的 NaOH 标准溶液中,溶解反应为:

$$H_3PO_4 \cdot 12MoO_3 \cdot (C_9H_7N) \downarrow + 27OH^- \rightleftharpoons$$
$$PO_4^{3-} + 12MoO_4^{2-} + C_9H_7N + 15H_2O$$

过量的 NaOH 再用 HCl 标准溶液返滴定,至百里香酚蓝-酚酞混合指示剂由紫色变为淡黄色即为终点。

回滴时: $H^+ + PO_4^{3-} \rightleftharpoons HPO_4^{2-}$,故

$$1P_2O_5 \sim 2P \sim 2H_3PO_4 \sim 2 \times 26 NaOH$$

$$w_{P_2O_5} = \frac{\frac{1}{52}[(c_1 V_{1NaOH} - c_2 V_{2HCl}) - (c_3 V_{3NaOH} - c_4 V_{4HCl})]}{m_S \times 1\,000} \times M_{P_2O_5} \times 100\%$$

式中:m_S 为矿样重,g;$c_3 V_{3NaOH}$,$c_4 V_{4HCl}$ 分别为空白时的 NaOH,HCl 的物质的量;$M_{P_2O_5} = 141.95 \text{g} \cdot \text{mol}^{-1}$。由于磷的化学

计量数比(1:26)很小,本方法可用于微量磷的测定。

三、主要试剂及仪器

1. 喹钼柠酮试剂

溶液A:称70g钼酸钠溶于150mL热水中;

溶液B:称取60g柠檬酸,溶于含85mL HNO_3 和150mL水的溶液中;

溶液C:在不断搅拌条件下将溶液A加入溶液B中;

喹钼柠酮试剂:取5mL喹啉,加入含35mL HNO_3 和100mL水的溶液中,冷却后,在不断搅拌条件下,缓慢地加入溶液C中,放置24h后过滤,于滤液中加入280mL丙酮,用水稀释至1 000mL,搅匀。

2. 盐酸溶液(0.5mol/L,浓盐酸)

3. 氢氧化钠溶液(0.5mol/L)

4. 酚酞(2g/L)

5. 甲基橙(2g/L)

6. 百里香酚蓝-酚酞混合指示剂

7. 邻苯二甲酸氢钾 $KHC_8H_4O_4$ 基准物质

8. 无水碳酸钠 Na_2CO_3 基准物质

9. 200mL烧杯两个,500mL烧杯两个,玻璃棒两根,表面皿两个(大),漏斗架一个,漏斗两个

四、实验步骤

1. $0.5mol·L^{-1}$ NaOH溶液的标定

以差减称量法准确称取邻苯二甲酸氢钾2~4g三份,分别置于250mL锥形瓶中,加入20~30mL蒸馏水溶解后(可稍加热),加入1~2滴酚酞指示剂,用NaOH滴定至溶液呈微红色且30s内不退色即为终点。根据所消耗的NaOH溶液的体积,计算NaOH溶液的浓度及平均值。

2. 0.5mol·L^{-1}HCl溶液的标定

以无水 Na_2CO_3 基准物质标定。用差减称量法准确称取 $0.75\sim1.0g Na_2CO_3$ 无水基准物质三份,分别置于250mL锥形瓶中,加入20~30mL蒸馏水使之溶解,滴加甲基橙指示剂1~2滴,用待标定的HCl溶液滴定,溶液由黄色变为橙色即为终点。记录格式参见实验13,计算HCl溶液浓度 c_{HCl}。

3. 磷矿中 P_2O_5 的测定(适宜 P_2O_5 含量为30%~35%)

准确称取0.1000g矿样于250mL烧杯中,加入10~15mL HCl和3~5mL HNO_3,盖上表面皿,摇匀,放于电热板上加热,煮沸,待溶液蒸发至3mL左右时,加入10mL(1+1)HNO_3,用水稀释至100mL,盖上表面皿,加热至沸。在不断搅拌条件下,加入50mL喹钼柠酮试剂,生成 $H_3PO_4·12MoO_3·(C_9H_7N)_3$ 沉淀。继续加热至微沸1min,取下烧杯,静置冷却后,用中速滤纸(带纸浆)过滤。用水洗涤烧杯和沉淀8~10次。将沉淀连滤纸转移至原烧杯中,加入0.5mol·L^{-1} NaOH标准溶液45.00mL,充分搅拌使沉淀溶解完全。若沉淀溶解不完全,则可补加一定量NaOH标准溶液(注:应使NaOH标准溶液过量5mL左右),加入百里香酚蓝-酚酞混合指示剂1mL后,用0.5mol·L^{-1} HCl标准溶液回滴至溶液从紫色,经灰色到淡黄色即为终点(注:同时做空白试验。空白可到淡黄色,试样中到灰色)。平行测定2~3份,并计算 P_2O_5 的含量。

思 考 题

1. 分解磷矿石时为什么用酸熔而不用碱熔?
2. 若需计算试样中P的质量分数,写出计算式。
3. 什么叫空白试验?为什么要做空白试验?

实验 18　快速镀铬液中硼酸含量的测定

一、实验目的

1. 了解弱酸强化滴定方法。
2. 了解工业镀铬溶液中硼酸的测定方法。

二、实验原理

工业镀铬溶液中含有铬酐、硼酸、氧化镁。硼酸虽是多元酸,但酸性极弱($K_a = 5.8 \times 10^{-10}$),不能直接用碱滴定。但硼酸根能与甘油、甘露醇等形成稳定的铬合物,从而增加硼酸在水溶液中的解离,使硼酸转变为中强酸。反应式如下:

$$2\begin{matrix} R-\overset{H}{\underset{H}{C}}-OH \\ R-\overset{H}{\underset{H}{C}}-OH \end{matrix} + H_3BO_3 \rightleftharpoons H^+ \left[\begin{matrix} R-\overset{H}{\underset{H}{C}}-O & O-\overset{H}{\underset{H}{C}}-R \\ & B & \\ R-\overset{H}{\underset{H}{C}}-O & O-\overset{H}{\underset{H}{C}}-R \end{matrix}\right]^- + 3H_2O$$

该络合物的酸性很强,$pK_a = 4.26$,可用 NaOH 标准溶液准确滴定,滴定反应为:

$$H\left[\begin{matrix} R-\overset{H}{\underset{H}{C}}-O & O-\overset{H}{\underset{H}{C}}-R \\ & B & \\ R-\overset{H}{\underset{H}{C}}-O & O-\overset{H}{\underset{H}{C}}-R \end{matrix}\right] + NaOH =\!=\!=$$

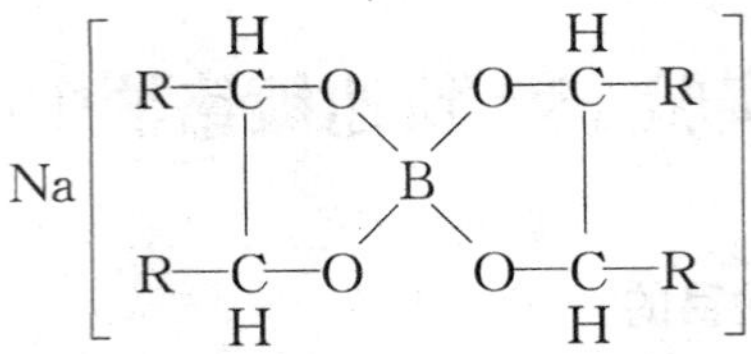

$$Na\begin{bmatrix} R-C-O & & O-C-R \\ | & \diagdown & \diagup & | \\ H & B & H \\ | & \diagup & \diagdown & | \\ R-C-O & & O-C-R \\ H & & H \end{bmatrix} + H_2O$$

此反应是等摩尔进行,化学计量点的pH值约为9.2左右,可选酚酞或百里酚酞为指示剂。对于快速镀铬溶液中硼酸含量的测定,需选用碳酸钡将有色的铬酸离子沉淀分离。

三、主要试剂及仪器

1. 碳酸钡(A.R级)固体
2. 甘露醇(A.R级)固体
3. 甲基红指示剂($1g·L^{-1}$水溶液)
4. 酚酞指示剂($2g·L^{-1}$乙醇溶液)
5. 盐酸(1+4)
6. $0.1mol·L^{-1}$氢氧化钠标准溶液
7. 漏斗,漏斗架

四、实验步骤

用移液管准确移取5.00mL镀液置于250mL烧杯中,慢慢加入固体碳酸钡(过量),至生成淡黄色沉淀(如沉淀完全,溶液应无色),微热煮沸数分钟,过滤,用热水(70~80℃)洗涤沉淀8~10次,将滤液置于250mL锥形瓶中,加甲基红指示剂1滴,如溶液呈黄色,应加数滴盐酸(1+4)至溶液呈红色,加热至沸1~2min,冷却,加甘露醇2g,摇匀,加酚酞指示剂2~3滴,用$0.1mol·L^{-1}$氢氧化钠标准溶液滴定至溶液呈红色,再加少量甘露醇,继续滴定至溶液的红色不消失即为终点。平行滴定三份,计算镀液中硼酸的含量($g·L^{-1}$)。

思 考 题

1. 为什么要多次加入甘露醇直至加入甘露醇后溶液红色不再消失为止？
2. 用 NaOH 滴定 HAc 和滴定 HAc + H_3BO_3 的混合溶液中的 HAc，所消耗的体积是否相同？为什么？

实验 19　缓冲溶液的配制及 pH 值的测定

一、实验目的

1. 了解和学会缓冲溶液的配制方法。
2. 学会使用酸度计测定溶液的 pH 值。

二、实验原理

缓冲溶液一般是由浓度较大的弱酸及其共轭碱所组成，如 HAc-Ac$^-$，NH_4^+-NH_3 等，这类缓冲溶液除了具有抗外加强酸强碱的作用外，还有抗稀释的作用。缓冲溶液的 pH 值可采用如下近似公式计算。

对于 HB-B$^-$ 组成的缓冲溶液：

$$pH = pK_a + \lg \frac{[B^-]}{[HB]}$$

对于 B-BH$^+$ 组成的缓冲溶液：

$$pH = 14.00 - pK_b + \lg \frac{[B]}{[BH^+]}$$

测定溶液的 pH 值常用的酸度计构造及原理参见本教材有关部分。

指示电极(玻璃电极)与参比电极(饱和甘汞电极)插入被测溶液组成原电池：

Ag/AgCl,HCl(0.1mol·L^{-1})/H$^+$ (x mol·L^{-1})//
　　玻璃电极　　　　　　　被测液

$$KCl(饱和), Hg_2Cl_2/Hg$$
盐桥　　　甘汞电极

在一定条件下,测得电池的电动势 E 是 pH 的直线函数:
$$E = K' + 0.059 \text{pH}(25℃)$$

由测得的电动势 E 就能计算出被测溶液的 pH 值。但因上式中的 K' 值是由内外参比电极电位及难于计算的不对称电位和液接电位所决定的常数,实际上不易求得,因此在实际工作中,用酸度计测定溶液的 pH 值(直接用 pH 刻度)时,首先必须用已知 pH 值的标准缓冲溶液来校正酸度计(也叫"定位")。常用的标准缓冲溶液① 有:酒石酸氢钾饱和溶液(pH = 3.56,25℃),0.05 mol·L^{-1} 邻苯二甲酸氢钾(pH = 4.00,20℃,下同),0.025 mol·L^{-1} 等物质的量浓度的 KH_2PO_4-Na_2HPO_4(pH = 6.88)及 0.01 mol·L^{-1} 硼砂溶液(pH = 9.23)。校正时应选用与被测溶液的 pH 值接近的标准缓冲溶液,以减少在测量过程中可能由于液接电位、不对称电位及温度等变化而引起的误差。一支电极应该用两种不同 pH 值的缓冲溶液校正。

三、主要仪器和试剂

1. pHS-3C 型酸度计 1 台
2. 复合电极 1 支
3. 标准缓冲溶液的配制②
(1) pH = 4.003 邻苯二甲酸氢钾
(2) pH = 6.864 混合磷酸盐
(3) pH = 9.182 硼砂

---

① 1980 年 6 月,IUPAC 所属的两家专业委员会召集了一次 pH 专家会议,通过了"采用单一初级标准以代替 IUPAC 的多初级标准"和"单一初级标准采用 0.05 mol 邻苯二甲酸氢钾/千克水溶液"。

② 标准缓冲溶液在不同温度下,它的 pH 值有所不同。

4. 冰醋酸

5. 醋酸钠($1mol \cdot L^{-1}$)

6. 六次甲基四胺($2mol \cdot L^{-1}$)

7. 浓盐酸($1+1$)

8. 氯化铵($1mol \cdot L^{-1}$)

9. 浓氨水

四、实验步骤

1. 各缓冲溶液的配制(总体积约为50mL)。

缓冲溶液及pH值	各组分	毫升数	酸度计测量值
NaAc-HAc, 4.0	36%HAc		
	$1mol \cdot L^{-1}$ NaAc	40	
$(CH_2)_6N_4$-HCl, 5.0	$2mol \cdot L^{-1}$ $(CH_3)_6N_4$		
	$(1+1)$HCl	10	
NH_3水-NH_4Cl, 10.0	$1mol \cdot L^{-1}$ NH_4Cl	40	
	浓NH_3水		

2. 酸度计测量溶液的pH值。

(1)电极安装:在酸度计上把复合电极插入电极插口内,使用时把复合电极下面的电极保护套拔去,测量完毕时,再套上保护套。

(2)插上电源,打开开关,预热0.5h左右。

(3)将选择档转到pH处。

(4)定位:调节温度补偿旋钮使其和被测溶液温度相同。将斜率旋钮顺时针旋转到底,将标准缓冲溶液倒入烧杯中,插入电极,调节定位旋钮直至显示屏上所示读数与标准缓冲溶液的pH值一致。

(5)调节斜率:将标准缓冲溶液倒入小烧杯中,插入电极,调节斜率旋钮直至显示屏上所示读数与标准缓冲溶液的 pH 值一致。

(6)斜率和定位调好后,便可进行未知溶液 pH 值的测量。

(7)测量配制缓冲溶液的 pH 值:将复合电极用蒸馏水吹洗,用滤纸片将电极吸干后,再把电极插入待测缓冲溶液中,显示屏上的数值即为该缓冲溶液的 pH 值。测量完毕后,将电极吹洗干净后,用滤纸吸干,将盛满饱和 KCl 溶液的电极保护套套上,取下电极放回电极盒内,关上电源。

思 考 题

1. 复合电极有哪些优缺点?使用前后应如何处理?为什么?
2. 酸度计测量未知溶液 pH 值前,为什么要用标准缓冲溶液定位?
3. 酸度计测量缓冲溶液 pH 值的原理是什么?
4. 试对本实验中配制的缓冲溶液 pH 值进行理论计算,并与实验测量值对比。

实验 20　水杨酸钠含量的测定

一、实验目的

1. 掌握非水溶液酸碱滴定的原理及操作。
2. 掌握有机酸碱金属盐的非水滴定方法。
3. 掌握结晶紫指示剂的滴定终点的判断方法。

二、实验原理

水杨酸钠是一种抗风湿病药物,为有机酸的碱金属盐,它虽溶于水,但因碱性太弱,不能在水中用强酸滴定。选择适当的溶剂如冰醋酸则可大大提高水杨酸根的碱性,可以 $HClO_4$ 为标准溶液进行滴定,其滴定反应为:

$$HClO_4 + HAc \rightleftharpoons H_2Ac^+ + ClO_4^-$$
$$C_7H_5O_3Na + HAc \rightleftharpoons C_7H_5O_3H + Ac^- + Na^+$$
$$H_2Ac^+ + Ac^- \rightleftharpoons 2HAc$$

总反应式为：
$$HClO_4 + C_7H_5O_3Na \rightleftharpoons C_7H_5O_3H + ClO_4^- + Na^+$$

本实验选用醋酐-冰醋酸(1+4)混合溶剂,以增强水杨酸盐的碱度,以结晶紫为指示剂,用标准高氯酸-冰醋酸溶液滴定。

三、主要试剂

1. $HClO_4$-HAc($0.1mol·L^{-1}$):在 700~800mL 的冰醋酸中缓缓加入 72%(质量比)的高氯酸 8.5mL,摇匀,在室温下缓缓滴加乙酸酐① 24mL,边加边摇,加完后再振摇均匀,冷却,加适量的无水冰醋酸,稀释至 1L,摇匀,放置 24h(使乙酸酐与溶液中水充分反应)。

2. 结晶紫指示剂:0.2g 结晶紫溶于 100mL 冰醋酸溶液中。

3. 冰醋酸(A.R 级)

4. 邻苯二甲酸氢钾②

5. 乙酸酐(A.R 级)

---

① 乙酸酐$(CH_3CO)_2O$ 是由 2 个醋酸分子脱去 1 分子 H_2O 而成,它与 $HClO_4$ 作用发生剧烈反应,反应式为:$5(CH_3CO)_2O + 2HClO_4 + 5H_2O \rightleftharpoons 10CH_3COOH + 2HClO_4$,同时放出大量的热,过热易引起 $HClO_4$ 爆炸,因此配制时不可使高氯酸与乙酸酐直接混合,只能将 $HClO_4$ 缓缓滴入到冰醋酸中,再滴加乙酸酐。

② 邻苯二甲酸氢钾常能作为标定 $HClO_4$-HAc 的标准溶液的基准物,反应如下:$KHC_8H_4O_4 + HAc + HClO_4 \longrightarrow H_2C_8H_4O_4 + KClO_4 + HAc$,反应产物 $KClO_4$ 在非水介质中溶解度较小,随着 $HClO_4$-HAc 不断滴入,慢慢有白色浑浊物产生,这不影响滴定结果。

四、实验步骤

1. $HClO_4$-HAc 滴定剂的标定。

准确称取 $KHC_8H_4O_4$ 0.15～0.2g 于干燥锥形瓶中,加入冰醋酸 20～25mL 使其溶解,加结晶紫指示剂 1 滴,用 $HClO_4$-HAc (0.1mol·L^{-1})缓缓滴定至溶液呈稳定蓝色,即为终点,平行测定三份。取相同量的冰醋酸进行空白试验校正。根据 $KHC_8H_4O_4$ 的质量和所消耗的 $HClO_4$-HAc 的体积,计算 $HClO_4$ 溶液浓度。

2. 水杨酸钠的含量测定。

准确称取水杨酸钠试样约 0.13g 于 50mL 干燥的锥形瓶中,加醋酐-冰醋酸(1+4)10mL 使之完全溶解,加结晶紫指示剂 1 滴,用 0.1mol·L^{-1} $HClO_4$-HAc 标准溶液滴至溶液呈蓝绿色。平行测定三份,并将结果用空白试验校正。根据所消耗 $HClO_4$-HAc 的体积(mL),计算试样中水杨酸钠的质量分数。

思 考 题

1. 什么叫非水滴定?
2. $HClO_4$-HAc 滴定剂中为什么加入醋酸酐?写出有关反应式。
3. 邻苯二甲酸氢钾常用于标定 NaOH 水溶液的浓度,为何在本实验中为 $HClO_4$-HAc 酸性滴定剂?

实验 21 自来水总硬度的测定

一、实验目的

1. 掌握测定自来水总硬度的原理及方法。
2. 了解铬黑 T(EBT)指示剂的变色原理及条件。
3. 了解 NH_3-NH_4Cl 缓冲溶液在络合滴定中的作用。

二、实验原理

测定自来水的硬度,一般采用络合滴定法,用 EDTA 标准溶液滴定水中的 Ca^{2+}、Mg^{2+} 总量,然后换算为相应的硬度单位。

用 EDTA 滴定 Ca^{2+}、Mg^{2+} 总量时,一般是在 pH = 10 的氨性缓冲溶液中进行,用 EBT 作指示剂。化学计量点前,Ca^{2+}、Mg^{2+} 和 EBT 生成紫红色络合物,当用 EDTA 溶液滴定至化学计量点时,游离出指示剂,溶液呈现纯蓝色。

由于 EBT 与 Mg^{2+} 显色灵敏度高,与 Ca^{2+} 显色灵敏度低,所以当水样中 Mg^{2+} 含量较低时,用 EBT 作指示剂往往得不到敏锐的终点。这时可在 EDTA 标准溶液中加入适量 Mg^{2+}(标定前加入 Mg^{2+} 对终点没有影响),或者在缓冲溶液中加入一定量 Mg-EDTA盐,利用置换滴定法的原理来提高终点变色的敏锐性,也可采用酸性铬蓝 K-萘酚绿 B 混合指示剂,此时终点颜色由紫红色变为蓝绿色。

滴定时,Fe^{3+}、Al^{3+} 等干扰离子,用三乙醇胺掩蔽;Cu^{2+}、Pb^{2+}、Zn^{2+} 等重金属离子则可用 KCN、Na_2S 或巯基乙酸等掩蔽。

本实验以 $CaCO_3$ 的质量浓度($mg \cdot L^{-1}$)表示水的硬度。我国生活饮用水规定,总硬度以 $CaCO_3$ 计,不得超过 $450 mg \cdot L^{-1}$。

三、主要试剂

1. EDTA 标准溶液($0.01 mol \cdot L^{-1}$):称取 2g 乙二胺四乙酸二钠盐($Na_2H_2Y \cdot 2H_2O$)于 250mL 烧杯中,用水溶解后稀释至 500mL。如溶液需保存,最好将溶液储存在聚乙烯塑料瓶中。

2. 氨性缓冲溶液(pH≈10):称取 20g NH_4Cl 固体溶解于水中,加 100mL 浓氨水,用水稀释至 1L。

3. 铬黑 T(EBT)溶液($5g \cdot L^{-1}$):称取 0.5g 铬黑 T,加入 25mL 三乙醇胺、75mL 乙醇及少量盐酸羟胺。

4. 二甲酚橙(XO)($2g \cdot L^{-1}$)

5. 六次甲基四胺(200g·L^{-1})

6. Na$_2$S 溶液(20g·L^{-1})

7. 三乙醇胺溶液(1+4)

8. HCl 溶液(6mol·L^{-1})

9. 氨水(1+2)

10. 甲基红:1g·L^{-1},60%的乙醇溶液。

11. CaCO$_3$ 基准试剂:120℃干燥2h。

12. 金属锌(99.99%):取适量锌片或锌粒置于小烧杯中,用0.1mol·L^{-1} HCl 清洗 1min,以除去表面的氧化物,再用自来水和蒸馏水洗净,将水沥干,放入干燥箱中100℃烘干(不要过分烘烤),冷却。

四、实验步骤

1. EDTA 的标定。

标定 EDTA 溶液的基准物质较多,常用纯 CaCO$_3$,也可用纯金属锌(含锌99.99%)标定,其方法如下:

(1)金属锌为基准物质:准确称取 0.15~0.2g 金属锌置于100mL 烧杯中,加入 6mol·L^{-1} HCl 5mL,立即盖上表面皿,待完全溶解后,用水吹洗表面皿及烧杯壁,将溶液转入 250mL 容量瓶中,用水稀释至刻度,摇匀。

①以 EBT 为指示剂标定 EDTA。

用移液管平行移取 25.00mL Zn^{2+} 的标准溶液三份分别于250mL 锥形瓶中,加甲基红指示剂1滴,滴加(1+2)的氨水至溶液呈现微黄色,再加蒸馏水 25mL,氨性缓冲溶液(pH≈10)10mL,摇匀,加 EBT 指示剂 2~3 滴,摇匀,用 EDTA 溶液滴定至溶液由紫红色变为纯蓝色即为终点。计算 EDTA 溶液的准确浓度。

②以 XO 为指示剂标定 EDTA。

用移液管取 25.00mLZn^{2+} 标准溶液于250mL 锥形瓶中,加入 1~2 滴二甲酚橙指示剂,滴加 20%六次甲基四胺溶液至溶液呈现稳定的紫红色后,再过量加入 5mL,用 EDTA 溶液滴定至溶液由紫红色变为亮黄色,即为终点。根据滴定时用去的 EDTA 体积和金属锌的质量,计算 EDTA 溶液的准确浓度。

(2)$CaCO_3$ 为基准物质:准确称取 $0.2\sim0.25g$ $CaCO_3$ 于 250mL 烧杯中,先用少量水润湿,盖上表面皿,滴加 $6mol·L^{-1}$ HCl 10mL,加热溶解。溶解后用少量水洗表面皿及烧杯壁,冷却后,将溶液定量转移至 250mL 容量瓶中,用水稀释至刻度,摇匀。

用移液管平行移取 Ca^{2+} 标准溶液三份分别于 250mL 锥形瓶中,加 1 滴甲基红指示剂,用(1+2)氨水溶液调至溶液由红色变为淡黄色,加 20mL 水及 5mL Mg^{2+}-EDTA 溶液,再加入 pH≈10 的氨性缓冲溶液 10mL,铬黑 T 指示剂 2~3 滴,摇匀,用 EDTA 溶液滴定至溶液由红色变为纯蓝色即为终点,计算 EDTA 溶液的准确浓度。

2.自来水样的分析。

打开水龙头,先放水数分钟,用已洗干净的试剂瓶承接水样 500~1000mL,盖好瓶塞备用。

移取适量的水样(一般取 50~100mL,视水的硬度而定),加入三乙醇胺 3mL,氨性缓冲溶液 5mL,EBT 指示剂 2~3 滴,立即用 EDTA 标准溶液滴定至溶液由紫红色变为纯蓝色即为终点。平行滴定三份,计算水的总硬度,以 $CaCO_3(mg·L^{-1})$ 表示。

注意

1.自来水样较纯、杂质少,可省去水样酸化,煮沸,加 Na_2S 掩蔽剂等步骤。

2.如果 EBT 指示剂在水样中变色缓慢,则可能是由于 Mg^{2+} 含量低,这时应在滴定前加入少量 Mg^{2+}-EDTA 溶液,开始滴定时滴定速度宜稍快,接近终点滴定速度宜慢,每加 1 滴 EDTA 溶液后,都要充分摇匀。

思 考 题

1.水样能否用容量瓶量取?为什么?

2. 本实验标定 EDTA 溶液时是用 EBT 指示剂还是用二甲酚橙指示剂比较合适？为什么？

3. 在 pH 为 10 并以 EBT 为指示剂时，为什么滴定的是 Ca^{2+}、Mg^{2+} 的总量？试从理论上解释。

4. 配制 Mg-EDTA 溶液时，两者的物质的量可否不相等？为什么？

实验 22　水样中 SO_4^{2-} 的分析

一、实验目的

学会运用络合滴定法，快速分析水样中 SO_4^{2-} 的含量。

二、实验原理

运用络合滴定法分析 SO_4^{2-} 的含量，一般采用返滴定法。将含 SO_4^{2-} 的溶液，加入一定量的 $BaCl_2$ 溶液，使 SO_4^{2-} 生成 $BaSO_4$ 沉淀，过量的 Ba^{2+} 在氨性缓冲溶液（pH≈10）中，用铬黑 T（EBT）作指示剂，以 EDTA 标准溶液进行返滴定，计算 SO_4^{2-} 的含量。

Ba^{2+} 与指示剂 EBT（In）显色灵敏度低（$\lg K_{BaIn} = 3.0$），而 Mg^{2+} 与 EBT 显色灵敏度高（$\lg K_{MgIn} = 7.0$），可定量加入 Mg^{2+}-Ba^{2+} 溶液，MgIn 颜色明显变化，得到敏锐的终点。

水样中 Ca^{2+}、Mg^{2+}、Cu^{2+}、Pb^{2+}、Al^{3+}、Fe^{3+} 等离子会产生干扰，Ca^{2+}、Mg^{2+} 含量可平行另取一份水样进行校正，用 Na_2S、KCN 掩蔽 Cu^{2+}、Pb^{2+}，三乙醇胺掩蔽 Fe^{3+}、Al^{3+}。

水样中 SO_4^{2-} 含量小于 $5mg \cdot L^{-1}$ 时，滴定误差较大；然而 SO_4^{2-} 含量大于 $70mg \cdot L^{-1}$ 时，由于生成 $BaSO_4$ 沉淀会影响终点的观察，此时可将 $BaSO_4$ 沉淀滤去，也可将沉淀与溶液一起转入容量瓶中，定量稀释后放置，待沉淀下沉后，移取上层清液进行滴定。

三、主要试剂

1. EDTA 溶液（$0.01 mol \cdot L^{-1}$）

2. Ba^{2+}-Mg^{2+}混合溶液：准确称取 0.4g $MgCl_2 \cdot 6H_2O$ 和 0.5g $BaCl_2$ 于小烧杯中，加水溶解后，转入 250mL 容量瓶，用水稀释至刻度，摇匀。

3. 氨性缓冲溶液(pH≈10)：见实验 21。

4. 三乙醇胺溶液(1+3)

5. Na_2S 溶液($20g \cdot L^{-1}$)

6. 铬黑 T(EBT,$5g \cdot L^{-1}$)：见实验 21。

7. 甲基红($1g \cdot L^{-1}$)：见实验 21。

8. HCl 溶液(1+1)

9. NH_3 水(1+2)

四、实验步骤

1. EDTA 溶液的标定(见实验 21)。

2. Ba^{2+}-Mg^{2+} 混合溶液浓度的测定。

用移液管平行移取 Ba^{2+}-Mg^{2+} 混合溶液 10.00mL 三份，分别置于 250mL 锥形瓶中，加水 40mL，加入氨性缓冲溶液(pH≈10) 10mL，三乙醇胺溶液 1mL，Na_2S 溶液 0.5mL，铬黑 T 2~3 滴，用 EDTA 标准溶液滴定至溶液由紫红色变为纯蓝色即为终点，计算 Ba^{2+}-Mg^{2+} 混合溶液的浓度。

3. 水样中 Ca^{2+}、Mg^{2+} 含量的测定。

移取水样 100mL 于 250mL 锥形瓶中，用 EDTA 滴定，测定水的硬度，消耗 EDTA 的毫升数为 V_3。

4. 水样中 SO_4^{2-} 含量的测定。

准确移取水样 100mL 于 250mL 锥形瓶中，用 HCl(1+1) 调至酸性，根据 SO_4^{2-} 含量，准确加入 Ba^{2+}-Mg^{2+} 混合溶液 10~25mL(V_1)，加热至沸，放置冷至室温，加甲基红指示剂 1 滴，滴加氨水(1+2)调至溶液由红色变为微红色，加三乙醇胺 2mL，氨性缓冲溶液 10mL，Na_2S 溶液 0.2mL，EBT 指示剂 3~4 滴，用EDTA 标准溶液滴定至溶液由紫红色变为纯蓝色，即为终点。记下用去的 EDTA 毫升数(V_2),计算 SO_4^{2-} 的含量($mg·L^{-1}$计)。

注意

1. 加 Ba^{2+}-Mg^{2+} 混合溶液后加热煮沸,能使反应充分完全,这一步骤不可省去。
2. 测水的硬度和 SO_4^{2-} 含量时,取水样体积要一致,应是同一个水样。

思 考 题

1. 测定可溶性 SO_4^{2-} 可用哪些方法?试比较它们的优缺点。
2. 为什么要对 Ba^{2+}-Mg^{2+} 混合溶液进行标定?
3. 试比较 Ba^{2+}、Mg^{2+}、Ca^{2+} 对 EBT 指示剂络合变色的敏锐性。

实验 23　光亮镀镍镀液中 Ni^{2+}、Co^{2+} 含量的测定

一、实验目的

1. 了解紫脲酸铵指示剂的变色原理及条件。
2. 掌握钴的络合掩蔽方法。

二、实验原理

镀镍溶液中 Ni^{2+}、Co^{2+} 都能与 EDTA 生成络合物,在强氨性介质中,以紫脲酸铵为指示剂,用 EDTA 滴定测出镍、钴含量。

在氨性溶液中,用过硫酸铵将 Co^{2+} 氧化为 Co^{3+},则 Co^{3+} 与 NH_3 生成稳定的 $[Co(NH_3)_6]^{3+}$ 络合物,使钴不能与 EDTA 络合;镍和钴不同,不发生上述反应,因此可用 EDTA 溶液直接测定镍的含量,而不受钴的干扰。滴定时用紫脲酸铵为指示剂,终点时溶液由棕黄色变为紫色。

三、主要试剂

1. EDTA 溶液（0.01mol·L^{-1}）：称取 10g EDTA 于 500mL 烧杯中，加水 300mL 使之溶解（必要时加热溶解），转入试剂瓶中，以水稀释至 500mL，摇匀。

2. 氨性缓冲溶液（pH≈10）

3. 过硫酸铵（固体）

4. 紫脲酸铵指示剂：称取 0.2g 紫脲酸铵与 100g NaCl 研磨混合均匀，装入棕色瓶中。

5. HCl 溶液（6mol·L^{-1}）

6. 锌标准溶液（0.01mol·L^{-1}）：称取纯锌 0.1635g 于 100mL 烧杯中，加 6mol·L^{-1} HCl 5mL，立即盖上表面皿，待溶解完全后，冲洗表面皿及杯壁，定量转入 250mL 容量瓶中，用水稀释至刻度，摇匀。

四、实验步骤

1. EDTA 溶液（0.01mol·L^{-1}）的标定（方法同实验 21）。

2. 光亮镀镍电镀液的分析。

用移液管吸取镀液 5.0mL 于 250mL 容量瓶中，加水稀释至刻度，摇匀。

移取上述试液 20.00mL 于 250mL 锥形瓶中，加水至 100mL，加 NH$_3$-NH$_4$Cl 缓冲溶液 10mL，紫脲酸铵 0.1g，用 0.01mol·L^{-1} EDTA 标准溶液滴定至溶液由黄色变为紫色即为终点（V_1），计算 Ni、Co 含量。

另取上述试液 20.00mL 于 250mL 锥形瓶中，加水至 100mL，加氨水 10mL，过硫酸铵 1g，煮沸至颜色不再改变。冷却，加 NH$_3$-NH$_4$Cl 缓冲溶液 10mL，紫脲酸铵 0.1g，用 0.01mol·L^{-1} EDTA 标准溶液滴定至溶液由棕色变为紫红色即为终点（V_2），计算镍的含量（g·L^{-1}）。

用差减法计算出 Co 的含量$(g \cdot L^{-1})$。

注意

1. 此方法对含大量钴的镍钴镀液不适用。
2. 此方法对含镁的镍镀液不适用。
3. 其它杂质,如 Cu^{2+}、Zn^{2+}、Fe^{3+}、Mg^{2+} 对测定有干扰,但在此镀液中含量极低。

思 考 题

1. 试分析 Co^{3+} 生成 $[Co(NH_3)_6]^{3+}$ 络合物的条件。
2. 为什么在测定镀液 Ni^{2+} 含量时要加入过硫酸铵?

实验 24　Bi^{3+}、Fe^{3+} 混合液中 Bi^{3+}、Fe^{3+} 浓度的连续测定

一、实验目的

1. 掌握氧化还原掩蔽法的使用条件。
2. 掌握 $\lg K_稳$ 相近条件下,各金属离子连续络合测定的方法。

二、实验原理

Bi^{3+}、Fe^{3+} 均能与 EDTA 形成稳定的 1:1 络合物。$\lg K_稳$ 值分别为 27.94,25.1。根据混合离子分步滴定的条件,当 $c_{M_1} = c_{M_2}$,E_t 为 $\pm 0.1\%$,ΔpM 为 ± 0.2 时,需 $\Delta \lg K_稳 \geqslant 6$ 才可分别滴定,故本体系不能分别滴定。

在强酸性(pH=1)条件下,加入还原剂盐酸羟胺或抗坏血酸将 Fe^{3+} 还原为 Fe^{2+},而 Fe^{2+} 与 EDTA 络合物的 $\lg K$ 值为 14.33,与 Bi^{3+}-EDTA 的 $\lg K$ 相差很大,消除了 Fe^{3+} 的干扰,在 pH≈1 时

滴定 Bi^{3+}。

在 pH≈1 时,以二甲酚橙(XO)为指示剂,Bi^{3+} 与 XO 形成紫红色络合物,Fe^{2+} 不与指示剂显色。在滴定 Bi^{3+} 后,加过量 EDTA,调至 pH≈3~4,使 EDTA 与 Fe^{2+} 络合完全,多余 EDTA 用 Zn^{2+} 标准溶液返滴定。

三、主要试剂

1. EDTA 溶液($0.01mol·L^{-1}$)
2. Zn 标准溶液($0.01mol·L^{-1}$)
3. 二甲酚橙($XO,2g·L^{-1}$)
4. 抗坏血酸(Vc)固体
5. 氨水(1+1)
6. 盐酸溶液(1+1)
7. 六次甲基四胺($200g·L^{-1}$):用(1+1)HCl 调至 pH≈5.5。
8. Bi^{3+}-Fe^{3+} 混合溶液:称取 $Bi(NO_3)_3·5H_2O$ 4.85g 即 0.01mol,$Fe(NO_3)_3·9H_2O$ 4.04g 即 0.01mol 于烧杯中,加入 32mL HNO_3,加热溶解,用水稀释至 1L。

四、实验步骤

取上述 Bi^{3+}-Fe^{3+} 混合溶液 25.00mL 于 250mL 锥形瓶中,加抗坏血酸 1g,再加 25mL 水,使抗坏血酸溶解,加二甲酚橙指示剂 2~3 滴,用 $0.01mol·L^{-1}$ EDTA 标准溶液滴定至溶液由紫红色变为黄色即为终点。根据消耗 EDTA 溶液的体积计算 Bi^{3+} 的含量($g·L^{-1}$)。

在滴定 Bi^{3+} 后,准确加入 30mL 上述 EDTA 标准溶液,用(1+1)氨水调至溶液呈微红色,加(1+1)HCl 调至溶液为黄色,加六次甲基四胺溶液 20mL,加热至微沸,冷却后用 $0.01mol·L^{-1}$ Zn^{2+} 标准溶液滴定至溶液由黄色变为紫红色即为终点。根据加入 EDTA 标准溶液的量和返滴定消耗 Zn^{2+} 标准溶液的量,求出

Fe^{3+} 的含量($g \cdot L^{-1}$)。

思 考 题

1. 在用 EDTA 滴定 Ca^{2+}、Mg^{2+} 时,用三乙醇胺、KCN 可掩蔽 Fe^{3+},而抗坏血酸则不能掩蔽。而在滴定 Bi^{3+} 时则相反,即抗坏血酸可掩蔽 Fe^{3+},而三乙醇胺、KCN 不能掩蔽,为什么?

2. Bi^{3+}、Fe^{3+} 混合溶液的连续络合测定中怎样控制溶液的酸度?

实验25 锌基合金中铜、锌的测定

一、实验目的

1. 掌握合金的溶样方法。
2. 学会使用掩蔽剂,提高络合测定方法的选择性。

二、实验原理

试样用 $HCl-HNO_3$ 溶解,控制 pH≈5~6(用六次甲基四胺为缓冲剂),以 XO 作指示剂,用 EDTA 滴定。Zn^{2+}、Al^{3+} 对 XO 有封闭作用,且在此条件下也能与 EDTA 络合,因此需加入 F^-,使 Al^{3+} 生成稳定的 AlF_6^{3-} 而被掩蔽。Cu^{2+} 也可能同时被滴定,可用硫脲掩蔽。另取一份不加硫脲,可测得铜锌总量,由此计算铜的含量。

三、主要试剂

1. 盐酸溶液(1+1)
2. HNO_3 溶液(1+1)
3. 二甲酚橙(XO,$2g \cdot L^{-1}$)
4. EDTA($0.01 mol \cdot L^{-1}$):见实验21。
5. NH_4F(固体)

6. 硫脲溶液(饱和)
7. Zn^{2+} 标准溶液：见实验 21。
8. 六次甲基四胺溶液($200g·L^{-1}$)

四、实验步骤

1. EDTA 的标定。
2. 锌基合金中铜、锌的测定。

准确称取试样 0.25g 置于 250mL 烧杯中，加入 (1+1)HCl 5mL 和 (1+1)HNO_3 3mL，温热溶解，煮沸以除去氮的氧化物，然后将溶液冷却，转入 250mL 容量瓶中，用水稀释至刻度，摇匀。

平行移取上述试液 25.00mL 三份，分别置于 250mL 锥形瓶中，加入饱和硫脲 5mL，NH_4F 1g，水 20mL，滴加 0.2% 二甲酚橙指示剂 2~3 滴，用 20% 六次甲基四胺溶液中和至溶液呈现紫红色，并过量 3mL，用 $0.01mol·L^{-1}$ EDTA 标准溶液滴定至溶液由紫红色变为亮黄色即为终点。根据消耗 EDTA 标准溶液的体积 V_1，计算锌的含量($g·L^{-1}$)。

另平行移取试液 25.00mL 三份分别置于 250mL 锥形瓶中，加 NH_4F 1g，水 20mL，二甲酚橙指示剂 2~3 滴，用六次甲基四胺溶液调至溶液呈现稳定的紫红色，并过量 3mL，用 $0.01mol·L^{-1}$ EDTA 标准溶液滴定至溶液由紫红色变为亮黄色即为终点。消耗 EDTA 标准溶液的体积为 V_2，计算出锌、铜的总量。

用差减法求出铜的含量。

注意

1. 本方法适用于 Zn、Cu、Al(Mg) 合金的测定。
2. Cu 含量较低时，(V_2-V_1) 的数值很小，测得结果仅供参考，但 Zn 的含量是可靠的。

思 考 题

1. 如果锌合金中杂质是 Mg，而不含 Al，测定 Cu、Zn 时，Mg 会不会产生干扰？为什么？

2. 可以用哪些掩蔽剂掩蔽 Al^{3+}？

实验 26　复方氢氧化铝药片中铝、镁含量的测定

一、实验目的

1. 掌握返滴定的原理及方法。
2. 学会采样及试样前处理方法。

二、实验原理

复方氢氧化铝药片是一种胃药，其主要成分为氢氧化铝、三硅酸镁及少量中药颠茄流浸膏，为了使药片成形，还加入了大量的糊精。用 EDTA 滴定法可测定药片中 Al^{3+}、Mg^{2+} 的含量。为此先用(1+1)HNO_3 溶液溶解药片，分离除去不溶物，再取试液加入过量 EDTA 溶液，调节 pH≈4，加热煮沸，使 EDTA 与 Al^{3+} 络合，再以二甲酚橙(XO)为指示剂，用 Zn^{2+} 标准溶液返滴过量的 EDTA，测出 Al^{3+} 的含量。

另取试液，调节 pH，将 Al^{3+} 沉淀分离后，于 pH≈10 条件下，以 EBT 为指示剂，用 EDTA 标准溶液滴定滤液中的镁。

三、主要试剂

1. EDTA 溶液(0.01mol·L^{-1})：配制及标定见实验 21。
2. Zn^{2+} 标准溶液(0.01mol·L^{-1})：见实验 21。
3. 六次甲基四胺溶液(200g·L^{-1}水溶液)
4. 氨水(1+1)
5. HNO_3 溶液(1+1)

6. 三乙醇胺溶液(1+3)

7. NH_3-NH_4Cl 缓冲溶液:pH≈10,配制方法见实验 21。

8. 二甲酚橙指示剂(XO):$2g·L^{-1}$。

9. 甲基红指示剂:$2g·L^{-1}$乙醇溶液。

10. 铬黑 T(EBT):配制方法见实验 21。

11. NH_4Cl 固体(A.R)

四、实验步骤

1. 药片处理。

准确称取复方氢氧化铝药片 10 片于研钵中,研细后混合均匀。准确称取药粉 0.7g 左右于 250mL 烧杯中,不断搅拌条件下加入(1+1)HNO_3 溶液 20mL,水 25mL,加热煮沸 5min,冷却静置,定量转入 250mL 容量瓶中,用水稀释至刻度,摇匀。

2. $Al(OH)_3$ 含量的测定。

准确移取上述试液 5.00mL,加入甲基红 1 滴,滴加(1+1)NH_3 水至试液由红变黄,加水 25mL,用 $6mol·L^{-1}$ HCl 中和至试液恰变红色,准确加入 $0.01mol·L^{-1}$ EDTA 标准溶液 25.00mL,煮沸 5min 左右冷却,再加入 20% 六次甲基四胺溶液 10mL,加入 XO 指示剂 2～3 滴,此时溶液应呈黄色,如不呈黄色,可用 $6mol·L^{-1}$ HCl 调节。以 $0.01mol·L^{-1}$ 锌标准溶液滴定至溶液由黄色变为紫红色即为终点。根据加入 EDTA 的量和锌标准溶液滴定的体积,计算出每片药片中 $Al(OH)_3$ 的含量(g/片)。

3. 镁的测定。

准确移取上述试液 25.00mL 于 250mL 锥形瓶中,加入甲基红指示剂 1 滴,滴加(1+1)NH_3 水至试液由红色变为黄色,再滴加 $6mol·L^{-1}$ HCl 至试液由黄色恰好变为红色。加入固体 NH_4Cl 2g,滴加 20% 六次甲基四胺溶液,至沉淀出现并过量 15mL,加热约 80℃,保持 10～15min,冷却后,过滤,以少量蒸馏水洗涤沉淀数次。收集滤液及洗涤液于 250mL 锥形瓶中,加入三乙醇胺 10mL,

NH_3-NH_4Cl 缓冲溶液 10mL 及甲基红指示剂 1 滴，EBT 指示剂 3～5 滴，用 EDTA 溶液滴定至试液由紫红色转变为蓝绿色即为终点。计算药片中 MgO 的含量(g/片)。

注意

1. 为使测定结果有代表性，应取较多药片，研磨后分取(10 片药片可供 8 个同学使用)。

2. 在六次甲基四胺介质中，将其加热时，往往由于六次甲基四胺部分水解，而使溶液 pH 升高，使 XO 显红色，这时应补加 HCl 使溶液变为黄色，再进行滴定。

思 考 题

1. 为什么一般不采用 EDTA 标准溶液直接测定铝的含量？

2. 能否采用掩蔽法将 Al^{3+} 掩蔽后再测定 Mg^{2+}？如果可以，可采用哪几种掩蔽剂？条件如何控制？

实验 27　低熔点合金中铋、铅、锡含量的测定

一、实验目的

1. 学习控制酸度，用 EDTA 连续测定金属离子的原理及方法。

2. 掌握置换滴定的原理及方法。

二、实验原理

铅、铋合金中各组分的测定主要采用络合滴定法，试样的分解是根据合金的组成及离子的性质而选择的。铅可溶于 HCl 和 HNO_3 中，铋可溶于 HNO_3 而不溶于 HCl 中，锡可溶于 HCl，而生成的 Sn^{2+} 在 HNO_3 中易生成偏锡酸 $H_2SnO_2\downarrow$（白色）。但在过量

的 KCl 溶液中，其反应为：

$$Pb + 2HCl \xrightarrow{\triangle} Pb^{2+} + H_2\uparrow + 2Cl^-$$

$$Pb + 4HNO_3 = Pb(NO_3)_2 + 2NO_2\uparrow + 2H_2O$$

$$Sn + 2HCl = Sn^{2+} + 2Cl^- + H_2\uparrow$$

$$Sn^{2+} + 2H_2O \xrightarrow{HNO_3} H_2SnO_2\downarrow(白色) + 2H^+$$

$$Sn^{2+} + 4KCl = K_2SnCl_4 + 2K^+$$

$$Bi + 6HNO_3 = Bi(NO_3)_3 + 3NO_2\uparrow + 3H_2O$$

用 EDTA 络合滴定法测定合金中 Pb、Bi 含量时用稀 HNO_3 溶解试样，这时 Sn 生成 H_2SnO_2 沉淀，过滤，弃去沉淀，滤液进行 Pb^{2+}、Bi^{3+} 的连续测定。

测定合金中锡含量时，在过量 KCl 存在的条件下，用 HCl-HNO_3 混合酸溶样，使锡以 $SnCl_4^{2-}$ 络离子状态留于溶液中，然后用 EDTA 置换滴定法测定锡的含量。

三、主要试剂

1. 纯金属锌（含量为 99.99 以上）

（1）Zn^{2+} 标准溶液（$0.1\text{mol}\cdot L^{-1}$）：准确称取 1.6345g 金属锌于 100mL 烧杯中，加入 $6\text{mol}\cdot L^{-1}$ HCl 10mL，盖上表面皿，待反应完全后，用少量水吹洗表面皿及杯壁，然后转入 250mL 容量瓶中，用水稀释至刻度，摇匀。

（2）Zn^{2+} 标准溶液（$0.01\text{mol}\cdot L^{-1}$）：见实验 21。

2. EDTA 钠盐

（1）EDTA（$0.1\text{mol}\cdot L^{-1}$）：称取 9.5g EDTA 于 250mL 烧杯中，加水 200mL，加热溶解，用水稀释至 250mL，摇匀（不标定）。

（2）EDTA（$0.01\text{mol}\cdot L^{-1}$）：配制与标定方法同实验 21。

3. HCl 溶液（浓，$6\text{mol}\cdot L^{-1}$）

4. HNO_3 溶液(浓):(1+2),$0.1mol·L^{-1}$。

5. KCl(固体)

6. 六次甲基四胺溶液(20%)

7. NaF 或 NH_4F(固体)

8. 二甲酚橙指示剂(XO,$2g·L^{-1}$)

9. 百里酚蓝指示剂($1g·L^{-1}$乙醇溶液)

四、实验步骤①

1. 合金中 Bi、Pb 的连续测定。

对含 Pb(约 40%)、Bi(约 50%)的合金②,准确称取 1.2g 于 250mL 烧杯中,加入(1+2)HNO_3 20mL,盖上表面皿,微沸溶解。用水吹洗表面皿及杯壁。然后,加入 60mL 热水,盖上表面皿,煮沸 5~10min。在调温电炉上(60~80℃)保温 0.5h,然后用定量滤纸过滤(在漏斗内加入适量滤纸浆)于 250mL 容量瓶中。用 $0.1mol·L^{-1}$ HNO_3 洗涤 6 次后,用 $0.1 mol·L^{-1}$ HNO_3 稀释至刻度,摇匀,作为试液。

平行移取上述试液 25.00mL 分别置于 250mL 锥形瓶中,加入 3 滴二甲酚橙指示剂,然后,用 $0.01mol·L^{-1}$ EDTA 标准溶液滴定至溶液由紫红色变为亮黄色,即为 Bi 的终点。记下消耗的 EDTA 标准溶液的毫升数 V_1,计算 Bi 的质量分数。

在滴定 Bi^{3+} 后的溶液中,滴加 20%六次甲基四胺溶液至溶液呈现稳定的紫红色后,再过量 5mL(此时溶液 pH≈5~6),用 $0.01mol·L^{-1}$ EDTA 标准溶液滴定至溶液由紫红色变为亮黄色,即为 Pb^{2+} 的终点。记下消耗的 EDTA 标准溶液的毫升数 V_2,计算铅的质量分数。

---

① 本体系合滴定的分析,从加指示剂开始,应一份一份地进行。
② 称取合金试样的质量,应根据试样中含 Bi、Pb 和 Sn 的量来决定。

2. 合金中锡含量的测定①。

对含 Sn 约 2% 的试样,平行准确称取 1g 试样三份分别置于 250mL 锥形瓶中,加入浓 HCl 15mL,浓 HNO_3 10mL,KCl 3g,微沸溶解(经常摇动),经 30min 溶解后,将溶液加热(微沸)浓缩至 5～6mL,加入 $0.1mol·L^{-1}$ EDTA 60mL,加水 50mL,煮沸 4～5min,这时应为清亮溶液。冷却,加入百里酚蓝指示剂 2 滴,用 20% 六次甲基四胺溶液调至红色恰好消失,再过量 25mL②,这时溶液应呈现黄色。

然后,加入二甲酚橙指示剂 3～5 滴,溶液仍呈黄色,用 $0.1mol·L^{-1}$ Zn^{2+} 溶液滴定至溶液由黄色变为红色,将过量的 EDTA 用 Zn^{2+} 溶液滴去,不计消耗 $0.1mol·L^{-1}$ Zn^{2+} 溶液的体积。然后,加入 $NaF(NH_4F)$ 2g,摇动约 1min。这时溶液将由红色变为亮黄色。用 $0.01mol·L^{-1}$ Zn^{2+} 标准溶液滴定至溶液由黄色变为红色,即为 Sn^{2+} 的终点。记下消耗的锌标准溶液体积 V_3,计算锡的质量分数。

思 考 题

1. 在络合滴定法测定混合金属离子时,用什么方法、原理论证它们分别滴定的可能性？本实验连续测定 Bi^{3+}、Pb^{2+} 采用什么方法？

2. 用 Zn^{2+} 标准溶液标定 EDTA 溶液时,采用哪二种指示剂？酸度如何控制？

3. 测锡时,第一次用锌溶液滴定 EDTA 溶液,为什么可以不计锌溶液的体积？

---

① 测 Sn 的方法只适用于 Sn 含量 W_{Sn}≤3% 的试样。当 W_{Sn}>3% 后,连续测定 W_{Bi} 时,生成的偏锡酸沉淀(H_2SnO_2↓)易吸附 Bi^{3+},使 Bi 与 H_2SnO_2 一起沉淀,导致 Bi 的测定结果偏低。

② 大致加入 25mL 六次甲基四胺溶液后,用 pH 试纸检查试液 pH 是否为 5～6,应尽量减少损失。

实验 28 钙制剂中钙含量的测定

一、实验目的

1. 了解钙制剂中钙含量的测定方法。
2. 掌握铬蓝黑 R(钙指示剂)的变色原理及使用条件。

二、实验原理

市场上有许多钙制剂,如药片(葡萄糖酸钙、钙立得、盖天力、巨能钙等),饮料(钙奶、牛奶),奶粉、豆奶粉,等等。这些钙制剂中的钙能与 EDTA 形成稳定的络合物,在 pH≈12 碱性溶液中以铬蓝黑 R 为指示剂,用 EDTA 标准溶液直接测定钙制剂中钙含量。化学计量点前,Ca^{2+} 与铬蓝黑 R 形成紫红色络合物,到达化学计量点时,EDTA 置换 Ca^{2+}-铬蓝黑 R 中的 Ca^{2+},释放出游离的铬蓝黑 R,而使溶液变为纯蓝色。滴定时,Al^{3+}、Fe^{3+} 等干扰离子可用三乙醇胺等掩蔽剂掩蔽。

三、主要试剂

1. EDTA($0.01\,mol\cdot L^{-1}$):配制方法见实验 21。
2. $CaCO_3$ 标准溶液($0.01\,mol\cdot L^{-1}$):准确称取基准 $CaCO_3$ 0.25g 于 50mL 小烧杯中,先以少量蒸馏水润湿,再逐滴小心加入 $6\,mol\cdot L^{-1}$ HCl 至 $CaCO_3$ 溶解,定量转入 250mL 容量瓶中,以水稀释至刻度,摇匀,并计算其浓度。
3. NaOH 溶液($200\,g\cdot L^{-1}$)
4. 铬蓝黑 R(钙试剂)指示剂($5\,g\cdot L^{-1}$):溶于乙醇或甲醇溶液。
5. HCl 溶液($6\,mol\cdot L^{-1}$)
6. 三乙醇胺溶液(1+4)

7. Mg^{2+}—EDTA 盐溶液

配制 $0.05 mol \cdot L^{-1}$ $MgCl_2$ 溶液：

称取 $MgCl_2 \cdot 6H_2O$ 1.02g 于 100mL 烧杯中，加入少量水溶解后转入 100mL 容量瓶，用水稀释至刻度，摇匀。

移取 25.00mL Mg^{2+} 溶液于 100mL 烧杯中，加 NH_3-NH_4Cl 缓冲液(pH=10)10mL，EBT 指示剂 3 滴，用 $0.05\ mol \cdot L^{-1}$ EDTA 滴定至试液由红色变为蓝紫色，此溶液为 Mg^{2+}—EDTA 溶液。

四、实验步骤

1. EDTA 浓度的标定。

平行移取 25.00mL $CaCO_3$ 标准溶液三份，分别置于 250mL 锥形瓶中，加入 2mL NaOH 溶液，5~6 滴铬蓝黑 R 指示剂，用 EDTA 溶液滴定至溶液由紫红色变为纯蓝色即为终点。根据滴定消耗 EDTA 的毫升数及 $CaCO_3$ 标准溶液的浓度，计算 EDTA 溶液的浓度。

2. 钙制剂中钙含量的测定。

①用铬蓝黑 R 溶液作指示剂。

准确称取钙制剂(钙立得 0.4g 或葡萄糖酸钙 0.5g 左右)，加少量水润湿，加 $6 mol \cdot L^{-1}$ HCl 溶液 6mL，加热溶解后，转入 100mL 容量瓶中，用水稀释至刻度，摇匀。

准确移取 25.00mL 上述试液于 250mL 锥形瓶中，加入三乙醇胺溶液 5mL，水 30~40mL，NaOH 溶液 5mL(pH≈12)铬蓝黑 R 5~6 滴，用 $0.01\ mol \cdot L^{-1}$ EDTA 标准溶液滴定至溶液由红色变为纯蓝色即为终点。计算 Ca^{2+} 的含量(mg/g)。

②用铬黑 T(EBT)溶液作指示剂。

准确移取 25.00mL 上述 Ca^{2+} 试液于锥形瓶中，加入三乙醇胺溶液 2mL，Mg^{2+}—EDTA 盐溶液 5mL，氨性缓冲溶液 10mL，EBT 指示剂 3 滴，用 $0.01 mol \cdot L^{-1}$ EDTA 标准溶液滴定至试液由红色变为纯蓝色即为终点。计算 Ca^{2+} 的含量(mg/g)。

思 考 题

1. 能否用铬黑 T 指示剂测定钙制剂中的钙含量？如果能,使用条件是什么？
2. 简述铬蓝黑 R 指示剂的变色原理。

实验 29 过氧化氢含量的测定

一、实验目的

1. 掌握高锰酸钾溶液的配制与标定方法。
2. 掌握高锰酸钾法测定过氧化氢的原理和方法。

二、实验原理

在稀硫酸溶液中,H_2O_2 在室温下能定量地被高锰酸钾氧化,因此,可用高锰酸钾法测定 H_2O_2 的含量,其反应式为：

$$2MnO_4^- + 5H_2O_2 + 6H^+ = 2Mn^{2+} + 5O_2\uparrow + 8H_2O$$

该反应在开始时比较慢,滴入的第一滴 $KMnO_4$ 溶液不容易退色,待生成少量 Mn^{2+} 后,由于 Mn^{2+} 的催化作用,反应速度逐渐加快。化学计量点后,稍微过量的滴定剂 $KMnO_4$（约 10^{-6} $mol \cdot L^{-1}$）呈现的微红色指示终点的到达。根据 $KMnO_4$ 标准溶液的浓度和滴定所消耗的体积,可算出试样中 H_2O_2 的含量。

若 H_2O_2 试样中含有乙酰苯胺等稳定剂,则不宜用 $KMnO_4$ 法测定,因为此类稳定剂也消耗 $KMnO_4$。这时可采用碘量法测定,利用 H_2O_2 与 KI 作用析出 I_2,然后用标准硫代硫酸钠溶液滴定生成的 I_2。

$KMnO_4$ 溶液的浓度可用基准物质 As_2O_3、纯铁丝或 $Na_2C_2O_4$ 等标定。若以 $Na_2C_2O_4$ 标定,其反应式为：

$$2MnO_4^- + 5C_2O_4^{2-} + 16H^+ = 2Mn^{2+} + 10CO_2\uparrow + 8H_2O$$

三、主要试剂

1. $Na_2C_2O_4$ 基准试剂:在 105~115℃ 条件下烘干 2h 备用。
2. H_2SO_4 溶液($3mol·L^{-1}$)
3. $MnSO_4$ 溶液($1mol·L^{-1}$)
4. $KMnO_4$ 溶液($0.02mol·L^{-1}$)
5. H_2O_2 溶液(3%):市售 30% H_2O_2 稀释 10 倍而成,贮存在棕色试剂瓶中。

四、实验步骤

1. $KMnO_4$ 溶液的配制。

在台秤上称取 $KMnO_4$ 固体约 1.6g,置于 1000mL 烧杯中,加 500mL 蒸馏水使其溶解,盖上表面皿,加热至沸并保持微沸状态约 1h,中途间或补加一定量的蒸馏水,以保持溶液体积基本不变。冷却后将溶液转移至棕色瓶内,暗处放置 2~3 天,然后用微孔玻璃漏斗(3 号或 4 号)过滤除去 MnO_2 等杂质,滤液贮于棕色试剂瓶内备用。另外,也可将 $KMnO_4$ 固体溶于煮沸过的蒸馏水中,让该溶液在暗处放置 6~10 天,用微孔玻璃漏斗过滤备用。有时也可不经过滤而直接取上层清液进行实验。

2. $KMnO_4$ 溶液的标定。

准确称取 0.15~0.20g 基准物质 $Na_2C_2O_4$ 三份,分别置于 250mL 锥形瓶中,向其中加入 50mL 蒸馏水使之溶解,再加入 15mL $3mol·L^{-1}$ H_2SO_4,2~3 滴 $1mol·L^{-1}$ $MnSO_4$,将锥形瓶置于水浴上加热至 75~85℃(刚好冒蒸汽),趁热用 $KMnO_4$ 溶液滴定至溶液呈微红色并保持 30s 不退色即为终点。根据滴定消耗的 $KMnO_4$ 溶液的体积和 $Na_2C_2O_4$ 的量,计算 $KMnO_4$ 溶液的浓度($KMnO_4$ 标准溶液久置后需重新标定)。

3. H_2O_2 含量的测定。

用移液管移取 10.00mL H_2O_2 试样于 250mL 容量瓶中,加水稀释至刻度,摇匀。移取 25.00mL 该稀溶液三份,分别置于 250mL 锥形瓶中,加 10mL $3mol \cdot L^{-1}$ H_2SO_4 和 2~3 滴 $MnSO_4$ 溶液,然后用 $KMnO_4$ 标准溶液滴至溶液呈微红色并在 30s 内不消失,即为终点。由 $KMnO_4$ 标准溶液的浓度和体积计算 H_2O_2 试样的浓度。

思 考 题

1. 配制 $KMnO_4$ 溶液应注意些什么?用基准物质 $Na_2C_2O_4$ 标定 $KMnO_4$ 时,应在什么条件下进行?

2. 用 $KMnO_4$ 法测定 H_2O_2 含量时,能否用 HNO_3、HCl 或 HAc 来调节溶液酸度?为什么?

3. 用 $KMnO_4$ 法测定 H_2O_2 含量时,能否在加热条件下滴定?为什么?

实验 30　水样中化学耗氧量的测定

一、实验目的

1. 掌握酸性高锰酸钾法和重铬酸钾法测定化学耗氧量的原理及方法。
2. 了解水样化学耗氧量的意义。

二、实验原理

水样的耗氧量是水质污染程度的主要指标之一,它分为生物耗氧量(简称 BOD)和化学耗氧量(简称 COD)两种。BOD 是指水中有机物质发生生物过程时所需要氧的量;COD 是指在特定条件下,用强氧化剂处理水样时,水样所消耗的氧化剂的量,常用每升水消耗 O_2 的量来表示。水样中的化学耗氧量与测试条件有关,因此应严格控制反应条件,按规定的操作步骤进行测定。

测定化学耗氧量的方法有重铬酸钾法、酸性高锰酸钾法和碱性高锰酸钾法。重铬酸钾法是指在强酸性条件下,向水样中加入过量的 $K_2Cr_2O_7$,让其与水样中的还原性物质充分反应,剩余的 $K_2Cr_2O_7$ 以邻菲罗啉为指示剂,用硫酸亚铁铵标准溶液返滴定。根据消耗的 $K_2Cr_2O_7$ 溶液的体积和浓度,计算水样的耗氧量。氯离子干扰测定,可在回流前加硫酸银除去。该法适用于工业污水及生活污水等含有较多复杂污染物的水样的测定。其滴定反应式为:

$$Cr_2O_7^{2-} + 6Fe^{2+} + 14H^+ = 2Cr^{3+} + 6Fe^{3+} + 7H_2O$$

酸性高锰酸钾法测定水样的化学耗氧量是指在酸性条件下,向水样中加入过量的 $KMnO_4$ 溶液,并加热溶液让其充分反应,然后再向溶液中加入过量的 $Na_2C_2O_4$ 标准溶液还原多余的 $KMnO_4$,剩余的 $Na_2C_2O_4$ 再用 $KMnO_4$ 溶液返滴定。根据 $KMnO_4$ 的浓度和水样所消耗的 $KMnO_4$ 溶液体积,计算水样的耗氧量。该法适用于污染不十分严重的地面水和河水等的化学耗氧量的测定。若水样中 Cl^- 含量较高,可加入 Ag_2SO_4 消除其干扰,也可改用碱性高锰酸钾法进行测定。有关反应如下:

$$4MnO_4^{2-} + 5C + 12H^+ = 4Mn^{2+} + 5CO_2\uparrow + 6H_2O$$

$$2MnO_4^- + 5C_2O_4^{2-} + 16H^+ = 2Mn^{2+} + 10CO_2\uparrow + 8H_2O$$

三、主要试剂及仪器

1. $KMnO_4$ 溶液($0.002mol \cdot L^{-1}$):移取 25.00mL 0.02 $mol \cdot L^{-1}$ $KMnO_4$ 溶液于 250mL 容量瓶中,加水稀释至刻度,摇匀即可。

2. $Na_2C_2O_4$ 标准溶液($0.005mol \cdot L^{-1}$):准确称取 0.16~0.18g 在 105℃烘干 2h 并冷却的 $Na_2C_2O_4$ 基准物质,置于小烧杯中,用适量水溶解后,定量转移至 250mL 容量瓶中,加水稀释至刻度,摇匀。按实际称取质量计算其准确浓度。

3. $K_2Cr_2O_7$ 溶液($0.040mol·L^{-1}$):准确称取约 2.9g 在 150～180℃烘干过的 $K_2Cr_2O_7$ 基准试剂于小烧杯中,加少量水溶解后,定量转入 250mL 容量瓶中,加水稀释至刻度,摇匀。按实际称取的质量计算其准确浓度。

4. 邻菲罗啉指示剂:称取 1.485g 邻菲罗啉和 0.695g $FeSO_4·7H_2O$,溶于 100mL 水中,摇匀,贮于棕色瓶中。

5. 硫酸亚铁铵($0.1mol·L^{-1}$):用小烧杯称取 9.8g 六水硫酸亚铁铵,加 10mL $6mol·L^{-1}$ H_2SO_4 溶液和少量水,溶解后加水稀释至 250mL,贮于试剂瓶内,待标定。

6. Ag_2SO_4(固体)

7. H_2SO_4 溶液($6mol·L^{-1}$)

8. 回流装置

9. 800W 电炉

四、实验步骤

1. 水样中化学耗氧量的测定(酸性高锰酸钾法)。

于 250mL 锥形瓶中,加入 100.00mL 水样和 5mL $6mol·L^{-1}$ H_2SO_4 溶液,再用滴定管或移液管准确加入 10.00mL 0.002 $mol·L^{-1}$ $KMnO_4$ 溶液,然后尽快加热溶液至沸,并准确煮沸 10min(红色不应退去,否则应增加 $KMnO_4$ 溶液的体积)。取下锥形瓶,冷却 1min 后,准确加入 10.00mL $0.005mol·L^{-1}$ $Na_2C_2O_4$ 标准溶液,充分摇匀(此时溶液应为无色,否则应增加 $Na_2C_2O_4$ 的用量)。趁热用 $KMnO_4$ 溶液滴定至溶液呈微红色,记下 $KMnO_4$ 溶液的体积。如此平行测定三份。另取 100mL 蒸馏水代替水样进行实验,求空白值。计算水样的化学耗氧量。

2. 水样中化学耗氧量的测定(重铬酸钾法)。

(1)硫酸亚铁铵溶液的标定

准确移取 10.00mL $0.040mol·L^{-1}$ $K_2Cr_2O_7$ 溶液三份分别置

于 500mL 锥形瓶中,加入 50mL 水,20mL 浓 H_2SO_4 溶液(注意应慢慢加入,并随时摇匀),3 滴指示剂,然后用硫酸亚铁铵溶液滴定,溶液由黄色变为红褐色即为终点,记下硫酸亚铁铵溶液的体积。如此平行测定三份,计算硫酸亚铁铵的浓度。

(2)化学耗氧量的测定

取 50.00mL 水样于 250mL 回流锥形瓶中,准确加入 15.00mL 0.040mol·L^{-1} $K_2Cr_2O_7$ 标准溶液,20mL 浓 H_2SO_4 溶液,1g Ag_2SO_4 固体和数粒玻璃珠,轻轻摇匀后,加热回流 2h。若水样中氯含量较高,则先往水样中加 1g $HgSO_4$ 和 5mL 浓硫酸,待 $HgSO_4$ 溶解后,再加入 25.00 mL $K_2Cr_2O_7$ 溶液,20mL 浓 H_2SO_4,1g $AgSO_4$,加热回流。冷却后用适量蒸馏水冲洗冷凝管,取下锥形瓶,用水稀释至约 150mL。加 3 滴指示剂,用硫酸亚铁铵标准溶液滴定至溶液呈红褐色即为终点,记下所用硫酸亚铁铵的体积。以 50.00mL 蒸馏水代替水样进行上述实验,测定空白值。计算水样的化学耗氧量。

思 考 题

1. 水样中加入 $KMnO_4$ 溶液煮沸后,若紫红色退去,说明什么?应怎样处理?

2. 用重铬酸钾法测定时,若在加热回流后溶液变绿,是什么原因?应如何处理?

3. 水样中氯离子的含量高时,为什么对测定有干扰?如何消除?

4. 水样的化学耗氧量的测定有何意义?

实验 31 硫酸亚铁铵的制备与含量测定

一、实验目的

1. 了解复盐制备的一般方法。

2. 掌握重铬酸钾法测铁的原理和方法。

二、实验原理

铁与稀硫酸反应生成硫酸亚铁,将溶液加热浓缩后再冷至室温,过滤即可得到 $FeSO_4 \cdot 7H_2O$ 晶体(即绿矾)。$FeSO_4 \cdot 7H_2O$ 晶体在空气中会逐渐风化失去部分结晶水,也较易被氧氧化成黄褐色碱式铁(Ⅲ)盐。

将等物质的量的硫酸亚铁与硫酸铵溶液混合,即生成溶解度较小的浅蓝色复盐硫酸亚铁铵 $FeSO_4 \cdot (NH_4)_2SO_4 \cdot 6H_2O$,它比一般的亚铁盐稳定,常作亚铁试剂使用。

在酸性溶液中,硫酸亚铁铵中的亚铁可与 $K_2Cr_2O_7$ 定量反应,其反应式为:

$$Cr_2O_7^{2-} + 6Fe^{2+} + 14H^+ = 2Cr^{3+} + 6Fe^{3+} + 7H_2O$$

依据此反应,可以二苯胺磺酸钠为指示剂,用 $K_2Cr_2O_7$ 标准溶液滴定溶液中的铁。根据 $K_2Cr_2O_7$ 溶液的体积和浓度计算试样中硫酸亚铁铵或 Fe^{2+} 的含量。

硫酸亚铁铵中 Fe^{2+} 的含量也可用 $KMnO_4$ 溶液滴定,其反应式为:

$$MnO_4^- + 5Fe^{2+} + 8H^+ = Mn^{2+} + 5Fe^{3+} + 4H_2O$$

三、主要试剂

1. 铁屑
2. Na_2CO_3(10%水溶液)
3. H_2SO_4 溶液($3mol \cdot L^{-1}$)
4. $(NH_4)_2SO_4$(固体)
5. $KMnO_4$ 溶液($0.02mol \cdot L^{-1}$,标定方法同实验29)
6. $MnSO_4$ 溶液($1.0mol \cdot L^{-1}$)
7. $K_2Cr_2O_7$ 溶液($0.020mol \cdot L^{-1}$):准确称取经 150~180℃ 烘

干的 $K_2Cr_2O_7$ 基准试剂 1.1~1.3g，置于小烧杯中，加水溶解后，定量转入 250mL 容量瓶中，用水稀释至刻度，摇匀。根据实际称取量计算准确浓度。

8. H_3PO_4 溶液(1+1)：取一定体积的浓 H_3PO_4，用等体积水稀释即得。

9. 二苯胺磺酸钠(0.2%水溶液)

四、实验步骤

1. 铁屑的预处理。

称取 4g 较纯净的铁屑于小烧杯中，加入 15mL 10% Na_2CO_3 溶液，水浴加热 10min。倾去溶液，并用水冲洗铁屑至中性。若为废白铁屑，则加 10mL 3mol·L^{-1}硫酸溶液(代替 Na_2CO_3 溶液)浸泡，直至铁屑由银白色变成灰色，以除去铁表面的锌层，然后倾去溶液，用水洗净铁屑。

2. 硫酸亚铁的制备。

将铁屑转入锥形瓶内，并向其中加入 30mL 3mol·L^{-1} H_2SO_4 溶液，置于水浴上加热，使铁屑与 H_2SO_4 反应至气泡冒出速度很慢为止。反应过程中注意补充水分，保持溶液原有体积，以避免硫酸亚铁析出。停止反应后，趁热减压过滤，用少量热水洗涤锥形瓶及铁屑残渣，及时将滤液转入蒸发皿中。收集铁屑残渣，用水洗净，用滤纸吸干后称重。根据已反应的铁屑量计算理论产量。

3. 硫酸亚铁铵的制备。

根据上面反应消耗的铁的量，按 Fe 与$(NH_4)_2SO_4$ 质量比为 1∶2 的比例，称取适量$(NH_4)_2SO_4$ 固体，将其配成饱和溶液后加入到上述 $FeSO_4$ 溶液中。在水浴上蒸发浓缩至表面出现晶体薄膜为止。放置，让其自然冷却，然后减压过滤除去母液，将晶体转移至表面皿上，晾干，称重，计算产率。

4. 硫酸亚铁铵含量的测定。

准确称取硫酸亚铁铵样品 9~12g 于 100mL 烧杯中，加少量水和 10mL 3mol·L^{-1} H$_2$SO$_4$ 溶液,溶解后定量转入 250mL 锥形瓶中,用水稀释至刻度,摇匀。移取该溶液 25.00mL 三份,分别置于 250mL 锥形瓶内,再向其中加入 10mL 3mol·L^{-1} H$_2$SO$_4$ 溶液,10mL H$_3$PO$_4$ 溶液,50mL 水和 6~7 滴二苯胺磺酸钠指示剂,用 K$_2$Cr$_2$O$_7$ 标准溶液滴定至溶液呈紫红色。记下消耗的 K$_2$Cr$_2$O$_7$ 溶液体积,计算试样中硫酸亚铁铵的含量。

5. KMnO$_4$ 法测定硫酸亚铁铵中 Fe^{2+} 的含量。

称取硫酸亚铁铵样品 10~12g(准确至 0.01g)置于 250mL 烧杯中,用 10mL 3mol·L^{-1} H$_2$SO$_4$ 润湿,再加水溶解,将溶液转入 250mL 容量瓶中,用水稀释至刻度,摇匀。移取试液 25.00mL 置于 250mL 锥形瓶中,加 10mL 3mol·L^{-1} H$_2$SO$_4$ 及 10mL1:1H$_3$PO$_4$,用 KMnO$_4$ 标准溶液滴至微红色并在半分钟内不消失为止。重复滴定三份,计算 Fe^{2+} 的含量(%)。

思 考 题

1. 在铁与硫酸反应,蒸发浓缩溶液时,为什么采用水浴加热?
2. 计算硫酸亚铁铵的产率时,应以什么为准?为什么?
3. 用重铬酸钾溶液滴定硫酸亚铁铵时,为什么向溶液中加入 H$_3$PO$_4$ 溶液?

实验 32 胆矾的制备及含量测定

一、实验目的

1. 了解结晶提纯物质的原理与方法。
2. 掌握碘量法测铜的方法。

二、实验原理

在硫酸和硝酸混合溶液中,铜被氧化成 Cu^{2+},溶液经加热浓缩后,可得 $CuSO_4 \cdot 5H_2O$ 晶体(即胆矾)。该粗产品经重结晶,可得较纯净的 $CuSO_4 \cdot 5H_2O$ 晶体。

在弱酸性溶液中(pH 为 3~4),胆矾中的 Cu^{2+} 与过量的 I^- 反应,生成 CuI 沉淀和 I_2,反应式如下:

$$2Cu^{2+} + 4I^- = 2CuI \downarrow + I_2$$

生成的 I_2,可以淀粉为指示剂,用 $Na_2S_2O_3$ 标准溶液滴定。根据 $Na_2S_2O_3$ 的浓度和消耗的体积可计算出胆矾的含量,其滴定反应式为:

$$I_2 + 2S_2O_3^{2-} = 2I^- + S_4O_6^{2-}$$

由于 CuI 沉淀吸附 I_2,而吸附的 I_2 又难以被滴定,因此分析结果将偏低。为减少或消除 CuI 沉淀吸附的影响,可在大部分 I_2 被 $Na_2S_2O_3$ 溶液滴定后,再加入 KSCN 溶液,使 CuI($K_{sp} = 1.1 \times 10^{-12}$)沉淀转化为溶解度更小的 CuSCN($K_{sp} = 4.8 \times 10^{-15}$)沉淀。在沉淀的转化过程中,吸附的 I_2 被释放出来,继而被 $Na_2S_2O_3$ 溶液滴定,从而使分析结果的准确度得到提高。

为避免 I^- 的氧化,反应不能在强酸性溶液中进行。在碱性溶液中,Cu^{2+} 发生水解,且 I_2 易发生歧化反应。因此滴定一般选在 pH 为 3~4 的弱酸性介质中进行。

三、主要试剂

1. 铜屑
2. H_2SO_4 溶液($3mol \cdot L^{-1}$)
3. HNO_3($15mol \cdot L^{-1}$,即浓 HNO_3)
4. KSCN 或 NH_4SCN 溶液(10%)
5. KI 溶液(10%)
6. Na_2CO_3(固体)
7. 淀粉溶液(0.2%):称取 0.2g 可溶性淀粉(马铃薯粉或山芋粉)于烧杯中,先加少量水润湿,然后加入 100mL 煮沸的蒸馏水,加热至溶液透明,冷却后取上层清液备用。

8. $Na_2S_2O_3$ 溶液($0.10mol \cdot L^{-1}$):称取 $Na_2S_2O_3 \cdot 5H_2O$ 12g,溶于新煮沸并冷却的 500mL 水中,加入 0.2g Na_2CO_3,将溶液贮于棕色瓶中,于暗处放置几天后进行标定。

9. $K_2Cr_2O_7$ 标准溶液(约 $0.020mol \cdot L^{-1}$)

10. 铜片(纯度>99.9%)

11. KIO_3 标准溶液($c(\frac{1}{6}KIO_3) = 0.1000 \text{ mol} \cdot L^{-1}$):准确称取 0.8917g KIO_3 基准物质于小烧杯中,加水溶解后,定量转入 250mL 容量瓶中,加水稀释至刻度,摇匀。

12. HAc 溶液(1+1)

13. NH_3 溶液(1+1)

14. NH_4HF_2 溶液(20%)

四、实验步骤

1. 铜屑的预处理。

称取 1.5g 铜屑,放入蒸发皿中,强烈灼烧至表面呈黑色(除去附着在铜屑上的油污),自然冷却。

2. 胆矾的制备。

在灼烧过的铜屑中,加入 5.5mL $3mol \cdot L^{-1}$ H_2SO_4 溶液,然后缓慢、分批地加入 2.5mL 浓 HNO_3(在通风橱中进行)。待反应缓和后盖上表面皿,水浴加热。在加热过程中需要补加 2.5mL $3 mol \cdot L^{-1}$ H_2SO_4 和 0.5mL 浓 HNO_3(由于反应情况不同,补加的酸量根据具体情况而定,在保持反应继续进行的情况下,尽量少加 HNO_3)。待铜屑接近全部溶解后,趁热用倾泻法将溶液转至小烧杯中,然后再将溶液转回洗净的蒸发皿中,水浴加热,浓缩至表面有晶体膜出现。取下蒸发皿,让溶液冷却,析出粗的 $CuSO_4 \cdot 5H_2O$,抽滤,称量。

3. 重结晶。

将 $CuSO_4 \cdot 5H_2O$ 粗产品转入烧杯中,按每克粗产品需 1.2mL 水的比例加相应体积的蒸馏水。加热使 $CuSO_4 \cdot 5H_2O$ 完全溶解,趁热过滤,滤液收集在小烧杯中,让其自然冷却,即有晶体析出(如无晶体析出,可加一粒细小的硫酸铜晶体,或在水浴上再加热浓缩)。完全冷却后,抽滤,将晶体转至洗净的表面皿中,晾干后称重。

4. $Na_2S_2O_3$ 溶液的标定。

(1)用 $K_2Cr_2O_7$ 标准溶液标定。

准确移取 $K_2Cr_2O_7$ 溶液 25.00mL,置于 500mL 碘量瓶中,加入 10% KI 溶液 20mL,1mol·L^{-1} H_2SO_4 溶液 20mL,塞上瓶塞,在暗处放置 5min,让其充分反应,然后加入 100mL 水稀释,用 $Na_2S_2O_3$ 标准溶液滴定,当溶液由棕红色转变为淡黄色时,加入 5mL 淀粉溶液,继续滴定至溶液由蓝色变为亮绿色,记下消耗的 $Na_2S_2O_3$ 溶液体积。如此平行测定至少三份,计算 $Na_2S_2O_3$ 溶液的浓度。

(2)用纯铜标定①。

准确称取 0.2g 左右纯铜,置于 250mL 烧杯中,加入约 10mL (1+1)盐酸,在摇动下逐滴加入 2~3mL 30% H_2O_2,至金属铜分解完全(H_2O_2 不应过量太多)。加热除去多余的 H_2O_2,然后将其定量转入 250mL 容量瓶中,加水稀释至刻度,摇匀。

准确移取 25.00mL 纯铜溶液于 250mL 锥形瓶中,滴加(1+1)氨水至沉淀刚刚生成,然后加入 8mL(1+1)HAc,10mLNH_4HF_2 溶液,10mLKI 溶液,用 $Na_2S_2O_3$ 溶液滴定至呈淡黄色,再加入 3mL 淀粉溶液,继续滴定至浅蓝色。再加入 10mLNH_4SCN 溶液,继续滴定至溶液的蓝色消失即为终点,记下所消耗的 $Na_2S_2O_3$ 溶

---

① 用纯铜标定 NaS_2O_3 溶液时,所加入的 H_2O_2 一定要赶尽(根据实践经验,开始冒小气泡,然后冒大气泡,表示 H_2O_2 已赶尽),否则结果无法测准,这是很关键的一步操作。

液的体积,计算 $Na_2S_2O_3$ 溶液的浓度。

(3)用 KIO_3 标准溶液标定。

吸取 25.00mL KIO_3 标准溶液 3 份,分别置于 500mL 锥形瓶中,加入 20mLKI 溶液,5mL $3mol·L^{-1}$ H_2SO_4,加水稀释至约 100mL,立即用待标定的 $Na_2S_2O_3$ 滴定至浅黄色,加入 5mL 淀粉溶液,继续滴定至溶液由蓝色变为无色即为终点。平行滴定 3～5 份,计算 $Na_2S_2O_3$ 溶液的浓度。

5.胆矾含量的测定。

准确称取 $CuSO_4·5H_2O$ 样品 6g 左右,置于 100mL 烧杯中,加 10mL $1mol·L^{-1}$ H_2SO_4 溶液和少量水使样品溶解,然后定量转入 250mL 容量瓶中,用水稀释至刻度,摇匀。

移取上述试液 25.00mL 置于 250mL 锥形瓶中,加 50mL 水,10mL 10% KI 溶液,用 $Na_2S_2O_3$ 标准溶液滴定至溶液呈淡黄色,然后加入淀粉溶液 5mL,并继续滴定至溶液呈浅蓝色,再向其中加入 10mL 10% KSCN 溶液,充分摇匀,用 $Na_2S_2O_3$ 溶液滴定至蓝色刚好消失(此时溶液呈乳白色,并可能有点泛红),记下消耗的 $Na_2S_2O_3$ 溶液体积。如此平行测定 3～5 次,计算试样中胆矾 ($CuSO_4·5H_2O$)的含量。

思 考 题

1.加热浓缩时,可否将溶液蒸发干?为什么?
2.配制 $Na_2S_2O_3$ 溶液时,是否可将 $Na_2S_2O_3$ 溶于水后再煮沸?为什么?
3.溶解胆矾时,为什么要加硫酸溶液?
4.碘量法测铜时,为何不在滴定前加入淀粉溶液,而是在接近终点时加入?

实验 33　直接碘量法测定维生素 C

一、实验目的

1. 掌握碘标准溶液的配制和标定方法。
2. 了解直接碘量法测定维生素 C 的原理和方法。

二、实验原理

维生素 C(Vc)又称抗坏血酸,分子式为 $C_6H_8O_6$。Vc 具有还原性,可被 I_2 定量氧化,因而可用 I_2 标准溶液直接测定。其滴定反应式为: $C_6H_8O_6 + I_2 \Longrightarrow C_6H_6O_6 + 2HI$。用直接碘量法可测定药片、注射液、饮料、蔬菜、水果等中的 Vc 含量。

由于 Vc 的还原性很强,较易被溶液和空气中的氧氧化,在碱性介质中这种氧化作用更强,因此滴定宜在酸性介质中进行,以减少副反应的发生。考虑到 I^- 在强酸性溶液中也易被氧化,故一般选在 pH 为 3~4 的弱酸性溶液中进行滴定。

三、主要试剂

1. I_2 溶液($0.05mol \cdot L^{-1}$):称取 3.3g I_2 和 5g KI,置于研钵中,加少量水,在通风橱中研磨。待 I_2 全部溶解后,将溶液转入棕色试剂瓶中,加水稀释至 250mL,充分摇匀,放至暗处保存。
2. $Na_2S_2O_3$ 标准溶液($0.01mol \cdot L^{-1}$)
3. 淀粉溶液(0.2%)
4. HAc($2mol \cdot L^{-1}$)
5. 固体 Vc 样品(维生素 C 片剂)
6. $K_2Cr_2O_7$ 标准溶液($0.020mol \cdot L^{-1}$)

四、实验步骤

1. I_2 溶液的标定。

用移液管移取 25.00mL $Na_2S_2O_3$ 标准溶液于 250mL 锥形瓶中,加 50mL 蒸馏水,5mL 0.2%淀粉溶液,然后用 I_2 溶液滴定至溶液呈浅蓝色,30s 内不退色即为终点。平行标定三份,计算 I_2 溶液的浓度。

2. 维生素 C 含量的测定。

准确称取约 0.2g 研成粉末的维生素 C 药片,置于 250mL 锥形瓶中,加入 100mL 新煮沸过并冷却的蒸馏水,10mL 2mol·L^{-1} HAc 溶液和 5mL 0.2%淀粉溶液,立即用 I_2 标准溶液滴定至出现稳定的浅蓝色,30s 内不退色即为终点,记下消耗的 I_2 溶液体积。平行滴定三份,计算试样中维生素 C 的质量分数。

思 考 题

1. 溶解 I_2 时,加入过量 KI 的作用是什么?
2. 维生素 C 固体试样溶解时为何要加入新煮沸的冷蒸馏水?
3. 碘量法的误差来源有哪些?应采取哪些措施减小误差?

实验 34 铁矿石中铁含量的测定

一、实验目的

1. 熟悉 $K_2Cr_2O_7$ 法测定铁矿石中铁的原理和操作步骤。
2. 进一步掌握 $K_2Cr_2O_7$ 标准溶液的配制方法。

二、实验原理

铁矿石的种类很多,用于炼铁的主要有磁铁矿(Fe_3O_4)、赤铁矿(Fe_2O_3)和菱铁矿($FeCO_3$)等。铁矿石试样经盐酸溶解后,其中

的铁转化为 Fe^{3+}。在强酸性条件下，Fe^{3+} 可通过 $SnCl_2$ 还原为 Fe^{2+}。Sn^{2+} 将 Fe^{3+} 还原完毕后，甲基橙也可被 Sn^{2+} 还原成氢化甲基橙而退色，因而甲基橙可指示 Fe^{3+} 还原终点。Sn^{2+} 还能继续使氢化甲基橙还原成 N,N—二甲基对苯二胺和对氨基苯磺酸钠。其反应式为：

$(CH_3)_2NC_6H_4N\!\!=\!\!NC_6H_4SO_3Na \longrightarrow$

$(CH_3)_2NC_6H_4NH\!\!-\!\!NHC_6H_4SO_3Na \longrightarrow$

$(CH_3)_2NC_6H_4NH_2 + NH_2C_6H_4SO_3Na$

从而略为过量的 Sn^{2+} 也被消除，由于这些反应是不可逆的，因此甲基橙的还原产物不消耗 $K_2Cr_2O_7$。

反应在 HCl 介质中进行，还原 Fe^{3+} 时 HCl 浓度以 $4mol\cdot L^{-1}$ 为好，大于 $6mol\cdot L^{-1}$ Sn^{2+} 则先还原甲基橙为无色，无法指示 Fe^{3+} 的还原，同时 Cl^- 浓度过高也可能消耗 $K_2Cr_2O_7$，HCl 浓度低于 $2mol\cdot L^{-1}$ 则甲基橙退色缓慢。反应完后，以二苯胺磺酸钠为指示剂，用 $K_2Cr_2O_7$ 标准溶液滴定至溶液呈紫色即为终点，主要反应式如下：

$2FeCl_4^- + SnCl_4^{2-} + 2Cl^- =\!\!= 2FeCl_4^{2-} + SnCl_6^{2-}$

$6Fe^{2+} + Cr_2O_7^{2-} + 14H^+ =\!\!= 6Fe^{3+} + 2Cr^{3+} + 7H_2O$

滴定过程中生成的 Fe^{3+} 呈黄色，影响终点的观察，若在溶液中加入 H_3PO_4，H_3PO_4 与 Fe^{3+} 生成无色的 $Fe(HPO_4)_2^-$，可掩蔽 Fe^{3+}。同时由于 $Fe(HPO_4)_2^-$ 的生成，使得 Fe^{3+}/Fe^{2+} 电对的条件电位降低，滴定突跃增大，指示剂可在突跃范围内变色，从而减少滴定误差。

Cu^{2+}、As(Ⅴ)、TiO_2、Mo(Ⅵ)等离子存在时，可被 $SnCl_2$ 还原，同时又能被 $K_2Cr_2O_7$ 氧化，Sb(Ⅴ)和 Sb(Ⅲ)也干扰铁的测定。

三、主要试剂

1. $SnCl_2$(10%溶液)：称取 10g $SnCl_2\cdot 2H_2O$ 溶于 40mL 浓热

HCl中，加水稀释至100mL。

2. $SnCl_2$(5%溶液):将10%的$SnCl_2$溶液稀释一倍。

3. HCl(浓)

4. 硫-磷混酸:将150mL浓硫酸缓缓加入700mL水中,冷却后加入150mL H_3PO_4,混匀。

5. 甲基橙(0.1%水溶液)

6. 二苯胺磺酸钠(0.2%水溶液)

7. $K_2Cr_2O_7$标准溶液:将$K_2Cr_2O_7$在150～180℃烘干2h,放入干燥器冷却至室温,准确称取0.6～0.7g $K_2Cr_2O_7$于小烧杯中,加水溶解后转移至250mL容量瓶中,用水稀释至刻度,摇匀,计算$K_2Cr_2O_7$浓度。

四、实验步骤

准确称取铁矿石粉1～1.5g于250mL烧杯中,用少量水润湿后,加20mL浓HCl,盖上表面皿,在沙浴上加热20～30min,并不时摇动,避免沸腾。如有带色不溶残渣,可滴加$SnCl_2$溶液20～30滴助溶。试样分解完全时,剩余残渣应为白色或非常接近白色,此时可用少量水吹洗表面皿及杯壁,冷却后将溶液转移到250mL容量瓶中,加水稀释至刻度,摇匀。

移取样品溶液25.00mL于250mL锥形瓶中,加8mL浓HCl,加热至接近沸腾,加入6滴甲基橙,边摇动锥形瓶边慢慢滴加10% $SnCl_2$溶液,溶液由橙红色变为红色,再慢慢滴加5% $SnCl_2$至溶液为淡红色,若摇动后粉色退去,说明$SnCl_2$已过量,可补加1滴甲基橙,以除去稍微过量的$SnCl_2$,此时溶液如呈浅粉色最好,不影响滴定终点,$SnCl_2$切不可过量。然后,迅速用流水冷却,加蒸馏水50mL,硫-磷混酸20mL,二苯胺磺酸钠4滴,并立即用$K_2Cr_2O_7$标准溶液滴定至出现稳定的紫红色。平行测定3次,计算试样中Fe的含量。

思 考 题

1. $K_2Cr_2O_7$ 法测定铁矿石中的铁时,滴定前为什么要加入 H_3PO_4？加入 H_3PO_4 后为何要立即滴定？

2. 用 $SnCl_2$ 还原 Fe^{3+} 时,为何要在加热条件下进行？加入的 $SnCl_2$ 量不足或过量会给测试结果带来什么影响？

实验35　注射液中葡萄糖含量的测定

一、实验目的

了解碘量法测定葡萄糖的方法和原理。

二、实验原理

在碱性溶液中,I_2 可歧化成 IO^- 和 I^-,IO^- 能定量地将葡萄糖($C_6H_{12}O_6$)氧化成葡萄糖酸($C_6H_{12}O_7$),未与 $C_6H_{12}O_6$ 作用的 IO^- 进一步歧化为 IO_3^- 和 I^-,溶液酸化后,IO_3^- 又与 I^- 作用析出 I_2,用 $Na_2S_2O_3$ 标准溶液滴定析出的 I_2,便可计算出 $C_6H_{12}O_6$ 的含量。有关反应式如下:

$$I_2 + 2OH^- = IO^- + I^- + H_2O$$

$$C_6H_{12}O_6 + IO^- = I^- + C_6H_{12}O_7$$

总反应式为: $I_2 + C_6H_{12}O_6 + 2OH^- = C_6H_{12}O_6 + 2I^- + 2H_2O$。

与 $C_6H_{12}O_6$ 作用完后,剩下未作用的 IO^- 在碱性条件下发生歧化反应:

$$3IO^- = IO_3^- + 2I^-$$

在酸性条件下: $IO_3^- + 5I^- + 6H^+ = 3I_2 + 3H_2O$

即 $IO^- + I^- + 2H^+ = I_2 + H_2O$

$$I_2 + 2S_2O_3^{2-} = S_4O_6^{2-} + 2I^-$$

由以上反应式可以看出一分子葡萄糖与一分子 I_2 相当。本法适用于葡萄糖注射液中葡萄糖的含量测定。

三、主要试剂

1. HCl 溶液($2mol \cdot L^{-1}$)
2. NaOH 溶液($0.2mol \cdot L^{-1}$)
3. $Na_2S_2O_3$ 标准溶液($0.05mol \cdot L^{-1}$)：称取 3g $Na_2S_2O_3$ 溶于 250mL 水，具体标定与配制方法与碘量法测铜相同。
4. I_2 溶液($0.05mol \cdot L^{-1}$)：称取 3.2g I_2 于小烧杯中，加 6g KI，先用约 30mL 水溶解，待 I_2 完全溶解后，稀释至 250mL，摇匀，贮于棕色瓶中，放至暗处保存。
5. 淀粉溶液(0.5%)：称取 0.5g 可溶性淀粉，用少量水调成糊状，慢慢加入到 100mL 沸腾的蒸馏水中，继续煮沸至溶液透明为止。
6. KI(固体)：分析纯。
7. 葡萄糖注射液(0.5%)：将 5% 的葡萄糖注射液稀释 10 倍。

四、实验步骤

1. I_2 溶液的标定。

移取 25.00mL I_2 溶液于 250mL 锥形瓶中，加 100mL 蒸馏水稀释，用 $Na_2S_2O_3$ 标准溶液滴定至溶液呈浅黄色，加入 2mL 淀粉溶液，继续滴定至蓝色刚好消失即为终点。平行标定三次，计算 I_2 溶液的浓度。

2. 葡萄糖含量的测定。

移取 25.00mL 0.5% 葡萄糖注射液于 250mL 容量瓶中，加水稀释至刻度，摇匀。移取 25.00mL 0.5% 的葡萄糖溶液于 250mL 锥形瓶中，准确加入 25.00mL I_2 标准溶液，慢慢滴加 $0.2mol \cdot L^{-1}$ NaOH，边加边摇，直至溶液呈淡黄色(加碱的速度不能过快，否则生成 IO^- 来不及氧化 $C_6H_{12}O_6$，使测定结果偏低)。用小表面皿将锥形瓶盖好,放置 10～15min,然后加 6mL 2mol·L^{-1} HCl 使溶液成酸性,并立即用 $Na_2S_2O_3$ 溶液滴定,至溶液呈浅黄色时,加入淀粉指示剂 3mL,继续滴至蓝色消失,记下滴定读数。平行滴定三份,计算葡萄糖的含量。

思 考 题

1. 配制 I_2 溶液时为何要加入 KI？为何要先用少量水溶解后再稀释至所需体积？
2. 碘量法主要误差有哪些？如何避免？

实验36 胱氨酸含量的测定

一、实验目的

1. 掌握溴酸钾-碘量法测定胱氨酸含量的原理。
2. 进一步熟悉滴定操作。

二、实验原理

在酸性溶液中,BrO_3^- 与 Br^- 发生下列反应：

$$BrO_3^- + 5Br^- + 6H^+ = 3Br_2 + 3H_2O$$

生成的 Br_2 可与某些有机化合物定量反应,待反应完全后,过量的 Br_2 可通过加入过量 KI 还原,析出的 I_2 再用 $Na_2S_2O_3$ 标准溶液滴定,根据有机化合物反应消耗的 Br_2 的量可知有机物的含量。

溴酸钾与碘量法配合使用,主要用于测定苯酚和胱氨酸等有机物,其中胱氨酸与 Br_2 的反应式为：

$$(SCH_2CHNH_2COOH)_2 + 5Br_2 + 6H_2O \longrightarrow$$
$$2HO_3SCH_2CHNH_2COOH + 10HBr$$

常用的还原性滴定剂 $Na_2S_2O_3$ 易被 Br_2、Cl_2 等较强氧化剂非

定量的氧化为 SO_4^{2-} 离子,因而不能用 $Na_2S_2O_3$ 直接滴定 Br_2(而且 Br_2 易挥发损失)。

三、主要试剂

1. NaOH 溶液(1%):称取 10g NaOH 固体于烧杯中,加水溶解后,稀释至 1000mL,贮存在试剂瓶中,用橡皮塞塞紧瓶口。

2. HCl 溶液($6mol\cdot L^{-1}$)

3. KI 溶液(20%)

4. 溴酸钾-溴化钾溶液($0.02000mol\cdot L^{-1}$):称取 $KBrO_3$ 基准试剂 3.3400g 和 KBr 17g 于烧杯中,加水溶解后,定量转入 1000mL 容量瓶中,用水稀释至刻度,摇匀。

5. $Na_2S_2O_3$ 标准溶液($0.12mol\cdot L^{-1}$):配制与标定见前面的实验。

6. 淀粉指示剂(0.5%):称取 0.5g 淀粉,用少许水搅匀后,缓缓倒入 100mL 沸水,再煮沸 2min,冷却放置备用。若要用较长时间,可加防腐剂 $ZnCl_2$ 0.4g。

7. 胱氨酸样品:经 105℃烘干,置广口瓶内于干燥器中保存。

四、实验步骤

1. $Na_2S_2O_3$ 溶液的标定。

准确移取 25.00mL $KBrO_3$-KBr 溶液于 250mL 碘量瓶中,加入 25mL 水,10mLHCl 溶液,摇匀,盖上表面皿,放置 5～8min。然后加入 20mLKI 溶液,摇匀,再放置 5～8min,用 $Na_2S_2O_3$ 溶液滴定至浅黄色。加入 2mL 淀粉溶液,继续滴定至蓝色消失为终点。平行测定 3 份,计算 $Na_2S_2O_3$ 溶液的浓度。

2. 胱氨酸含量的测定。

准确称取胱氨酸样品约 0.3g,置于 100mL 烧杯中,加 10mL NaOH 溶液溶解,然后转入 100mL 容量瓶中,加水稀释至刻度,摇匀。从中移取 10.00mL 于 250mL 碘量瓶中,加 25mL 0.2000 $mol\cdot L^{-1}$ 溴酸钾标准溶液和 10mL $6mol\cdot L^{-1}$ HCl 溶液,加盖于暗处放置 10min 后,取下盖加入 25mL 蒸馏水,再加入 10mL 20% KI 溶液,立即用 $Na_2S_2O_3$ 标准溶液滴定,滴至溶液由棕色变为淡黄色时,加入 2mL 0.5%淀粉,再继续滴定至蓝色刚好消失,记下消耗的 $Na_2S_2O_3$ 溶液体积。平行测定三次,计算样品中胱氨酸的含量。

以蒸馏水代替样品试液(即吸取 25.00mL 蒸馏水到 250mL 碘量瓶中),重复上述操作,记下消耗 $Na_2S_2O_3$ 标准溶液的体积,求空白值,对测试结果进行校正。

思 考 题

1. 测定胱氨酸时为何不能用 Br_2 直接滴定?
2. 试分析溴酸钾-碘量法测定胱氨酸时误差的主要来源。
3. 溴酸钾与碘量法配合使用测定胱氨酸的原理是什么?试写出各步主要反应式。
4. 什么叫"空白实验"?它的作用是什么?

实验 37 可溶性氯化物中氯含量的测定(莫尔法)

一、实验目的

1. 掌握用莫尔法进行沉淀滴定的原理和方法。
2. 学习 $AgNO_3$ 标准溶液的配制和标定。

二、实验原理

可溶性氯化物中氯含量的测定常采用莫尔法。莫尔法是在中性或弱碱性溶液中,以 K_2CrO_4 为指示剂,用 $AgNO_3$ 标准溶液进行滴定的方法。由于 AgCl 的溶解度比 Ag_2CrO_4 小,溶液中首先析出AgCl沉淀,当AgCl定量沉淀后,微过量的$AgNO_3$溶液即与CrO_4^{2-}生成砖红色Ag_2CrO_4沉淀,指示终点的到达。主要反应如下:

$$Ag^+ + Cl^- \rightleftharpoons AgCl\downarrow(白色), K_{sp}=1.8\times10^{-10}$$

$$2Ag^+ + CrO_4^{2-} \rightleftharpoons Ag_2CrO_4\downarrow(砖红色), K_{sp}=2.0\times10^{-12}$$

滴定最适宜pH值为6.5～10.5。如有NH_4^+存在,溶液的pH值最好控制在6.5～7.2之间。

指示剂的用量对滴定有影响,一般以$5\times10^{-3}mol\cdot L^{-1}$为宜。凡是能与$Ag^+$生成难溶性化合物或络合物的阴离子都干扰测定,如$PO_4^{3-}$、$AsO_4^{3-}$、$AsO_3^{3-}$、$S^{2-}$、$CO_3^{2-}$、$C_2O_4^{2-}$等。$H_2S$可加热煮沸除去,$SO_3^{2-}$被氧化成$SO_4^{2-}$后不干扰测定。大量$Cu^{2+}$、$Ni^+$、$Co^{2+}$等有色离子将影响终点的观察。凡是能与$CrO_4^{2-}$指示剂生成难溶化合物的阳离子也干扰测定,如$Ba^{2+}$、$Pb^{2+}$能与$CrO_4^{2-}$分别生成$BaCrO_4$和$PbCrO_4$沉淀。可加入过量$Na_2SO_4$消除$Ba^{2+}$的干扰。$Al^{3+}$、$Fe^{3+}$、$Bi^{3+}$、$Sn^{4+}$等高价金属离子在中性或弱碱性溶液中易水解产生沉淀,也不应存在。

三、主要试剂

1. NaCl基准试剂:在500～600℃灼烧0.5h后,放到干燥器中冷却。也可将NaCl置于带盖的瓷坩埚中加热,并不断搅拌,待爆炸声停止后,将坩埚放入干燥器中,冷却后使用。

2. $AgNO_3(0.1mol\cdot L^{-1})$:溶解8.5g $AgNO_3$于500mL不含Cl^-的蒸馏水中,将溶液转入棕色试剂瓶中,黑暗处保存,以防见光分解。

3. $K_2CrO_4(5\%)$

四、实验步骤

1. $0.1mol\cdot L^{-1}$ $AgNO_3$溶液的标定。

准确称取 1.4621g 基准 NaCl，置于小烧杯中，用蒸馏水溶解后，定量转入 250mL 容量瓶中，加水稀释至刻度，摇匀。准确移取 25.00mL NaCl 标准溶液于锥形瓶中，加 25mL 水，加入 1mL 5% K_2CrO_4，在不断摇动条件下，用 $AgNO_3$ 溶液滴定至溶液呈现砖红色即为终点。计算 $AgNO_3$ 溶液的准确浓度。

2. 试样分析。

准确称取 2g NaCl 试样置于烧杯中，加水溶解后，转入 250mL 容量瓶中，用水稀释至刻度，摇匀。

准确移取 25.00mL NaCl 试液于 250mL 锥形瓶中，加入 25mL 水，加入 1mL 5% 的 K_2CrO_4，在不断摇动条件下，用 $AgNO_3$ 标准溶液滴定至溶液呈现砖红色即为终点。

根据试样的重量和滴定中消耗 $AgNO_3$ 标准溶液的毫升数，计算试样中 Cl^- 的含量。

注意

1. 加 1mL 5% K_2CrO_4 溶液的量要准确，可用吸量管吸取。
2. 滴定管用完后，宜先用蒸馏水洗涤。这是因为自来水中含有 Cl^-，容易生成 AgCl 沉淀附于管壁上，不易洗涤。

思 考 题

1. 莫尔法测定 Cl^- 时，为什么溶液 pH 值控制为 6.5～10.5？
2. 以 K_2CrO_4 作指示剂时，其浓度太大或太小对测定有何影响？

实验 38　醋酸银溶度积的测定

一、实验目的

1. 了解测定 AgAc 溶度积的原理与方法，掌握以铁铵矾作指示剂的佛尔哈德（沉淀滴定）法的条件。

2. 测定 AgAc 的溶度积。

二、实验原理

醋酸银(AgAc)是微溶性强电解质。在一定温度下,饱和水溶液中 Ag^+ 及 Ac^- 与固体 AgAc 之间存在下列平衡:

$$AgAc(s) \rightleftharpoons Ag^+(aq) + Ac^-(aq)$$

$$K_{sp} = [Ag^+][Ac^-]$$

$[Ag^+]$ 和 $[Ac^-]$ 分别为平衡时 Ag^+ 和 Ac^- 的浓度($mol \cdot L^{-1}$)。温度一定时,K_{sp} 为常数。将一定量已知浓度的 $AgNO_3$ 和 NaAc 溶液混合,便有 AgAc 沉淀产生。达到平衡时,溶液为饱和溶液。分离沉淀后,测定溶液中的 $[Ag^+]$ 和 $[Ac^-]$,便可计算出 K_{sp}。

以铁铵矾 $[(NH_4)_2SO_4 \cdot Fe_2(SO_4)_3 \cdot 24H_2O]$ 作指示剂,用已知浓度的 NH_4SCN 溶液进行滴定,可测得饱和溶液中的 $[Ag^+]$。滴定反应如下:

$$SCN^- + Ag^+ \rightleftharpoons AgSCN \downarrow (白色)$$

$$K = \frac{1}{[SCN^-][Ag^+]} = \frac{1}{K_{sp}} = 8.3 \times 10^{11}$$

$$SCN^- + Fe^{3+} \rightleftharpoons FeSCN^{2+} (血红色)$$

$$K_{稳} = 8.9 \times 10^2$$

由于 K 比 $K_{稳}$ 大得多,所以当滴入 NH_4SCN 溶液时,首先生成白色的 AgSCN 沉淀,一旦溶液出现不消失的浅红色,即生成了少量 $FeSCN^{2+}$ 时,表明 Ag^+ 已沉淀完全,滴定到达终点,由所耗 NH_4SCN 溶液的体积,计算饱和溶液中的 $[Ag^+]$。

按下面的方法计算 $[Ac^-]$:设 $AgNO_3$ 和 NaAc 混合溶液的体积为 $V(mL)$,AgAc 沉淀前混合溶液中 $n_{Ag^+} = a(mmol)$,$n_{Ac^-} = b(mmol)$,AgAc 沉淀后溶液中 $[Ag^+] = c(mol \cdot L^{-1})$,则沉淀 $n_{AgAc} = a - cV(mmol)$,AgAc 沉淀后溶液中的 $n_{Ac^-} = b - (a - cV)(mmol)$,则 $[Ac^-] = [b - (a - cV)]/V$。

三、主要试剂

1. NaCl 基准试剂
2. $AgNO_3$ 溶液($0.200 mol \cdot L^{-1}$)：以基准 NaCl 标定其准确浓度。
3. NaAc 溶液($0.200 mol \cdot L^{-1}$)
4. HNO_3 溶液($1.6 mol \cdot L^{-1}$)
5. 铁铵矾指示剂溶液(40%的 $1 mol \cdot L^{-1}$ HNO_3 溶液)
6. NH_4SCN 溶液($0.2 mol \cdot L^{-1}$)：称取 7.6g A.R NH_4SCN，用 500mL 水溶解后转入试剂瓶中。

四、实验步骤

1. NH_4SCN 溶液的标定。

用移液管移取 $AgNO_3$ 标准溶液 25.00mL 于 250mL 锥形瓶中，加入(1+1) HNO_3 5mL，铁铵矾指示剂 1.0mL，然后用 NH_4SCN 溶液滴定。滴定时剧烈振荡溶液，当溶液颜色为稳定的淡红色时即为终点。计算 NH_4SCN 溶液的浓度。

2. 取一支洗净且干燥的 15mL 离心管，用吸量管往离心管中加入 3mL $0.200 mol \cdot L^{-1}$ $AgNO_3$ 溶液，再用另一支吸量管向离心管中加入 7mL $0.200 mol \cdot L^{-1}$ NaAc 溶液。

用洁净、干燥的玻璃棒搅拌离心管中的混合溶液，析出 AgAc 沉淀后再继续搅拌约 2min，离心沉降，然后小心地将清液转移到另一支洗净、干燥的离心管中(若转移清液时带有少量沉淀，则应再离心分离一次)。

用吸量管吸取 5mL 清液，加入锥形瓶中，再向锥形瓶中加入 5mL $1.6 mol \cdot L^{-1}$ HNO_3 溶液和 8 滴铁铵矾饱和溶液，然后用已知浓度的 NH_4SCN 溶液(用酸式滴定管)滴至浅红色不再消失为止。记下所用 NH_4SCN 溶液的体积，并计算清液中[Ag^+]，再计算

[Ac^-]及 K_{sp}。

3. 取 5mL 0.200mol·L^{-1} $AgNO_3$ 和 5mL 0.200mol·L^{-1} NaAc 溶液,重复上述操作,计算 K_{sp}。

4. 取 7mL 0.200mol·L^{-1} $AgNO_3$ 和 3mL 0.200mol·L^{-1} NaAc 溶液,重复上述操作,计算 K_{sp}。

有关数据记录和处理如下表:

实 验 序 号	Ⅰ	Ⅱ	Ⅲ
0.200 mol·L^{-1} $AgNO_3$ 溶液的体积(mL)			
0.200 mol·L^{-1} NaAc 溶液的体积(mL)			
混合溶液的体积 V(mL)			
沉淀前混合溶液中 Ag^+(a mmol)			
沉淀前混合溶液中 Ac^-(b mmol)			
滴定 5mL 清液所用 NH_4SCN 溶液的体积(mL)			
NH_4SCN 溶液的浓度(mol·L^{-1})			
Ag^+ 的平衡浓度 c(mol·L^{-1})			
沉淀 AgAc($a-Vc$)(mol·L^{-1})			
沉淀后溶液中 Ac^- [$b-(a-Vc)$](mmol)			
Ac^- 的平衡浓度[$b-(a-Vc)$]/V(mol·L^{-1})			
$K_{sp}=c·[b-(a-Vc)]/V$			

思 考 题

1. 简述本实验的原理。在本实验中,$AgNO_3$ 溶液和 NaAc 溶液的取量不同,平衡浓度是否相等? 两者平衡浓度的乘积是否相等?

2. 用 NH_4SCN 溶液滴定 Ag^+ 时,为什么要在酸性介质中进行? 可否以 HCl 或 H_2SO_4 溶液代替 HNO_3 溶液? 为什么?

实验39　植物或肥料中钾含量的测定(重量法)

一、实验目的

1. 学习植物试样及肥料试样的溶液的制备方法。
2. 学习以四苯硼钠为沉淀剂测定 K^+ 含量的重量分析法。

二、实验原理

植物或肥料经处理后,取一定量的溶液,加入四苯硼钠试剂,使其产生四苯硼钾沉淀,反应如下:

$$Na[B(C_6H_5)_4] + K^+ \Longrightarrow K[B(C_6H_5)_4]\downarrow + Na^+$$

所得的 $K[B(C_6H_5)_4]$ 沉淀具有溶解度小、热稳定性较好等优点。沉淀生成后,经过一系列处理后,称重换算成 K_2O 的质量。

四苯硼钾的沉淀是在碱性介质中进行的,铵离子的干扰可用甲醛掩蔽,金属离子的干扰可用乙二胺四乙酸二钠掩蔽。

三、主要试剂

1. 甲醛(25%)
2. 乙二胺四乙酸二钠溶液($0.1 mol \cdot L^{-1}$)
3. 酚酞(1%)
4. NaOH(2%)
5. 四苯硼钾:饱和溶液,过滤至清亮为止。
6. 四苯硼钠($0.1 mol \cdot L^{-1}$):称取四苯硼钠 3.4g,溶于 100mL 水中,加入 $Al(OH)_3$ 1g,搅匀,放置过夜,反复过滤至清亮为止。
7. HCl(浓,$2 mol \cdot L^{-1}$)
8. HNO_3($1 mol \cdot L^{-1}$)

四、实验步骤

1. 植物或肥料溶液的制备。

(1)植物样品溶液的制备:准确称取植物样品 1g,置于瓷蒸发皿或瓷坩埚内,在 400~450℃ 高温电炉中灰化 4~5h(使碳水化合物分解挥发),将样品冷却至室温,加入 15mL 1mol·L^{-1} HNO$_3$,放在沙浴上蒸发至干,再放进 450℃ 的高温炉中,继续灼烧 20min,使样品灰化更完全。灼烧完毕冷却至室温,加入 2mol·L^{-1} HCl 10mL,转动坩埚使 HCl 溶液充分接触灰分,再加 10mL 水,放在沙浴上温热 20min(低温加热,不使溶液沸腾),冷却,将坩埚内溶液及不溶物用定量滤纸滤于 100mL 容量瓶中,残渣用酸化蒸馏水(1L 蒸馏水中加 2mL 浓 HCl)洗涤 5~6 次,洗涤液合并于同一容量瓶中,用蒸馏水稀释至刻度,摇匀,作测定钾用。

(2)肥料样品溶液的制备:准确称取无机肥料约 0.5g 于 250mL 烧杯中,加入蒸馏水 20~30mL 和 5~6 滴浓 HCl,盖上表面皿,低温煮沸 10min,冷却后,将杯内残渣及溶液过滤于 100mL 容量瓶中,用热蒸馏水洗涤烧杯内壁 5~6 次,滤液转入同一容量瓶中,以蒸馏水稀释至刻度,摇匀备用。

2. 测定方法。

准确移取植物或肥料制备液 10~20mL(根据试样中钾含量而定)于 250mL 烧杯中,加入 5mL 25% 甲醛溶液和 10mL 0.1 mol·L^{-1} 乙二胺四乙酸二钠溶液,搅匀后,加入 2 滴 1% 酚酞指示剂,用 2% NaOH 溶液滴定至溶液呈淡红色为止。加热至 40℃,逐滴加入 0.1mol·L^{-1} 四苯硼钠溶液 5mL,并搅拌 2~3min,静止 30min 后,用已恒重的 4 号砂芯坩埚过滤,用四苯硼钾饱和溶液洗涤 2~3 次,最后用蒸馏水洗涤 3~4 次(每次约 5mL),抽滤至干。将坩埚置于电热干燥箱中,120℃ 干燥 1h 后放入干燥器中冷却称重,再烘干,冷却,称重,直至恒重(两次重量之差应小于 0.4mg)。根据四苯硼钾沉淀的质量,计算植物或肥料中 K$_2$O 的质量分数。

思 考 题

1. 在加入四苯硼钠溶液之前为什么加入 NaOH 溶液?
2. 在测定过程中为什么要加入甲醛和乙二胺四乙酸二钠溶液?
3. 为什么要用四苯硼钾饱和溶液洗涤沉淀?

实验 40　重量法测定土壤中 SO_4^{2-} 的含量

一、实验目的

1. 学习晶形沉淀的制备方法及重量分析的基本操作。
2. 学习以 $BaSO_4$ 沉淀重量法测定土壤等试样中可溶性 SO_4^{2-} 的含量。

二、实验原理

土壤样品与水按一定的比例混合,经过振荡,过滤后将土壤中可溶性 SO_4^{2-} 提取到溶液中,定量移取水提取液,加入 $BaCl_2$ 沉淀剂使 SO_4^{2-} 沉淀为 $BaSO_4$,再经过滤、炭化、灼烧、称重,由 $BaSO_4$ 质量换算出 SO_4^{2-} 的含量。

沉淀应在盐酸酸性条件下进行,同时还需控制"稀、热、慢、搅拌、陈化"等条件,并注意灼烧温度与恒重。在重量分析法中应用微波加热技术,具有事半功倍的效果①,应引起重视。

三、主要试剂

1. HCl 溶液(1+3)
2. $BaCl_2$ 溶液(10%)
3. $AgNO_3$ 溶液($0.1mol \cdot L^{-1}$)

---

① 徐文国等,分析化学,1992,20(11):1291。

四、实验步骤

1. 瓷坩埚的准备。

洗净坩埚，凉干，然后在(800±20)℃高温电炉中灼烧。第一次灼烧30～45min，取出稍冷片刻，转入干燥器冷至室温后称重；然后再放入同样温度的高温电炉中进行第二次灼烧，约15～20min后，取出稍冷片刻，转入干燥器中冷至室温再称重。如此重复操作直至恒重为止（前后两次灼烧后重量之差小于或等于0.3mg）。

2. 试样的分析。

称取通过18号筛(1mm筛孔)的风干土壤样品[①] 100g(称准至0.1g)，放入1L大口塑料瓶中，加入500mL无CO_2蒸馏水，将塑料瓶用橡皮塞塞紧，振荡3min，立即抽气过滤（如果土壤样品不粘重或碱化度不高，可用平板瓷漏斗过滤，直到滤清为止。土质粘重、碱化度高的样品需用巴氏滤管抽气过滤），清液贮存于500mL试剂瓶中，用橡皮塞塞紧备用。

吸取50～100mL上述滤液于300mL烧杯中，在水浴上蒸干，加5mL HCl(1+3)处理残渣，再蒸干，并继续加热1～2h，用2mL HCl(1+3)和30mL热水洗涤，用慢速定量滤纸过滤，并用热水洗涤残渣数次。弃去沉淀物（除去SiO_2）。

滤液在烧杯中蒸发至30～40mL，在不断搅拌条件下滴加10%$BaCl_2$溶液，此时有白色沉淀出现，待沉淀下沉后，在上层清液中滴加10%$BaCl_2$，若无沉淀产生，表示已沉淀完全，再多加2～3mL 10% $BaCl_2$，在水浴上继续加热15～30min，取下烧杯静置2h。用慢速定量滤纸以倾泻法过滤，烧杯中的沉淀用热水洗2～3次，转入滤纸，再用水洗涤沉淀至无Cl^-为止（检查方法：取滤液

[①] 本方法适用于SO_4^{2-}含量高的土壤样品，含量低的土壤样品应采用其它方法。

2mL,加 0.1mol·L^{-1} AgNO$_3$ 2 滴,不显浑浊即表示无 Cl$^-$)。将滤纸包移入已灼烧至恒重的瓷坩埚中,经干燥,炭化,灰化至呈灰白色①,在(800±20)℃高温电炉中灼烧 20min,然后在干燥器中冷却 30min 称重②,再将坩埚灼烧 20min,直至恒重。

用相同试剂和滤纸同样处理,做空白试验,测得空白质量。

根据 BaSO$_4$ 的质量计算 100g 土样中 SO$_4^{2-}$ 的含量。

思 考 题

1. 为什么沉淀 BaSO$_4$ 要在稀 HCl 溶液中进行?HCl 加过量对实验有何影响?

2. 为什么 BaSO$_4$ 沉淀反应需在热溶液中进行?为什么 BaSO$_4$ 沉淀完毕要放置一段时间才过滤?

3. 测土壤中 SO$_4^{2-}$ 时,为什么要做空白试验?

4. 为了使 SO$_4^{2-}$ 沉淀完全,必须加入过量沉淀剂,为什么又不能过量太多?

5. 什么叫倾泻法过滤?什么叫灼烧至恒重?

实验 41　邻二氮菲吸光光度法测定微量铁

一、实验目的

1. 了解分光光度计的结构和正确的使用方法。
2. 学习如何选择吸光光度分析的实验条件。
3. 学习吸收曲线、工作曲线的绘制及最大吸收波长的选择。

---

① 沉淀及滤纸的干燥,炭化和灰化过程应在煤气灯或电炉上进行,灰化后方能在高温电炉中灼烧。

② 称重时,坩埚必须盖上盖子,拿取坩埚时应用坩埚钳操作,不得用手直接拿取。

二、实验原理

邻二氮菲是测定微量铁的较好试剂。在 pH = 2~9 的溶液中,试剂与 Fe^{2+} 生成稳定的红色络合物,其 $\lg K_{稳} = 21.3$,摩尔吸光系数 $\varepsilon = 1.1 \times 10^4$,其反应式如下:

$$Fe^{2+} + 3 \;[邻二氮菲] \longrightarrow [Fe(邻二氮菲)_3]^{2+}$$

红色络合物的最大吸收峰在 510nm 波长处。本方法的选择性很强,相当于含铁量 40 倍的 Sn^{2+}、Al^{3+}、Ca^{2+}、Mg^{2+}、Zn^{2+}、SiO_3^{2-},20 倍的 Cr^{3+}、Mn^{2+}、$V(V)$、PO_4^{3-},5 倍的 Co^{2+}、Cu^{2+} 等均不干扰测定。

通过邻二氮菲吸光光度法测定铁的基本条件实验,可以更好地掌握某些比色条件的选择和实验方法。

三、主要试剂和仪器

1. $0.0001 mol \cdot L^{-1}$ 铁标准溶液:准确称取 0.0482g $NH_4Fe(SO_4)_2 \cdot 12H_2O$ 于烧杯中,用 30mL $2mol \cdot L^{-1}$ HCl 溶解,然后转移至 1000mL 容量瓶中,用水稀释至刻度,摇匀(供测摩尔比用)。

2. 铁标准溶液(含铁 0.1mg/mL):准确称取 0.8634g 的 $NH_4Fe(SO_4)_2 \cdot 12H_2O$,置于烧杯中,加入 20mL (1+1)HCl 和少量水,溶解后,定量地转移至 1L 容量瓶中,以水稀释至刻度,摇匀。

3. 邻二氮菲 $1.5 g \cdot L^{-1}$ ($10^{-3} mol \cdot L^{-1}$ 新配制的水溶液)

4. 盐酸羟胺 $100 g \cdot L^{-1}$ 水溶液(临用时配制)

5. 醋酸钠溶液($1 mol \cdot L^{-1}$)

6. NaOH 溶液($0.1 mol \cdot L^{-1}$)

7. HCl 溶液($1+1$)

8. 7221 型分光光度计

四、实验步骤

1. 条件实验。

(1) 吸收曲线的制作和测量波长的选择：用吸量管吸取 0.0，1.0mL 铁标准溶液①，分别注入两个 50mL 容量瓶(或比色管)中，各加入 1mL 盐酸羟胺溶液，2mL 邻二氮菲，5mL NaAc，用水稀释至刻度，摇匀。放置 10min 后，用 1cm 比色皿，以试剂空白(即 0.0mL 铁标准溶液)为参比溶液，在 440~560nm 之间，每隔 10nm 测一次吸光度，在最大吸收峰附近，每隔 5nm 测定一次吸光度。在坐标纸上，以波长 λ 为横坐标，吸光度 A 为纵坐标，绘制 A 与 λ 关系的吸收曲线。从吸收曲线上选择测定 Fe 的适宜波长，一般选用最大吸收波长 λ_{max}。

(2) 溶液酸度的选择：取 7 个 50mL 容量瓶(或比色管)，分别加入 1mL 铁标准溶液，1mL 盐酸羟胺，2mL Phen，摇匀。然后，用滴定管分别加入 0.0，2.0，5.0，10.0，15.0，20.0，30.0mL 浓度为 $0.10 mol \cdot L^{-1}$ 的 NaOH 溶液，用水稀释至刻度，摇匀，放置 10min。用 1cm 比色皿，以蒸馏水为参比溶液②，在选择的波长下测定各溶液的吸光度。同时，用 pH 计测量各溶液的 pH 值。以 pH 值为横坐标，吸光度 A 为纵坐标，绘制 A 与 pH 值关系的酸度影响曲线，得出测定铁的适宜酸度范围。

(3) 显色剂用量的选择：取 7 个 50mL 容量瓶(或比色管)，各

---

① 可用 0.0，10.0mL 浓度为 $10\mu g \cdot mL^{-1}$ 的两份溶液来作吸收曲线和选择波长，这样可省去此步溶液的配制。

② 该显色体系的试剂空白为无色溶液，本法的条件试验用蒸馏水作参比溶液，操作较为简单。

加入 1mL 铁标准溶液，1mL 盐酸羟胺，摇匀。再分别加入 0.1，0.3，0.5，0.8，1.0，2.0，4.0mL Phen 和 5.0mL NaAc 溶液，以水稀释至刻度，摇匀，放置 10min。用 1cm 比色皿，以蒸馏水为参比溶液，在选择的波长下测定各溶液的吸光度。以所取 Phen 溶液体积 V 为横坐标，吸光度 A 为纵坐标，绘制 A 与 V 的显色剂用量影响曲线。得出测定铁时显色剂的最适宜用量。

(4)显色时间：在一个 50mL 容量瓶(或比色管)中，加入 1mL 铁标准溶液，1mL 盐酸羟胺溶液，摇匀。再加入 2mL Phen，5mL NaAc，以水稀释至刻度，摇匀。立即用 1cm 比色皿，以蒸馏水为参比溶液，在选择的波长下测量吸光度。然后依次测量放置 5，10，30，60，120min，…后的吸光度。以时间 t 为横坐标，吸光度 A 为纵坐标，绘制 A 与 t 的显色时间影响曲线。得出铁与邻二氮菲显色反应完全所需要的适宜时间。

(5)邻二氮菲与铁的摩尔比的测定：取 50mL 容量瓶 8 个，吸取 $0.0001 mol \cdot L^{-1}$ 铁标准溶液 10mL 于各容量瓶中，各加 1mL 10%盐酸羟胺溶液，5mL $1 mol \cdot L^{-1}$ NaAc 溶液。然后依次加 0.02%邻二氮菲溶液(约为 $1 \times 10^{-3} mol \cdot L^{-1}$)0.5,1.0,2.0,2.5,3.0,3.5,4.0,5.0mL，以水稀释至刻度，摇匀。然后在 510nm 的波长下，用 2cm 比色皿，以蒸馏水为空白液，测定各溶液的吸光度。最后以邻二氮菲与铁的浓度比 c_R/c_{Fe} 为横坐标，对吸光度作图，根据曲线上前后两部分延长线的交点位置确定 Fe^{2+} 离子与邻二氮菲反应的络合比。

2.铁含量的测定。

(1)标准曲线的制作：用移液管吸取 $100 \mu g \cdot mL^{-1}$ 铁标准溶液 10mL 于 100mL 容量瓶中，加入 2mL HCl，用水稀释至刻度，摇匀。此溶液每毫升含 Fe^{3+} $10 \mu g$。

在 6 个 50mL 容量瓶(或比色管)中，用吸量管分别加入 0.0，2.0，4.0，6.0，8.0，10.0mL $10 \mu g \cdot mL^{-1}$ 铁标准溶液，分别加入 1mL 盐酸羟胺，2mL Phen，5mL NaAc 溶液，每加入一种试剂后都

要摇匀。然后,用水稀释至刻度,摇匀后放置10min。用1cm比色皿,以试剂为空白(即0.0mL铁标准溶液),在所选择的波长下,测量各溶液的吸光度。以含铁量为横坐标,吸光度 A 为纵坐标,绘制标准曲线。

由绘制的标准曲线,重新查出相应铁浓度的吸光度,计算 Fe^{2+}-Phen 络合物的摩尔吸光系数 ε。

(2)试样中铁含量的测定:准确吸取适量试液于50mL容量瓶(或比色管)中,按标准曲线的制作步骤,加入各种试剂,测量吸光度。根据标准曲线求出试样中铁的含量($\mu g \cdot mL^{-1}$)。

(3)蜂蜜中铁含量的测定

准确称取蜂蜜2.5~3g于30mL瓷坩埚中,在电炉上加热炭化至无烟冒出,放入马弗炉中在800~850℃灰化1.5h(仅剩一点残渣),成灰白色,加(1+1)HCl 2mL 加热煮沸(有黄色 $FeCl_3$),冷却。加水5mL,用玻璃棒搅拌均匀,定量转入50mL容量瓶中,加入盐酸羟胺(10%)2mL,邻二氮菲(0.15%)2mL,NaAe(1mol·L)5~10mL(视酸度而定),pH 约为5~6之间,用水释至刻度,摇匀,同标准曲线一起显色。

(4)数据处理说明:手工绘制各种条件试验曲线、标准曲线以及计算试样中物质的含量,是学生应该掌握的实验基本方法。对有条件的学校,可让学生同时用计算机进行数据处理。

思 考 题

1. 本实验为什么要选取酸度、显色剂用量和有色溶液的稳定性作为条件实验的项目?
2. 吸收曲线与标准曲线有何区别?各有何实际意义?
3. 本实验中盐酸羟胺、醋酸钠的作用各是什么?
4. 怎样用吸光光度法测定水样中的全铁(总铁)和亚铁的含量?试拟出简单步骤。
5. 制作标准曲线和进行其它条件实验时,加入试剂的顺序能否任意改变?为什么?

实验 42　水样中铜的吸光光度法测定

一、实验目的

1. 学习并掌握双环己酮草酰双腙分光光度法测铜的原理及方法。
2. 进一步熟悉分光光度计的使用方法。

二、实验原理

双环己酮草酰双腙($C_{14}H_{22}N_4O_2$,简称 BCO)是一种常见的络合剂(显色剂)。在 pH 值为 9~9.5 的溶液中,BCO 可与二价铜离子[Cu(Ⅱ)]形成稳定的 1∶2 型蓝色络合物。该络合物对黄色光产生较好的吸收,其吸光度(A)与铜离子的浓度间存在一定的线性关系,可用于水样中铜含量的测定。其反应可简单表示为:

$$2Cu(Ⅱ) + BCO \leftrightarrow Cu(Ⅱ)_2\text{-}BCO$$
$$\text{蓝色}(pH=9\sim9.5)$$

水样中存在的铁离子会干扰铜的测定,可用柠檬酸掩蔽。

三、主要试剂及仪器

1. 柠檬酸(50%)
2. $NH_3 \cdot H_2O$(1+1):等体积浓氨水和蒸馏水混合即可。
3. 双环己酮草酰双腙(0.05%):用天平称取 0.5g BCO 于 500mL 烧杯中,加乙醇 40mL,搅拌片刻,并用玻璃棒压碎颗粒或用超声波粉碎,加热水约 200mL(约 50℃),搅拌促使其溶解(若溶解不完全可用水浴加热促溶),溶完后将其转移至 1000mL 的广口瓶中,加水稀释至 1000mL。
4. Cu(Ⅱ)标准溶液(5μg/mL):用天平准确称取优级纯 $CuSO_4 \cdot 5H_2O$ 0.3929g 于小烧杯中,加少量水和稀硫酸溶解后,定量转移至 1L 容量瓶中,加水稀释至刻度,摇匀。移取此溶液 5.00mL 于 100mL 容量瓶中,加水稀释至刻度,摇匀。

5.722 或 721 型分光光度计

四、实验步骤

取 7 个 50mL 洗净的容量瓶,分别加入 Cu(Ⅱ)标准溶液 (5μg/mL)0.0,1.0,3.0,5.0,7.0,9.0mL 及水样 10.0mL,各加 50%柠檬酸 2mL,放置 3～5min,加 4mL (1+1)$NH_3·H_2O$ 使溶液 pH 值在 9～9.5 之间,加 0.05%BCO 溶液 10.0mL,放置 5min,加水稀释至刻度,摇匀。

将分光光度计吸收波长调至 620nm 处,以试剂为空白,用 1cm 比色皿分别测定各容量瓶中溶液的吸光度(A)。

根据所测得的吸光度及相应的 Cu(Ⅱ)的浓度绘制工作曲线(标准曲线),再从标准曲线上查出对应于水样吸光度的 Cu(Ⅱ)浓度,计算水样中 Cu(Ⅱ)的含量。

思 考 题

1. 实验中为何要加(1+1)$NH_3·H_2O$ 调节溶液的 pH 值为 9～9.5?
2. 本实验中哪些试剂需要准确配制和准确加入?
3. 根据本实验结果,计算 Cu(Ⅱ)$_2$-BCO 配合物的摩尔吸光系数。

实验 43 水样中六价铬的吸光光度法测定

一、实验目的

学习水样中六价铬的吸光光度法测定原理与方法。

二、实验原理

铬常以六价和三价两种形态存在于水中,它们对人体健康都有害,尤以六价铬为甚。微量铬的测定通常采用分子吸光光度法或原子吸收分光光度法。用分子吸光光度法测定六价铬时常用二苯碳酰肼(DPCI)作显色剂。

DPCI,又名二苯卡巴肼或二苯氨基脲,在酸性条件下(1.0 $mol·L^{-1}$ H_2SO_4),可与$Cr(Ⅵ)$发生显色反应生成紫红色络合物。该络合物的最大吸收波长为540nm左右,摩尔吸光系数 ε 为 $2.6 \times 10^4 \sim 4.17 \times 10^4 L·mol^{-1}·cm^{-1}$。显色温度以15℃为宜,过低显色速度慢,过高络合物稳定性变差;显色时间2~3min,络合物可在1.5h内稳定。

Hg_2^{2+}和Hg^{2+}可与DPCI作用生成蓝(紫)色化合物,对Cr(Ⅵ)的测定产生干扰,但在本实验所控制的酸度下,反应不甚灵敏;铁与DPCI作用生成黄色化合物,其干扰可通过加铁的络合剂H_3PO_4消除;V(V)与DPCI作用生成的棕黄色化合物因不稳定而很快退色(约20min),可不予考虑;少量Cu^{2+}、Ag^+、Au^{3+}在一定程度上有干扰;钼低于$100\mu g·mL^{-1}$时不干扰测定。另外,还原性物质干扰测定。

三、主要试剂及仪器

1. $Cr(Ⅵ)$标准贮备液($0.100mg·mL^{-1}$):准确称取110℃下干燥过的$K_2Cr_2O_7$ 2.830g于小烧杯中,溶解后转移至1000mL容量瓶中,用水稀释至刻度,摇匀。

2. $Cr(Ⅵ)$标准溶液($1.0\mu g·mL^{-1}$):准确移取$Cr(Ⅵ)$贮备液5.0mL于500mL容量瓶中,用水稀释至刻度,摇匀。

3. DPCI溶液(1.0%):称取0.5g DPCI,溶于丙酮后,用水稀释至50mL,摇匀。贮于棕色瓶中,放入冰箱中保存(变色后不能使用)。

4. 乙醇(95%)

5. H_2SO_4溶液($9mol·L^{-1}$)

6. 722或721型分光光度计

四、实验步骤

1. 标准曲线的制作。

用吸量管准确移取 0.0,0.5,1.0,2.0,4.0,7.0 和 10.0mL 的 1.0μg/mL 铬标准溶液,分别置于 50mL 容量瓶中,随后各加入 0.6mL H_2SO_4、30mL 水和 1.0mL DPCI 溶液,加入后立即摇匀,用水稀释至刻度,再次摇匀,然后让其静置 5min。以试剂空白为参比溶液,在 540nm 波长处测量各溶液的吸光度 A,绘制标准曲线。

2. 试样中铬含量的测定。

移取适量水样于 100mL 烧杯中,依次加入 0.6mL H_2SO_4 和几滴乙醇,加热,使 Cr(Ⅵ)还原为 Cr(Ⅲ),继续煮沸数分钟,除去过量乙醇,冷却后转入 50mL 容量瓶中,加入 1.0mL DPCI 溶液,用水稀释至刻度,摇匀,以此作为参比溶液。

另取等量水样一份于 50mL 容量瓶中,依次加入 0.6mL H_2SO_4 和 1.0mL DPCI 溶液,立即摇匀,用水稀释至刻度,摇匀,放置 5min。以上述制得的溶液为参比,在 540nm 波长处测量制得的水样显色溶液的吸光度。从标准曲线上查出对应于水样吸光度的 Cr(Ⅵ)浓度,计算水样中六价铬的含量($mg·mL^{-1}$)。

思 考 题

1. 在制作标准系列和水样显色时,加入 DPCI 溶液后,为什么要立即摇匀?
2. 测定水样中铬含量时,参比溶液该如何配制?
3. 怎样测定水样中三价铬和六价铬含量?

实验 44　铁、镍的离子交换分离与测定

一、实验目的

1. 掌握离子交换分离法的操作方法。

2. 熟悉铁、镍的测定方法。

二、实验原理

在浓 HCl 溶液中只有 Ni^{2+} 不产生络阴离子,而 Fe^{3+}、Co^{2+}、Cu^{2+}、Zn^{2+}、Mn^{2+} 都能形成络阴离子,由于各种金属络阴离子稳定性不同,生成络阴离子所需 HCl 的浓度也不同,因此将它们置于离子交换柱后,可通过不同浓度的盐酸洗脱液淋洗而分离。本实验只进行 Fe^{3+}、Ni^{2+} 的分离,以 $8mol·L^{-1}$ HCl 溶液洗脱时,Ni^{2+} 仍带正电荷,不被交换吸附,而 Fe^{3+} 形成 $FeCl_6^{3-}$,被交换吸附。反应式为:

$$3R_4N^+Cl^- + FeCl_6^{3-} \rightleftharpoons (R_4N^+)_3FeCl_6^{3-} + 3Cl^-$$

用 $9mol·L^{-1}$ HCl 溶液洗脱,Ni^{2+} 首先从柱中流出,流出液呈淡黄色,接着再以 $0.01mol·L^{-1}$ HCl 溶液洗脱时,$FeCl_6^{3-}$ 也回复为阳离子状态,从树脂上解吸下来。然后分别用 EDTA 标准溶液滴定。

三、主要试剂及仪器

1. 镍标准溶液($10g·L^{-1}$):准确称取 $NiCl_2·6H_2O$(A.R) 2.024g,用 $2mol·L^{-1}$ HCl 溶液 30mL 溶解,转入 50mL 容量瓶中,用 $2mol·L^{-1}$ HCl 溶液稀释至刻度,摇匀。

2. 铁标准溶液($10g·L^{-1}$):准确称取 $Fe(NO_3)_3·9H_2O$(A.R) 3.5705g,加水溶解(如出现浑浊,加几滴 $6mol·L^{-1}$ HNO_3 至溶液澄清),转入 50mL 容量瓶中,用水稀释至刻度。

3. 锌标准溶液($0.01mol·L^{-1}$)

4. EDTA 标准溶液($0.01mol·L^{-1}$)

5. 二甲酚橙($2g·L^{-1}$)

6. 六次甲基四胺溶液($200g·L^{-1}$)

7. HCl 溶液($9mol·L^{-1}$,$2mol·L^{-1}$,$0.01mol·L^{-1}$)

8. NaOH 溶液($6mol·L^{-1}$,$2mol·L^{-1}$)

9. 丁二酮肟($10g·L^{-1}$乙醇溶液)

10. KSCN 溶液($200g·L^{-1}$)

11. 磺基水杨酸($5g·L^{-1}$)

12. 离子交换柱(可用 25mL 酸式滴定管代替)

13. 玻璃棉(用蒸馏水浸泡洗净)

四、实验步骤

1. 交换柱的准备。

强碱性阴离子交换树脂(国产 717,新商品牌号为 $201×7$)为氯型,$40\sim80$ 目,先用 $2mol·L^{-1}$ HCl 溶液浸泡 24h,倾出 HCl 溶液,用水洗净树脂。再用 $2mol·L^{-1}$ NaOH 溶液浸泡 2h,然后用去离子水洗至中性,继续用 $2mol·L^{-1}$ HCl 浸泡 24h,备用。

2. 装柱。

将玻璃棉搓成花生米大小的小球,通过圆头的玻璃棒将其装入酸式滴定管下部,并使其平整,加入 10mL 左右的蒸馏水。将树脂和水边用玻璃棒搅拌,边倒入酸式滴定管中,树脂在水中沉降后,应均匀,无气泡,装至柱高 16cm 左右后,打开活塞放出多余的水,树脂床上面应保持 1cm 左右的水液面。

3. 分离。

将 $9mol·L^{-1}$ HCl 20mL,分次加入交换柱,待液面下降到接近树脂层 1cm 时,关闭活塞,将 Fe^{3+}、Ni^{2+} 混合试液小心移入交换柱进行交换,用 250mL 锥形瓶承接,收集流出液,调节流速为 $0.5mL·min^{-1}$。当液面到达树脂相时,用 $9mol·L^{-1}$ HCl 20mL 洗脱 Ni^{2+},再用 $9mol·L^{-1}$ HCl 洗涤烧杯,每次 $2\sim3mL$,洗 $4\sim5$ 次,洗涤液均倒入柱中,以保证试液全部转入交换柱上。剩余 $9mol·L^{-1}$ HCl 分次加入交换柱上。收集流出液,用于测定 Ni^{2+}。Ni^{2+} 的定性鉴定:待洗脱快结束时,取 2 滴流出液,用浓氨水碱化,加 1 滴丁二酮肟溶液,以检查 Ni^{2+} 是否洗脱完全。

Fe^{3+} 的洗脱:用 40mL $0.1mol·L^{-1}$ HCl 溶液洗脱 Fe^{3+},分数

次洗脱,收集洗出液以备测定铁。Fe^{3+} 的定性鉴定:待洗脱快结束时,取 1 滴流出液,加 1 滴 KSCN 溶液,以检查 Fe^{3+} 是否洗脱完全。

4.各组分的测定。

(1)Ni^{2+} 的测定:流出液以 $6mol·L^{-1}$ NaOH 溶液中和,以酚酞为指示剂。溶液由无色变为粉红色。此时由于中和热使温度升高,可将锥形瓶置于流水下冷却。再滴加 $6mol·L^{-1}$ HCl 至红色退去,再过量 4 滴,用移液管准确加入 20.00mL EDTA 标准溶液,加 $200 g·L^{-1}$ 六次甲基四胺溶液 5mL,控制溶液 pH 值在 5~5.5 左右,加 2~3 滴二甲酚橙指示剂,溶液应为黄色(若呈紫红色或橙红色,说明 pH 值过高,用 $6mol·L^{-1}$ HCl 调至刚变为黄色),用 $0.01 mol·L^{-1}$ Zn^{2+} 标准溶液滴定至溶液由黄色变为红色即为终点。计算试样中 Ni^{2+} 的浓度($g·L^{-1}$)。

(2)Fe^{3+} 的测定:滴加 $6mol·L^{-1}$ 氨水中和至刚出现 $Fe(OH)_3$ 沉淀,再滴加 $3mol·L^{-1}$ HCl 至沉淀刚溶解,此时溶液的 pH 值为 2.0~2.5(以 pH 试纸测试),再加入 $2mol·L^{-1}$ 的氯乙酸 10mL,控制酸度 pH 值为 1.5~1.8,加热至 50~60℃,加入 $5g·L^{-1}$ 磺基水杨酸 3~4 滴,以 $0.01mol·L^{-1}$ EDTA 标准溶液滴定至溶液由紫红色变为黄色即为终点。计算试样中 Fe^{3+} 的浓度($g·L^{-1}$)。

5.交换柱再生。

用 $8mol·L^{-1}$ 的 HCl 溶液 20~30mL 处理交换柱,使之再生,以备下次交换时用。

思 考 题

1.离子交换树脂使用前为什么要用酸、碱溶液浸泡?
2.淋洗树脂时,淋洗速度与分离效果有什么关系?
3.树脂中有气泡,对交换效果有什么影响?气泡应如何排除?

实验 45 自来水中痕量磷的测定
（萃取分离—吸光光度法）

一、实验目的

1. 掌握萃取分离的基本操作。
2. 了解吸光光度法测定磷的原理及方法。

二、实验原理

磷主要以正磷酸盐形式在地表水和地下水中存在（若水样中有不同形态的磷，可采用过硫酸钾等氧化剂，将其转化为正磷酸盐），水中的磷酸盐多数以 $H_2PO_4^-$ 离子形式存在。而 pH 值在 7~12 之间时，则多数以 HPO_4^{2-} 离子形式存在。由于磷酸盐很容易被植物所利用，并由光合作用转为蛋白质，所以地表水中不会出现很高浓度的磷。天然水域中磷酸盐的含量水平为 $0.3~1\mu g \cdot mL^{-1}$。

在酸性溶液中，磷酸根离子可与钼酸根离子作用，生成淡黄色磷钼杂多酸根离子：$PO_4^{3-} + 12MoO_4^{2-} + 24H^+ + 3NH_4^+ \longrightarrow (NH_4)_3PO_4 \cdot 12MoO_3 + 12H_2O$。

当有还原剂存在时，立即还原，生成磷钼蓝，生成磷钼蓝的多少与磷含量有关，且其对 600~700nm 波长的光有较强的吸收作用，适于用吸光光度法测定。若溶液中磷酸根含量低，用乙酸乙酯萃取，以提高准确性。

三、主要仪器及试剂

1. 7220 型或 721 型分光光度计
2. 分液漏斗（60mL 分液漏斗）
3. 钼酸铵-盐酸：溶解 15g 钼酸铵于 300mL 蒸馏水中，加热至

60℃左右,如有沉淀,将溶液过滤,待溶液冷却后,慢慢加入 10 mol·L^{-1} HCl 350mL,并用玻璃棒迅速搅拌,待冷至室温后,用蒸馏水稀释至 1L,充分摇匀。贮存于棕色瓶中,此溶液为 15g·L^{-1} 钼酸铵的 3.5mol·L^{-1} HCl 溶液。

2. $SnCl_2$ 溶液(25g·L^{-1}):称取 $SnCl_2$ 2.5g 溶于 50mL 浓 HCl 中,加热溶解后,稀释至 100mL。贮存于棕色瓶中。

3. 磷标准溶液:准确称取 105℃ 烘干的 KH_2PO_4(分析纯) 0.4390g,溶解于 400mL 水中,加浓 H_2SO_4 5mL(防止溶液长霉菌),转入 1000mL 容量瓶中,加水稀释至刻度,摇匀,此溶液含磷 100μg·mL^{-1}。

准确移取上述磷标准溶液 10mL 于 1L 容量瓶中,加水稀释至刻度,摇匀,即为 1μg·mL^{-1}。

四、实验步骤

1. 标准曲线的制作。

分别移取 1μg·mL^{-1} 磷标准溶液 0.0,1.0,2.0,3.0,4.0,5.0mL 于 6 个 60mL 分液漏斗中,加水至 50mL,加钼酸铵 5mL,摇匀,加 $SnCl_2$ 溶液 6 滴,摇匀,放置 15min,加入 10mL 乙酸乙酯,萃取 1min,弃去水相,用 1cm 比色皿在 680nm 处测其吸光度。以磷的微克数为横坐标,相应的吸光度为纵坐标,绘制标准曲线。

2. 水样的制备与 P 的测定。

准确量取 50mL 自来水样(视磷含量而定)于 60mL 分液漏斗中,加钼酸铵 5mL,$SnCl_2$ 溶液 6 滴,放置 15min,用 10mL 乙酸乙酯萃取 1min,弃去水相,与标准曲线同时比色,测其吸光度,计算磷的含量(g·L^{-1})。

注意:用稀 HCl 泡洗玻璃器皿,用稀 NaOH 洗涤测磷钼蓝用过的玻璃器皿。

思 考 题

1. 有的水样需要加入过硫酸钾氧化剂,其作用是什么?

2. $SnCl_2$ 溶液放置过久,对实验有什么影响?
3. 能否用洗衣粉和去污粉或洗洁精洗涤测磷的玻璃仪器?为什么?

实验 46　纸层析法分离鉴定氨基酸

一、实验目的

1. 了解纸色谱分离法的原理。
2. 掌握比移值 R_f 的测定方法。

二、实验原理

纸层析分离法是以滤纸作为一种惰性载体,利用滤纸吸湿的水分作为固定相,有机溶剂为流动相。将试样用毛细管点在滤纸的原点位置上,流动相由于毛细管作用自下而上移动,样品中各组分在两相中不断进行分配,由于分配系数不同,不同组分随着流动相的移动速度也不同,即比移值 R_f 不同,因而形成了距原点不等的层析斑点,达到分离的目的。

本实验可用于分离和鉴定 L-谷氨酸、L-赖氨酸、L-异白氨酸,由于不同氨基酸含碳氢链长短不同,或含羧基、羟基数目不同而显现不同的极性,因而它们的分配系数不同,R_f 就不同。氨基酸无色,为鉴别和测定 R_f 值,在展开剂的正丁醇中加入 0.2% 的茚三酮,展开分离后,在 100℃干燥箱中烘干,使氨基酸斑点显色,茚三酮水合物和氨基酸反应,失水、失羧变为亚胺,水解后得氨基茚二酮,再与一分子茚三酮水合物反应,失水得紫红色化合物。

$$\underset{}{\text{茚三酮}(OH)_2} + H_2N-\underset{R}{CH}-COOH \xrightarrow{-H_2O}$$

水合茚三酮

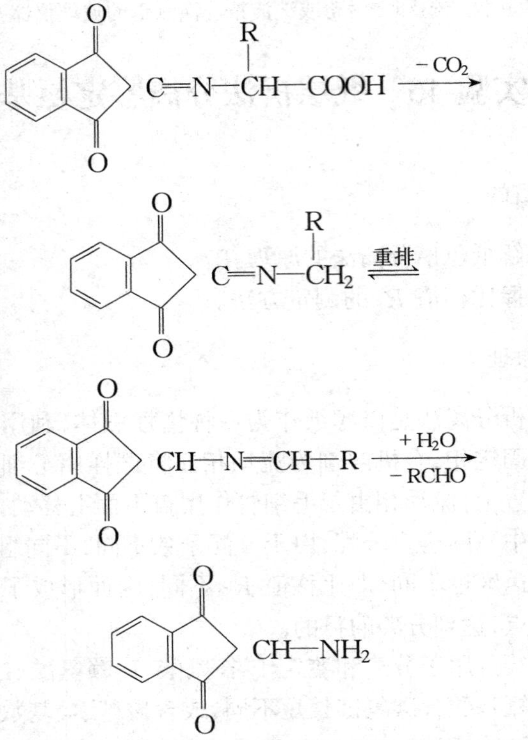

$$\text{茚三酮} + \text{C}=\text{N}-\underset{\text{R}}{\text{CH}}-\text{COOH} \xrightarrow{-\text{CO}_2}$$

$$\text{茚二酮} = \text{C}=\text{N}-\underset{\text{R}}{\text{CH}_2} \xrightleftharpoons{\text{重排}}$$

$$\text{茚二酮}-\text{CH}-\text{N}=\text{CH}-\text{R} \xrightarrow[-\text{RCHO}]{+\text{H}_2\text{O}}$$

$$\text{茚二酮}-\text{CH}-\text{NH}_2$$

氨基茚二酮

$$\text{氨基茚二酮} + \text{二羟基茚二酮} \xrightarrow{-2\text{H}_2\text{O}}$$

224

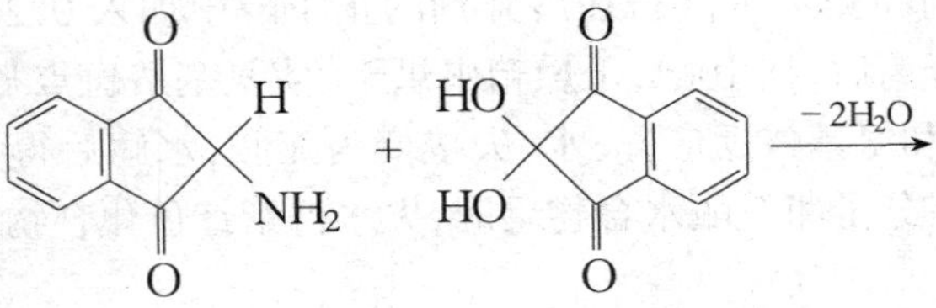

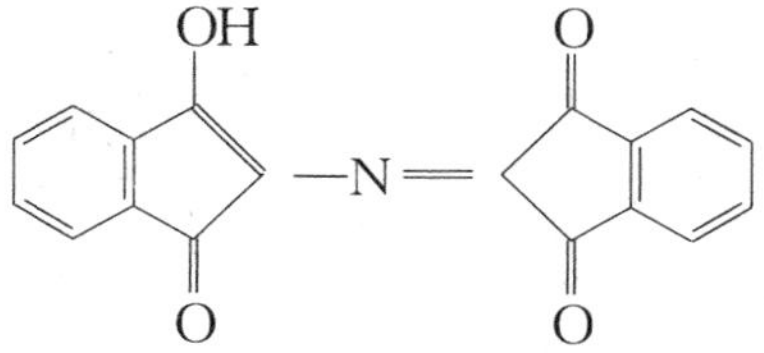

紫红色

三、主要仪器及试剂

1. 玻璃层析筒：$15cm \times 30cm (\varphi \times h)$。
2. 层析纸：$10cm \times 27.5cm (W \times h)$。
3. 毛细管：直径 1mm 左右。
4. 展开剂：0.2%茚三酮的正丁醇:甲酸(80%～88%):水＝15:3:2(共配 80mL)。
5. 氨基酸标准溶液(0.2%)：分别将 L-谷氨酸，L-异白氨酸，L-赖氨酸配成 0.2%的水溶液。
6. 氨基酸混合试液：将上述三种氨基酸等体积混合均匀，作为样品。

四、实验步骤

1. 在层析纸下端 2.5cm 处，用铅笔画一横线，在线上画出 1、2、3、4 四个等距离的点，1、2、3 号分别用毛细管将三种氨基酸标准溶液点出直径约为 2mm 的扩散原点，4 号点为混合液原点(注：皮肤分泌物有氨基酸，不要用手直接接触纸条)。如图所示：
2. 展开分离。
将点好样的滤纸晾干后，用挂钩悬挂在层析筒盖上，放入已盛有展开剂的层析筒中，纸条应挂得平直，原点应离开液面 1cm，记下展开时间，当展开剂前沿上升至 15～20cm 左右时，取出层析纸，画出溶剂前沿，记下展开停止时间。将滤纸晾干。
3. 显色。

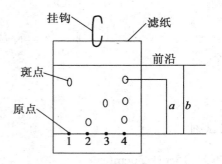

纸条点样和展开后示意图

将晾干的层析滤纸放入 100℃ 烘箱中烘 3~5min,或用电吹风热风吹干,即可显出各层析斑点。用铅笔画出各斑点轮廓。

4.量出各斑点的中心到原点中心的距离,计算 R_f 值和 ΔR_f 值。

思 考 题

1.纸上色谱分离实验为什么要采用标准试样对照鉴别?
2.层析分离氨基酸时,流动相和固定相的作用是什么?
3.比移值 R_f 的定义是什么?由本实验所得 R_f 和 ΔR_f 的值讨论分离效果。

实验 47 酸碱滴定法综合设计实验

1. NH_3-NH_4Cl 混合溶液中各组分含量的测定

提示:氨水是较弱的碱($K_b=1.8\times10^{-5}$),可用 HCl 标准溶液直接滴定;指示剂的选择应由化学计量点产物的 pH 值来决定;NH_4Cl 的测定需加甲醛强化。

2. HCl-H_3BO_3 混合溶液中各组分含量的测定

提示:H_3BO_3 需加甘露醇强化后测定。

3. NaOH-Na_3PO_4 混合溶液中各组分含量的测定

提示:以 HCl 标准溶液滴定,注意第一、二化学计量点的产物及 pH 值,以此来选择指示剂及确定计量关系和相应的计算式。

实验 48　络合滴定法综合设计实验

1. HCl-$MgCl_2$(中和法-络合滴定法)

2. 保险丝中 Pb、Cd 的测定

提示:用邻二氮菲或 KI 掩蔽 Cd^{2+},或用 H_2SO_4 生成 $PbSO_4$ 沉淀,分离后测 Cd^{2+}。

3. 铜合金中铜、锌含量的测定

参考文献:武登高,分析化学,1973,1(2):49。

4. 鲜牛奶酸度及钙含量的测定

提示:酸碱滴定法测酸度,EDTA 法或 $KMnO_4$ 法测钙。

实验 49　氧化还原滴定法综合设计实验

1. 高锰酸钾法测定钙制剂中的钙含量

提示:钙制剂经 HCl 溶解后,用 $NH_3·H_2O$ 调节溶液酸度至 pH≈9,然后加入$(NH_4)_2C_2O_4$ 溶液。此时 Ca^{2+} 与 $C_2O_4^{2-}$ 作用生成 CaC_2O_4 沉淀,过滤洗涤后,加酸溶解,加热后用 $KMnO_4$ 标准溶

液滴定。

2. 苯酚含量的测定(KBrO$_3$-I$_2$法)

提示:KBrO$_3$与过量KBr作用生成Br$_2$,Br$_2$与苯酚反应生成三溴苯酚,多余的Br$_2$与过量I$^-$作用后,产生的I$_2$可用Na$_2$S$_2$O$_3$标准溶液滴定。

3. 重铬酸钾法测定试液中二价和三价铁含量

提示:在酸性溶液中,可用K$_2$Cr$_2$O$_7$标准溶液滴定试液中的Fe^{2+};试液经SnCl$_2$等还原后,用K$_2$Cr$_2$O$_7$标准溶液滴定总铁含量,从总铁含量中扣除Fe^{2+},可得Fe^{3+}的含量。

实验 50 有机酸摩尔质量的测定 (微量滴定分析法)

一、实验原理

大多数有机酸为弱酸。它们与NaOH溶液的反应为:

$$n\text{NaOH} + \text{H}_n\text{A}(有机酸) = \text{Na}_n\text{A} + n\text{H}_2\text{O}$$

当有机酸的离解常数$K_{a1} \geqslant 10^{-7}$,且多元有机酸中的H$^+$均能被准确滴定时,用酸碱滴定法可测定有机酸的摩尔质量。测定时,n值须已知。

滴定产物是强碱弱酸盐,滴定突跃在碱性范围内,可选用酚酞等指示剂。

本实验要求学生对NaOH溶液的标定结果,用误差理论进行处理,以加深对课堂教学内容的理解。

二、主要试剂

1. NaOH 溶液（$0.1 mol \cdot L^{-1}$）：在台秤上称取约 1g 固体 NaOH① 放入烧杯中，加入新鲜的或煮沸除去 CO_2 的蒸馏水，使之溶解后，转入带有橡胶塞的试剂瓶中，加水稀释至 250mL，充分摇匀。

2. 酚酞指示剂（0.2%乙醇溶液）

3. 邻苯二甲酸氢钾 $KHC_8H_4O_4$ 基准物质：在 100～125℃ 条件下干燥 1h 后，放入干燥器中备用。

4. 有机酸试样（如草酸、酒石酸、柠檬酸、乙酰水杨酸、苯甲酸等）

三、实验步骤

1. $0.1 mol \cdot L^{-1}$ NaOH 溶液的标定（微量滴定法）。

准确称取 $KHC_8H_4O_4$ 基准物质 1.0g 左右于干燥小烧杯中，加蒸馏水溶解后，定量转入 50mL 容量瓶中，用水稀释至刻度，摇匀。用移液管准确移取 2.000mL 上述 $KHC_8H_4O_4$ 标准溶液于 25mL 锥形瓶中，加入 1 滴 0.2%酚酞指示剂，用待标定的 NaOH 溶液滴定至溶液呈现微红色，保持 0.5min 不退色即为终点。平行滴定 3～5 份，求得 NaOH 溶液的浓度，其各次相对偏差应≤0.2%，否则需重新标定。

2. 有机酸摩尔质量的测定（微量滴定法）。

准确称取有机酸试样约 0.3g 一份于 50mL 烧杯中，加水溶解，定量转入 50mL 容量瓶中，用水稀释至刻度，摇匀。用

---

① 为了除去 NaOH 吸收 CO_2 形成的 Na_2CO_3，称取 1.5g 固体 NaOH，置于 50mL 烧杯中，用煮沸并冷却后的蒸馏水迅速洗涤 2～3 次，每次用 5～10mL 水漂洗，这样可除去 NaOH 表面上少量的 Na_2CO_3。留下的固体苛性碱，用水溶解后加水稀释至 250mL。

2.000mL 移液管平行移取三份,分别放入 25mL 锥形瓶中,加酚酞指示剂 1 滴,用 NaOH 标准溶液滴定至溶液由无色变为微红色,0.5min 内不退色即为终点。计算有机酸摩尔质量。

实验 51　过氧化氢含量的测定 （微量滴定分析法）

一、实验原理

H_2O_2 分子中有一个过氧键 —O—O— ,在酸性溶液中它是强氧化剂,但遇 $KMnO_4$ 则表现为还原剂。测定过氧化氢的含量时,在稀硫酸溶液中,在室温条件下用高锰酸钾法测定,其反应式为:

$$5H_2O_2 + 2MnO_4^- + 6H^+ = 2Mn^{2+} + 5O_2\uparrow + 8H_2O$$

开始反应速度慢,滴入第一滴溶液不容易退色,待 Mn^{2+} 生成后(亦可另外加入少量 Mn^{2+}),由于 Mn^{2+} 的催化作用,加快了反应速度,故能顺利地滴定到溶液呈现稳定的微红色,即为终点。稍过量的滴定剂本身的紫红色(10^{-5} mol·L^{-1})可显示终点。

H_2O_2 在反应过程中,最后产物是 O_2,半反应式为:

$$H_2O_2 = 2H^+ + O_2 + 2e^-$$

根据 H_2O_2 的摩尔质量和 c_{KMnO_4},以及滴定中消耗 $KMnO_4$ 的体积计算 H_2O_2 的含量。

如 H_2O_2 试样系工业产品,用上述方法测定误差较大,因产品中常加入少量乙酰苯胺等有机物质作稳定剂,此类有机物也消耗 $KMnO_4$。遇此情况应采用碘量法等方法测定。利用 H_2O_2 和 KI 作用,析出 I_2,然后用 $S_2O_3^{2-}$ 溶液滴定。

$$H_2O_2 + 2H^+ + 2I^- = 2H_2O + I_2$$

$$I_2 + 2S_2O_3^{2-} = S_4O_6^{2-} + 2I^-$$

过氧化氢在工业、生物、医学等方面应用很广泛。可利用 H_2O_2 的氧化性漂白毛、丝织物；医药上它常用于消毒和杀菌；纯 H_2O_2 可用作火箭燃料的氧化剂；工业上常利用 H_2O_2 的还原性除去氯气，反应式为：

$$H_2O_2 + Cl_2 = 2Cl^- + O_2\uparrow + 2H^+$$

植物体内的过氧化氢酶也能催化 H_2O_2 的分解反应，故在生物上利用此性质测量 H_2O_2 分解所放出的氧来测量过氧化氢酶的活性。由于过氧化氢有着广泛的应用，常需要测定它的含量。

二、主要试剂

1. $Na_2C_2O_4$ 基准物质：于 105℃ 干燥 2h 后备用。
2. H_2SO_4 (1+5)
3. $KMnO_4$ 溶液 (0.02 mol·L^{-1})：即 $c(\frac{1}{5}KMnO_4) = 0.1$ mol·L^{-1}。
4. H_2O_2：定量量取原装的 H_2O_2 (30%)，稀释 10 倍，贮存在棕色试剂瓶中。
5. $MnSO_4$ (1 mol·L^{-1})

三、实验步骤

1. $KMnO_4$ 溶液的配制。

称取 $KMnO_4$ 固体约 1.6g 溶于 500mL 水中，盖上表面皿，加热至沸并保持微沸状态 1h，冷却后，用微孔玻璃漏斗（3号或4号）过滤。滤液贮存于棕色试剂瓶中。将溶液在室温条件下静置 2～3 天后过滤备用①。

---

① 蒸馏水中常含有少量的还原性物质，使 $KMnO_4$ 还原为 $MnO_2 \cdot nH_2O$。细粉状的 $MnO_2 \cdot nH_2O$ 能加速 $KMnO_4$ 的分解，故通常将 $KMnO_4$ 溶液煮沸一段时间，冷却后，还需放置 2～3 天，使之充分作用，然后将沉淀物过滤除去。

2. 用 $Na_2C_2O_4$ 溶液标定 $KMnO_4$ 溶液（微量滴定法）。

准确称取 $0.3\sim0.4$g 基准物质于干燥小烧杯中，加入蒸馏水溶解后，定量转移至 50mL 容量瓶中。取上述 $Na_2C_2O_4$ 标准溶液 2.000mL 于 20mL 锥形瓶中，加入 1mL (1+5)H_2SO_4，$1mol\cdot L^{-1}$ $MnSO_4$ 溶液 1 滴，在水浴上加热到 $75\sim85$℃①，趁热用高锰酸钾溶液滴定。开始滴定时反应速度慢，待溶液中产生了 Mn^{2+} 后，滴定速度可加快，直到溶液呈现微红色并持续 0.5min 不退色即为终点。根据消耗 $KMnO_4$ 溶液的体积计算其浓度 c_{KMnO_4}。

3. H_2O_2 含量的测定。

用吸量管吸取 2.000mL H_2O_2 样品溶液置于 50mL 容量瓶中，加水稀释至刻度，充分摇匀。用移液管移取 2.000mL 上述溶液置于 20mL 锥形瓶中，加 $3\sim5$mL 水，1mL(1+5)H_2SO_4，1 滴 $MnSO_4$，用 $KMnO_4$ 标准溶液滴定溶液至微红色在 0.5min 内不消失即为终点。

因 H_2O_2 与 $KMnO_4$ 溶液开始反应速度很慢，可加入 $MnSO_4$（相当于 $10\sim13$mg Mn^{2+} 量）作催化剂，以加快反应速度。

根据 $KMnO_4$ 溶液的浓度和滴定过程中消耗滴定剂的体积，计算试样中 H_2O_2 的含量（$g\cdot L^{-1}$）。

---

① 在室温条件下，$KMnO_4$ 与 $C_2O_4^{2-}$ 反应缓慢，故需加热提高反应速度，但温度又不能太高，如温度超过 85℃ 则有部分 $H_2C_2O_4$ 分解，反应式如下：$H_2C_2O_4 =\!\!=\!\!= CO_2\uparrow + CO\uparrow + H_2O$。

第四部分 英文文献实验[①]

Ⅰ General Laboratory Apparatus

In addition to the usual equipment found in any chemistry laboratory, there are certain items that are of special interest to the analytical chemist. Some of the more important items are described in this section, and advice is given regarding their use.

Wash Bottle

Each student should have a wash bottle of reasonable capacity capable of delivering a stream of distilled water (about 1mm in diameter) from a tip connected flexibly to the main part of the bottle. A convenient type, constructed from a 1 liter Florence flask, glass tubing, a short section of rubber tubing, and a two-hole rubber stopper, is shown in Fig. 4.1. Other types are also available, including a polyethylene bottle (see Fig. 4.1) whose body is squeezed to force water from the tip. It is sometimes advisable to have additional wash bottles available for hot water and special solvents. The wash bottle is used whenever a fine, directed stream of distilled water is needed, as when rinsing down the sides of a glass vessel to ensure that no droplets of sample solution are lost.

---

① Selected from R. A. Day, Jr., A. L. Underwood, Quantitative Analysis, 6th ed., 1991.

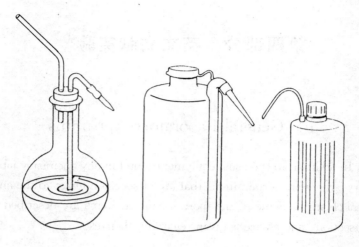

Fig. 4.1 Wash bottles

Stirring Rods

As the name implies, stirring rods are used for stirring solutions or suspensions, generally in beakers. The rods are cut from a length of solid glass rod, generally 3 or 4 mm in diameter, so as to extend about 6 or 8 cm from the top of the beaker. The ends should be fire-polished. In addition to their stirring function, stirring rods have other useful purposes. For example, they are used in transferring solutions from one vessel into another. When an aqueous solution is poured from the lip of a vessel such as a beaker, there is a tendency for some of the liquid to run down the outside surface of the glass. This is prevented by pouring the solution down a stirring rod, the rod being held in contact with the lip of the vessel and directing the flow of liquid into the receptacle. Stirring rods also serve as handles for "rubber policemen" (sections of rubber tubing sealed together at one end, with the other end slipped over a stirring rod, used to salvage small quantities of precipitates from the walls of beakers).

Desiccator

A desiccator is a vessel, usually of glass but occasionally of metal, which is used to equilibrate objects with a controlled atmosphere. Since the desiccator usually stands in the open, the temperature of this atmosphere generally approaches room temperature. It is normally the humidity of this atmosphere which is of interest. Objects such as weighing bottles or crucibles, and chemical substances, tend to pick up moisture from the air. The desiccator provides an opportunity for such materials to come to equilibrium with an atmosphere of low and controlled moisture content so that errors due to the weighing of water along with the objects can be avoided. A common type of desiccator is shown in Fig. 4.2.

After reagents or objects such as crucibles have been dried in the oven, or perhaps at even higher temperatures, they are usually cooled to room temperature in the desiccator prior to weighing. When a hot object cools in the desiccator, a partial vacuum is created, and care must be taken in opening the vessel lest a sudden rush of air blow material out of a crucible or disturb the desiccant itself. For this reason, and also because glass is a very poor conductor of heat, it is usually best to allow a very hot object to cool well toward room temperature before it is placed in the desiccator. After a hot object has been placed in the desiccator, it is well to cover the vessel in such a way as to leave a small opening at one side. This allows air displaced by the warm object to reenter as the object cools, and hence minimizes the tendency to form a vacuum. The desiccator is completely closed during the final stages of cooling.

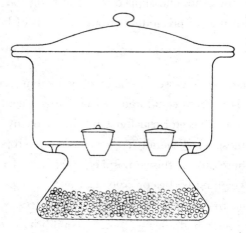

Fig. 4.2 Desiccator

The desiccator cover should slide smoothly on its ground-glass surface. This surface should be lightly greased with a light lubricant such as Vaseline (never stopcock grease!). Needless to say, the desiccator should be scrupulously clean and should never contain exhausted desiccant. After filling the desiccant chamber, beware of dust from the desiccant in the upper part of the desiccator.

Pipets

Some common types of pipets are shown in Fig. 4.3. The transfer pipet is used to transfer an accurately known volume of solution from one container to another. The pipet should be cleaned if distilled water does not drain uniformly, but leaves droplets of water adhering to the inner surface. Cleaning can be done with a warm solution of detergent or with cleaning solution (consult instructor).

The pipet is filled by gentle suction to about 2 cm above the

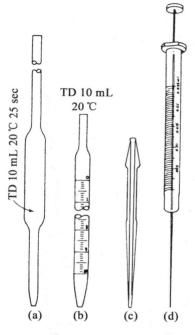

(a) transfer pipet (b) measuring pipet
(c) lambda pipet (d) microliter syringe
Fig. 4.3 Pipet

etch line [see Fig. 4.4(a)], using an aspirator bulb. Alternatively, a water aspirator can be used to apply suction. A long rubber tube is attached from the top of the pipet to the trap shown in Fig. 4.1. The tip of the pipet should be kept well below the surface of the liquid during the filling operation. The forefinger is then quickly placed over the top of the pipet [see Fig. 4.4(b)], and the solution is allowed to drain out until the bottom of the meniscus coincides with the etched line. Any hanging droplets of solution are removed by

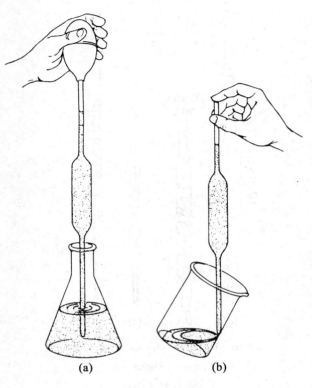

(a) Filling pipet—liquid drawn above graduation mark
(b) use of forefinger to adjust liquid level in pipet

Fig. 4.4

touching the tip of the pipet to the side of the beaker, and the stem is wiped with a piece of tissue paper to remove drops of solution from the outside surface. The contents of the pipet are then allowed to run into the desired container, with care being taken to avoid spattering. With the pipet in a vertical position, allow the solution to drain down the inner wall for about 30 s after emptying, and then touch the tip of the pipet to the inner side of the receiving vessel at the liquid surface. A small volume of solution will remain in the tip of the pipet, but the pipet has been calibrated to take this into account; thus this small final quantity of solution is not to be blown out or otherwise disturbed. Pipets with damaged tips are not to be trusted.

Measuring pipets are graduated much like burets and are used for measuring volumes of solutions more accurately than could be done with graduated cylinders. However, measuring pipets are not ordinarily used where high accuracy is required.

Two types of micropipets are also shown in Fig. 4.3. The so-called lambda pipets are available in capacities of 0.001 to 2 mL, where 0.001 mL = 1 lambda. They are filled and emptied using a syringe. Those calibrated to contain a certain volume are rinsed with a suitable solvent. Those calibrated to deliver are not rinsed, but the last drop is forced out of the pipet with the syringe. Microliter syringes are widely used for delivering small volumes in such operations as gas chromatography. They can be bought equipped with stainless steel tips for use in injecting a sample into a closed system. The syringe shown in Fig. 4.3 has a capacity of 0.025 mL (25 μL, or 25 lambdas) and the smallest divisions correspond to 0.0005 mL. "Pushbutton" pipets, which make the transfer of liquids rapid and easy, are now available. Such a pipet consists of a syringe with a piston which can be operated by pressing a button at the top. Liquid is drawn into a disposable plastic tip and is then delivered by reversing the direction of the piston. Tips that deliver volumes of 0.001 to 1 mL (1 to 1000 μL) are available.

The National Bureau of Standards specifies 20℃ as the standard temperature for calibration of volumetric glassware. The use of such glassware at other temperatures leads to errors. However, the errors are normally small, and pipets can be used at "room temperature" without special precautions except in work of highest accuracy.

Burets

A common form of buret is shown in Fig. 4.5(a). The buret is

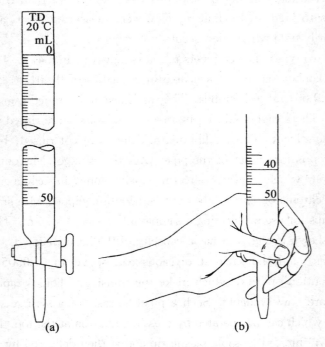

(a) buret (b) method of grasping stopcock
Fig. 4.5

used to deliver accurately known but variable volumes, mostly in titrations. The stopcock plug is made of either glass or Teflon. The Teflon stopcock requires no lubrication, but the glass plug should be lightly greased with stopcock grease (not one containing silicones). If too heavy a coating is applied the stopcock may leak and also some of the grease may plug the buret tip. To lubricate a stopcock, remove the plug and wipe old grease away from both plug and barrel with a cloth or paper tissue. Make sure the small openings are not plugged with grease (pipe cleaners are helpful in this event). Then spread a thin, uniform layer of stopcock grease over the plug, keeping the application especially thin in the region near the hole in the plug. Finally, insert the plug in the barrel and rotate it rapidly in place, applying a slight inward pressure. The lubricant should appear uniform and transparent, and no particles of grease should appear in the bore.

Burets must be cleaned carefully to assure a uniform drainage of solutions down the inner surfaces. A hot, dilute detergent solution may be used for this purpose, especially if used in conjunction with a long-handled buret brush. Cleaning solution may also be used, applied hot for a few minutes or overnight at room temperature. The instructor should be consulted for directions on the proper use of cleaning solution. When not in use, the buret should be filled with distilled water and capped (paper cups or small beakers are convenient) to prevent the entry of dust.

It is poor practice to leave solutions standing in burets for long periods. After each laboratory period, solutions in burets should be discarded, and the burets rinsed with distilled water and stored as suggested above. It is especially important that alkaline solutions not stand in burets for more than short periods of time. Such solutions, which attack glass, cause stopcocks to "freeze", and the burets may be ruined.

The beginner must be very cautious in reading burets. In order to become familiar with the graduations and adept at estimating between them, much practice is needed early in the laboratory work. An ordinary 50-mL buret is graduated in 0.1-mL intervals and should be read to the nearest hundredth of a milliliter. An aqueous solution in a buret (or any tube) forms a concave surface referred to as a meniscus. In the case of solutions that are not deeply colored, the position of the bottom of the meniscus is ordinarily read (the top is taken if the solution is so intensely colored that the bottom cannot be seen, e.g., with permanganate solutions). It is most helpful to cast a shadow on the bottom of the meniscus by means of a darkened area on a paper or card held just behind the buret with the dark area slightly below the meniscus (see Fig. 4.6.). Great care must be taken to avoid parallax errors in reading burets: the eye must be on the same level with the meniscus. If the meniscus is near a graduation that extends well around the buret, the correct eye-level can be found by seeking a position so that the graduation mark seen at the back of the buret merges with the same line at the front. A loop of paper encircling the buret just below the meniscus serves the same purpose.

Before a titration is started, it must be ascertained that there are no air bubbles in the tip of the buret. Such bubbles register in the graduated portion of the buret as liquid delivered if they escape from the tip during a titration, and hence cause errors. When a solution is delivered rapidly from a buret, the liquid running down the inner wall is somewhat detained. After the stopcock has been closed, it is important to wait a few seconds for this "drainage" be-

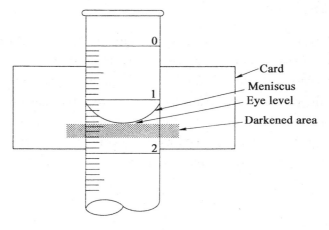

(The eye should be level with the bottom of the meniscus. Here the reading is 1.42 mL)

Fig. 4.6 Card for help in reading a buret

fore taking a reading.

In performing titrations, the student should develop a technique that permits both speed and accuracy. The solution being titrated, generally in an Erlenmeyer flask, should be gently swirled as the titrant is delivered. One way to accomplish this, while retaining control of the stopcock and permitting ease of reading the buret, is to face the buret, with the stopcock on the right, and operate the stopcock with the left hand from behind the buret while swirling the solution with the right hand [see Fig. 4.5(b)]. The thumb and forefinger are wrapped around the handle to turn the stopcock, and inward pressure is applied to keep the stopcock seated in the barrel. The last two fingers push against the tip of the buret to absorb the inward pressure.

Volumetric Flasks

A typical volumetric flask is shown in Fig. 4.7. The flask contains the stated volume when filled so that the bottom of the meniscus coincides with the etched line. If the solution is poured from the flask, the volume delivered is somewhat less than the stated volume, and volumetric flasks are never used for measuring out solutions into other containers. They are used whenever it is desired to make a solution up to an accurately known volume.

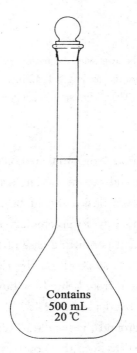

Fig. 4.7 Volumetric flask

When solutions are made up in volumetric flasks, it is important that they are well mixed. This is accomplished by repeatedly inverting and shaking the flask. Some analysts make a practice of mixing the solution thoroughly before the final volume has been adjusted, and mixing again after the flask has been filled to the mark: it is easier to agitate the solution vigorously when the narrow upper portion of the flask has not been filled.

Solutions should not be heated in volumetric flasks, even those made of Pyrex glass. There is a possibility that the flask may not return to its exact original volume upon cooling.

Most volumetric flasks have ground-glass or polyethylene stoppers, screw caps or plastic snap caps. Alkaline solutions cause ground-glass stoppers to "freeze" and thus should never be stored in flasks equipped with such stoppers.

When a solid is dissolved in a volumetric flask, the final volume adjustment should not be made until all the solid has dissolved. In certain cases marked volume changes accompany the solution of solids, and these should be allowed to take place before the volume adjustment is made.

Funnels and Filter Paper

In gravimetric procedures the desired constituent is often separated in the form of a precipitate. This precipitate must be collected, washed free of undesirable contaminants from the mother liquor, dried, and weighed, either as such or after conversion into another form. Filtration is the common way of collecting precipitates, and washing is often accomplished during the same operation. Filtration is carried out with either funnels and filter paper or filtering crucibles. The important factors in choosing between the two are the temperature to which the precipitate must be heated to convert it into the desired weighing form and the ease with which the precipitate may be reduced.

The cellulose fibers of filter paper have a pronounced tendency to retain moisture, and a filter paper containing a precipitate cannot be dried and weighed as such with adequate accuracy. It is necessary to burn off the paper at a high temperature. During the burning, reducing conditions due to carbon and carbon monoxide prevail in the vicinity of the precipitate. Thus precipitates that cannot be heated to high temperatures or that are sensitive to reduction are normally not filtered using filter paper; filtering curcibles of the types described in a later section are employed. Some of the techniques given here, however, will apply to all types of filtration.

Various types of filter paper are available. For quantitative work, only paper of the so-called "ashless" quality should be used. This paper has been treated with hydrochloric and hydrofluoric acids during its manufacture. Thus it is low in inorganic material and leaves only a very small weight of ash when it is burned (A typical figure for the ash from one circular paper 11 cm in diameter is 0.13 mg). The weight of ash is normally ignored; for very accurate work, a correction can be applied, since the weight of ash is fairly constant for the papers in a given batch.

Within the ashless group, there are further varieties of paper that differ in porosity. The nature of the precipitate to be collected dictates the choice of paper. "Fast" papers are used for gelatinous, flocculent precipitates such as hydrous iron (III) oxide and for coarsely crystalline precipitates such as magnesium ammonium phosphate. Many precipitates that consist of small crystals (e. g., barium sulfate), will pass through the "fast" papers. "Medium" papers require a longer time for filtration, but retain smaller particles and are the most widely used. For very fine precipitates such as silica, "slow" paper is employed. Filtration at best is rather time consuming, and the analyst should use the fastest paper consistent with retention of the precipitate.

Filter paper is normally folded so as to provide a space between the paper and the funnel, except at the top of the paper, which should fit snugly to the glass. The procedure is shown in Fig. 4.8.

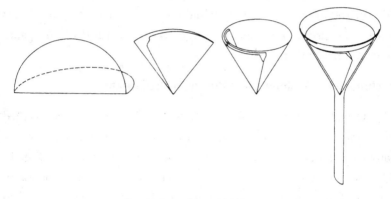

Fig. 4.8 Folding filter paper

The second fold is made so that the ends fail to match by about 1/8 in. Then the paper is opened into a cone. The corner of the outside fold on the thicker side is torn off in order to fit the paper to the funnel more easily and to break up a possible air passage down the fold next to the funnel. With the paper cone held in place in the funnel, distilled water is poured in. A clean finger, applied cautiously to prevent tearing the fragile wet paper is used to smooth the paper and obtain a tight seal of paper to glass at the top. Air does not enter the liquid channel with a properly fitted paper, and thus the drainage from the stem of the funnel establishes a gentle suction which facilitates filtration. A malfunctioning filter can seriously delay an analysis; it is preferable by far to reject such a filter and prepare a new one.

Filter paper circles are available in various diameters. The size to be used depends upon the quantity of precipitate, not the volume of solution to be filtered. Larger paper than necessary should be avoided; the paper and the funnel should match with regard to size. It is especially important that the paper should not extend above the edge of the glass funnel, but should come within 1 or 2 cm of this edge. The precipitate should occupy about one third of the paper cone and never more than a half.

Technique of Washing and Filtering a Precipitate

Usually a precipitate is washed, either with water or a specified wash solution, before it is dried and weighed. The washing is generally carried out in conjunction with the filtration step (see Fig. 4. 9), wherein the precipitate is separated from its mother liquor in compact form. Once the precipitate is in the filter, it can be washed by passing wash solution through the filter. However, this technique is often rather inefficient; the wash solution does not penetrate uniformly into the compact mass of precipitate. It is usually preferable to wash the precipitate by decantation, at least in cases where the precipitate settles rapidly from suspension. The supernatant mother liquor is carefully poured off through the filter while as much of the precipitate as possible is retained in the beaker. The precipitate is then stirred with wash solution in the beaker, and the washings are decanted through the filter. This washing is repeated as

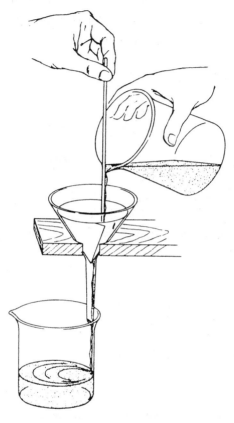

Fig. 4.9 Technique of filtration with filter paper

often as desired①, until, in the final instance, the precipitate is not allowed to settle but is poured into the filter along with the wash

---

① It should be noted that several washings with small volumes of solution are more effective than one washing with the same total volume of wash solution.

solution. Residues of precipitate remaining in the beaker are usually transferred to the filter by a directed jet from a wash bottle, as shown in Fig. 4.10. If the precipitate tends to adhere to the glass,

Fig. 4.10 Use of wash bottle in transferring precipitate

the last traces may be scavenged by means of a rubber policeman. The precipitate is then wiped from the policeman with a small bit of filter paper, which is added to the paper in the funnel for ignition.

The stem of the funnel should extend well into the vessel receiving the filtrate, and the tip of the stem should touch the inner surface of the vessel to prevent spattering of the filtrate. All transfers into the funnel should be made with the aid of a stirring rod, and care must be taken that no drops of solution are lost. The filtrate should be examined for turbidity, sometimes small amounts of precipitate run through the filter early in the filtration, but can be caught by refiltering through the same filter after its pores have been somewhat clogged by collected precipitate.

Ignition of Precipitate with Filter Paper

After the filter paper has drained as much as possible in the funnel, the top of the paper is folded over to encase the precipitate completely. Using great care to avoid tearing the fragile, wet paper, the bundle of paper is transferred from the funnel to the prepared crucible (see the discussion of crucibles below). It is better to handle the paper where it is three layers thick rather than by the other side. The next steps in the ignition of the material in the crucible are generally as follows:

(a) Drying the Paper and Precipitate. This may be done in an oven at temperatures of 100 to 125℃ if the schedule permits setting aside the experiment at this stage. If the ignition is to be followed through immediately, the drying may be accomplished with a burner. Place the covered crucible in a slanted position in a clay or silica triangle, and place a small flame beneath the crucible at about the middle of the underside. Too strong heating must be avoided; the flame should not touch the crucible, and the drying should be leisurely.

(b) Charring the Paper (see Fig. 4.11). After the precipitate and paper are entirely dry, the crucible cover is set ajar to permit access of air, and the heating is increased to char the paper. Increase the size of the flame slightly and move it back under the base of the

Fig. 4.11 Ignition of precipitate

crucible. The paper should smoulder, but must not burn off with a flame. If the paper bursts into flame, cover the crucible immediately to extinguish it. Small particles of precipitate may be swept from the crucible by the violent activity of escaping gases; also, under these conditions, carbon of the paper may reduce certain precipitates which can be safely handled in filter paper under less vigorous conditions. Care must be taken that reducing gases from the flame are not deflected into the crucible by the underside of the cover. During the charring, tarry organic material distills from the paper, collecting on the crucible cover. This is burned off later at a higher temperature.

(c) Burning Off the Carbon from the Paper. After the paper has completely charred and the danger of its catching fire is past, the size of the flame is increased until the bottom of the crucible becomes red. This should be done gradually. The carbon residue and the organic tars are burned away during this stage of the ignition.

The heating is continued until this burning is complete, as evidenced by the disappearance of dark-colored material. It is well to turn the crucible from time to time so that all portions are heated thoroughly. Sometimes it is necessary to direct special attention to the underside of the cover to remove the tarry material collected there.

(d) Final Stage of Ignition. To conclude the ignition, place the crucible upright, removing the cover to admit air freely, and heat at the temperature recommended for the particular precipitate. A Tirrill burner will heat a covered porcelain crucible to about 700℃, and a Meker burner will give a temperature roughly 100℃ higher. With platinum crucibles, temperatures about 400℃ higher can be obtained. The ignition is continued until the crucible has reached constant weight, that is, until the difference between two weighings with a heating period in between is less than about 0.5 mg.

Special Instruments

Not too many years ago, the analytical chemist used only the apparatus described above, plus the analytical balance, for almost all determinations. A striking change has taken place, and nowadays pH meters, spectrophotometers, polarographs, gas and liquid chromatographs, and other complex instruments are found in most analytical laboratories. Directions for the use and care of instruments are necessarily specialized, and are best obtained from the manufacturer's bulletins and from personal instruction by experienced people. We include here only a few general remarks to fill out our discussion of analytical apparatus.

The rule of greatest importance is that no instrument should ever be touched by a person unfamiliar with the directions for its proper use and the precautions against damaging it. Some instruments contain fragile components which may be injured by improper handling, and sometimes a carefully worked out calibration may be ruined by manipulation of the wrong knobs.

The other rule that must always be remembered is that an instrument should never be used by a person who has not thought through its advantages and limitations for the job at hand, who does not have a proper estimate of the reliability of the data obtained, and who cannot interpret correctly the significance of the instrumental measurement and apply it with intelligence. Meaningless measurements are made every day by imposters masquerading as chemists. Anyone can learn to turn knobs and read galvanometers, but the assurance that a measurement has been made on the best possible system must come from a well-trained chemist.

II Acid-Base Titration

EXPERIMENT 1. Preparation of $mol \cdot L^{-1}$ Solutions of Hydrochloric Acid and Sodium Hydroxide

Directions are given for the preparation of 1 liter of each solution. If larger volumes or more concentrated solutions are desired, the quantities specified may be increased accordingly.

Procedure

(a) Hydrochloric Acid. Measure into a clean, glass-stoppered bottle approximately 1 liter of distilled water. With a graduated cylinder or measuring pipet, add to the water about 8.5 mL of concentrated hydrochloric acid. Stopper the bottle, mix the solution well by inversion and shaking, and label the bottle.

(b) Sodium Hydroxide. Carbonate-free sodium hydroxide can be prepared most readily from a concentrated solution of the base, because sodium carbonate is insoluble in such a solution. A 1:1 solution of sodium hydroxide in water is available commercially, or may have been prepared by the instructor (Note 1). Carefully add 6 to 7 mL of this solution to approximately 1 liter of distilled water (Note 2) in a clean bottle, using a graduated pipet and rubber bulb. Close the bottle with a rubber stopper (Note 3), shake the solution well, and label the bottle.

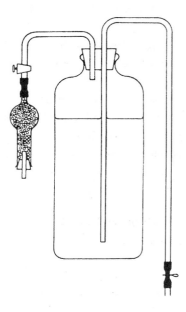

Fig. 4.12 Bottle for storing carbonate-free base

Notes

1. If such a solution is not available, dissolve about 50 g of sodium hydroxide in 50 mL of water in a small, rubber-stoppered Erlenmeyer flask. Be careful in handling this solution, as considerable heat is generated. Allow the solution to stand until the sodium carbonate precipitate has settled. If necessary, the solution can be filtered through a Gooch crucible. Alternatively, carbonate-free base can be prepared by dissolving 4.0 to 4.5 g of sodium hydroxide in about 400 mL of distilled water and adding 10 mL of 0.25 mol·L^{-1} barium chloride solution. The solution is well mixed and then allowed to stand overnight so that barium carbonate will settle out. The solution is then decanted from the solid into a clean bottle and diluted to 1 liter.

2. Some directions call for boiling the water for about 5 min to remove carbon dioxide. If this is done (consult the instructor), be sure to protect the water from the atmosphere as it cools.

3. Glass-stoppered bottles should not be used since alkaline solutions cause the stoppers to stick so tightly that they are difficult or impossible to remove. Polyethylene bottles, if available, are excellent for storing dilute base solutions. It may be desirable to protect the solution from atmospheric carbon dioxide (consult the instructor). This can be done by fitting a two-holed rubber stopper with a siphon and soda-lime tube, as shown in Fig. 4.12.

EXPERIMENT 2. Standardization of Sodium Hydroxide Solution with Potassium Acid Phthalate

A number of good primary standards are available for standardizing base solutions. Directions are given here for the use of potassium acid phthalate, but these can be readily modified to suit another standard.

Procedure

Place about 4 to 5 g of pure potassium acid phthalate in a clean weighing bottle and dry the sample in an oven at 110℃ for at least 1 h. Cool the bottle and its contents in a desiccator (Note 1). Weigh accurately into each of three clean, numbered Erlenmeyer flasks about 0.7 to 0.9 g of the potassium acid phthalate (Note 2). Record the weights in your notebook.

To each flask add 50 mL of distilled water (Note 3) from a graduated cylinder, and shake the flask gently until the sample is dissolved. Add 2 drops of phenolphthalein to each flask. Rinse and fill a buret with the sodium hydroxide solution. Titrate the solution in the first flask with sodium hydroxide to the first permanent pink color. Your hydrochloric acid solution, in a second buret, may be used for back-titration if required. Repeat the titration with the other two samples, recording all data in your notebook.

Calculate the concentration ($mol \cdot L^{-1}$) of the sodium hydroxide solution obtained in each of the three determinations. Average these values and compute the average deviation in the usual manner. If the average deviation exceeds about 2 parts per thousand, consult the instructor. Finally, calculate the concentration ($mol \cdot L^{-1}$) of the hydrochloric acid solution from the concentration ($mol \cdot L^{-1}$) of the sodium hydroxide and the volume ratio of the acid and base.

Notes

1. Potassium acid phthalate is relatively nonhygroscopic, and the drying process may be omitted (consult the instructor).

2. Some directions call for boiling the water for about 5 min to remove carbon dioxide before use. If this is done (consult the instructor), the water should be cooled to room temperature before the titration, and it should be protected from the atmosphere while cooling.

EXPERIMENT 3. Standardization of the Hydrochloric Acid Solution with Sodium Carbonate

The hydrochloric acid solution can be standardized against a primary standard if desired. Sodium carbonate is a good standard and is particularly recommended if the acid solution is to be used to titrate carbonate samples.

Procedure

Accurately weigh three samples (about 0.20 to 0.25 g each) of pure sodium carbonate (Note 1), which has been previously dried, into three Erlenmeyer flasks. Dissolve each sample with about 50 mL of distilled water and add 2 drops of methyl red or methyl orange (see Note 2 and consult the instructor).

(a) Methyl Red. Titrate each sample with the hydrochloric acid solution. Methyl red is yellow in basic and red in acid solution. As soon as the solution is distinctly red, add 1 additional mL of hydrochloric acid and remove the carbon dioxide by boiling the solution gently for about 5 min (Note 3). Cool the solution to room temperature and complete the titration. Back-titration can be done with the sodium hydroxide solution previously prepared. If the color change is not sharp, repeat the heating to remove carbon dioxide.

(b) Methyl Orange. Prepare a solution of pH 4 by dissolving 1 g of potassium acid phthalate in 100 mL of water. Add 2 drops of methyl orange to this solution and retain it for comparison purposes. Now titrate each sample with hydrochloric acid until the color matches that of the comparison solution.

Calculate the concentration ($mol \cdot L^{-1}$) of the hydrochloric acid solution obtained in each of the three titrations. Average these values and compute the average deviation in the usual manner. If this figure exceeds 2 to 3 parts per thousand, consult the instructor. The concentration ($mol \cdot L^{-1}$) of the sodium hydroxide solution can be calculated from the concentration ($mol \cdot L^{-1}$) of the acid and the relative concentrations of acid and base obtained in Experiment 1.

Notes

1. Analytical-grade sodium carbonate (assay value 99.95%) can be used after drying for about 0.5h at 270 to 300℃.
2. Various indicators and mixed indicators have been suggested for this titration. The pH at the equivalence point of the reaction

$$CO_3^{2-} + 2H^+ \rightleftharpoons H_2CO_3$$

is about 4, and methyl orange changes color near this pH. The titration curve is not very steep, however, and hence it is often suggested that excess acid be added and carbon dioxide removed by boiling or vigorous shaking. The subsequent titration of excess acid with base involves only strong electrolytes, and a sharp end point is obtained if the carbon dioxide is completely removed. An indicator blank must then be determined since methyl orange changes color at a pH appreciably different from 7. If methyl red (pH 5.4) is employed, no indicator blank is necessary. Directions are given here for the titration to the methyl red end point with removal of carbon dioxide and for the titration to the methyl orange end point without removal of carbon dioxide. The latter procedure is more rapid and is recommended where a high degree of accuracy is not required.

3. If insufficient acid is present to completely convert bicarbonate into carbonic acid, the indicator will turn back to its basic color as the carbon dioxide is expelled and the pH rises. The titration is then continued with acid. If excess acid is added, the indicator will retain the acid color and the titration is continued by addition of base.

EXPERIMENT 4. Determination of Acetic Acid Content of Vinegar

The principal acid in vinegar is acetic acid, and federal standards require at least 4 g of acetic acid per 100 mL of vinegar. The total quantity of acid can be readily determined by titration with standard base using phenolphthalein indicator. Although other acids are present, the result is calculated as acetic acid.

Procedure

Pipet 25 mL of vinegar into a 250-mL volumetric flask, dilute to the mark, and mix thoroughly (Note). Pipet a 50-mL aliquot of this solution into an Erlenmeyer flask and add 50 mL of water and 2 drops of phenolphthalein indicator. Titrate with standard base to the first permanent pink color. Repeat the titration on two additional aliquots.

Assuming all the acid to be acetic, calculate the number of grams of acid per 100 mL of vinegar solution. Assuming that the density of vinegar is 1000, what is the percentage of acetic acid by weight in vinegar? Average your results in the usual manner.

Note

This quantity should require a reasonable volume of $0.1 \text{ mol} \cdot \text{L}^{-1}$ base for titration. If a more concentrated base solution is employed, a 100-mL volumetric flask can be used. The dilution with water prevents the color of the vinegar solution from interfering in the detection of the end point.

III Oxidation-Reduction Titration

EXPERIMENT 1. Determination of Iron in an Ore

Procedure

Dissolving Sample. Weigh three samples of iron ore (Notes 1

and 2) of appropriate size (consult the instructor) into three 150-mL beakers. Add 10 mL of concentrated hydrochloric acid and 10 mL of water to each beaker. Cover the beakers with watch glasses and keep the solution just below the boiling point on a steam bath, hot plate, or wire gauze until the ore dissolves (hood)(Note 3). This may require 30 to 60 min. At this point the only solid present should be a white residue of silica. If an appreciable amount of colored solid remains in the beaker, the sample must be fused to bring the remainder of the iron into solution (Note 4). Reduce the sample according to the following methods.

Notes

1. Some commercial samples are made from iron oxide and are easily soluble in acid. Such samples will not require lengthy heating to effect solution and will not leave a residue of silica. The instructor will alter the directions if such samples are used.

2. If the ore is not finely ground, it should be ground in an agate mortar before drying. If it is suspected that the ore contains organic matter, the sample, after weighing, should be ignited in an uncovered porcelain crucible for 5 min. This oxidizes organic matter.

3. If tin (II) chloride is to be used to reduce the iron, add successive portions of stannous chloride until the solution changes from yellow to colorless. This will aid in dissolving the sample. Avoid an excess of tin (II) chloride.

4. If fusion is required (consult the instructor), dilute the solution with an equal volume of water and then filter. Wash the residue with 1% hydrochloric acid and then wash with water to remove the acid. Transfer the paper to a porcelain crucible and burn off the carbon. If the residue is white it may be disregarded, as the color was probably caused by organic matter. If the color remains, add about 5 g of potassium pyrosulfate and heat carefully until the salt just fuses. Maintain this temperature for 15 to 20 min or until all the iron reacts. Then cool and dissolve the residue in 25 mL of 1:1 hydrochloric acid and add this solution to

the main filtrate.

Reduction with Tin (II) Chloride. Adjust the volume of the solution to 15 to 20 mL by evaporation or dilution. The solution should be yellow in color because of the presence of iron (III) ion (Note 1). Keep the solution hot and reduce the iron in the first sample (Note 2) by adding $SnCl_2$ (Note 3) drop by drop, until the color of the solution changes from yellow to colorless (or very light green). Add 1 or 2 drops excess $SnCl_2$. Cool the solution under the tap and rapidly pour in 20 mL of saturated $HgCl_2$ solution (Note 4). Allow the solution to stand for 3 min and then rinse the solution into a 500-mL Erlenmeyer flask. Dilute to a volume of about 300 mL and add 25 mL of Zimmermann-Reinhardt solution (Note 5). Titrate slowly with permanganate, swirling the flask constantly. The end point is marked by the first appearance of a faint pink tinge which persists when the solution is swirled (Note 6).

Reduce and titrate the second and third samples in the same manner (Note 7). Calculate and report the percentage of iron in the sample in the usual manner.

Notes

1. If $SnCl_2$ has been used during dissolving, and the solution is colorless or almost so at this point, add a small crystal of potassium permanganate and heat a little longer until the yellow color is distinct. The reduction can then be followed more readily.

2. Reduce only one sample and finish the titration before reducing the second. Why?

3. This is prepared by dissolving 113 g of $SnCl_2 \cdot 2H_2O$ (free of iron) in 250 mL of concentrated hydrochloric acid, adding a few pieces of mossy tin, and diluting to 1 liter with water.

4. If the $HgCl_2$ were added slowly, part of it would be temporarily in con-

tact with an excess of $SnCl_2$, which might reduce the substance to metallic mercury. Also, if the solution were hot, there would be a danger of forming mercury. The precipitate here should be white and silky and not large in quantity. If the precipitate is gray or black, indicating the presence of mercury, the sample should be discarded. If no precipitate is obtained, indicating insufficient $SnCl_2$, the sample should be discarded.

5. This is prepared as follows: Dissolve 70 g of $MnSO_4$ in 500 mL of water and add slowly, with stirring, 110 mL of concentrated sulfuric acid and 200 mL of 85% phosphoric acid. Dilute to 1 liter.

6. The color may fade slowly because of oxidation of Hg_2Cl_2 or chloride ion by permanganate.

7. If desired (consult the instructor), a blank can be determined by carrying a mixture of 10 mL of concentrated hydrochloric acid and 10 mL of water through the entire procedure. The blank normally will be about 0.03 to 0.05 mL of 0.1 mol·L^{-1} potassium permanganate.

IV Complexation Titration

EXPERIMENT 1.   Preparation and Standardization of Sodium-EDTA Solution

Titrations involving the use of the chelating agent EDTA are described in Chapter 8 of the text. Directions are given below for the preparation of a 0.01 mol·L^{-1} solution of sodium-EDTA and the standardization against calcium chloride.

Procedure

Weigh about 4 g of disodium dihydrogen EDTA dihydrate and about 0.1 g of $MgCl_2 \cdot 6H_2O$ into a clean 400-mL beaker. Dissolve the solids in water, transfer the solution to a clean 1-liter bottle, and dilute to about 1 liter (Note 1). Mix the solution thoroughly and label the bottle.

Prepare a standard calcium chloride solution as follows. Weigh accurately about 0.4 g of primary standard calcium carbonate that has been previously dried at 100℃. Transfer the solid to a 500-mL volumetric flask, using about 100 mL of water. Add 1:1 hydrochloric acid dropwise until effervescence ceases and the solution is clear. Dilute with water to the mark and mix the solution throughly.

Pipet a 50-mL portion of the calcium chloride solution into a 250-mL Erlenmeyer flask and add 5 mL of an ammonia-ammonium chloride buffer solution (Note 2). Then add 5 drops of Eriochrome Black T indicator (Note 3). Titrate carefully with the EDTA solution to the point where the color changes from wine-red to pure blue. No tinge of red should remain in the solution.

Repeat the titration with two other aliquots of the calcium solution. Calculate the molarity of the EDTA solution and the calcium carbonate titer.

Notes

1. If the solution is turbid, add a few drops of $0.1 \text{ mol} \cdot \text{L}^{-1}$ sodium hydroxide solution until the solution is clear.

2. Prepare this solution by dissolving about 6.75 g of ammonium chloride in 57 mL of concentrated ammonia and diluting to 100 mL. The pH of the buffer is slightly above 10.

3. Prepare by dissolving about 0.5 g of reagent-grade Eriochrome Black T in 100 mL of alcohol. If the solution is to be kept, date the bottle. It is recommended that solutions older than 6 weeks to 2 months not be used. Alternatively, the indicator may be used as a solid, which has a much longer shelf life. It is prepared by grinding 100 mg of the indicator into a mixture of 10 g of NaCl and 10 g of hydroxylamine hydrochloride. A small amount of the solid mixture is added to each titration flask with a spatula.

Alternatively, Calmagite may be used as the indicator. A solution is prepared by dissolving 0.05 g of the indicator in 100 mL of water. Add 4 drops of the indicator to each flask. The color change is from red to blue, as with Eriochrome Black T.

EXPERIMENT 2. Determination of the Total Hardness of Water

The standard EDTA solution can be used to determine the total hardness of water.

Procedure

Obtain the water to be analyzed from the instructor and pipet a portion into each of three 250-mL Erlenmeyer flasks (Note 1). To the first sample add 1.0 mL of the buffer solution (Note 2) and 5 drops of indicator solution (Note 3). Titrate with the standard EDTA solution to a color change of wine red to pure blue.

Repeat the procedure on the other two portions of water. Calculate the total hardness of the water as parts per million (ppm) of calcium carbonate. This is done as follows:

Volume EDTA (mL) $\times$ CaCO$_3$ titer (mg/mL) = mg CaCO$_3$

$$\frac{1000 \text{ mL/liter} \times \text{mg CaCO}_3}{\text{mL sample}} = \text{mg CaCO}_3/\text{liter, or ppm}$$

V Spectrophotometry

EXPERIMENT 1. Determination of Iron with 1,10-Phenanthroline

The reaction between Fe^{2+} and 1,10-Phenanthroline to form a red complex serves as a good sensitive method for determining iron. The molar absorptivity of the complex, $[(C_{12}H_8N_2)_3Fe]^{2+}$, is 11 100 at 508 nm. The intensity of the color is independent of pH in the range 2 to 9. The complex is very stable and the color intensity does not change appreciably over very long periods of time. Beer's law is obeyed.

The iron must be in the +2 oxidation state, and hence a reducing agent is added before the color is developed. Hydroxylamine, as its hydrochloride, can be used, the reaction is as follows:

$$2Fe^{3+} + 2NH_2OH + 2OH^- \longrightarrow 2Fe^{2+} + N_2 + 4H_2O$$

The pH is adjusted to a value between 6 and 9 by addition of ammonia or sodium acetate. An excellent discussion of interferences and of applications of this method is given by Sandell.

Procedure

Preparation of Solutions:

(a) Dissolve 0.1 g of 1,10-phenanthroline monohydrate in 100 mL of distilled water, warming to effect solution if necessary.

(b) Dissolve 10 g of hydroxylamine hydrochloride in 100 mL of distilled water.

(c) Dissolve 10 g of sodium acetate in 100 mL of distilled water.

(d) Weigh accurately about 0.07 g of pure iron (II) ammonium sulfate, dissolve in water, and transfer the solution to a 1-liter volumetric flask. Add 2.5 mL of concentrated sulfuric acid and dilute the solution to the mark. Calculate the concentration of the solution in mg of iron per mL.

Into five 100-mL volumetric flasks, pipet 1-, 5-, 10-, 25-, and 50-mL portions of the standard iron solution. Put 50 mL of distilled water in another flask to serve as the blank and a measured volume of unknown in another (see Note). To each flask add 1 mL of the hydroxylamine solution, 10 mL of the 1, 10-phenanthroline solution, and 8 mL of the sodium acetate solution. Then dilute all the solutions to the 100-mL marks and allow them to stand for 10 min.

Using the blank as the reference and any one of the iron solutions prepared above, measure the absorbance at different wavelengths in the interval 400 to 600 nm. Take readings about 20 nm apart except in the region of maximum absorbance where intervals of 5 nm are used. Plot the absorbance vs. wavelength and connect the points to form a smooth curve. Select the proper wavelength to use for the determination of iron with 1, 10-phenanthroline.

Using the selected wavelength, measure the absorbance of each of the standard solutions and the unknown. Plot the absorbance vs. the concentration of the standards. Note whether Beer's law is obeyed. From the absorbance of the unknown solution, calculate the concentration of iron (mg/ liter) in the original solution.

Note

Prepared solutions may be used as unknown. Consult the instructor concerning size of sample to be used. If a natural water is used be sure that it is colorless and free of turbidity.

EXPERIMENT 2. Determination of Nitrite in Water

The determination of nitrite ion in water is important in assessing the degree of pollution. The efficiency of a water purification process can be judged by the amount of nitrite ion in the water.

Nitrite ion can be determined in water by utilizing the reaction of this ion with amines (diazotization). The compound 4-aminobenzenesulfonic acid is diazotized according to the reaction.

$$HSO_3-C_6H_4-NH_2 + NO_2^- + 2H^+ \longrightarrow$$

$$HSO_3-C_6H_4-\overset{+}{N}\equiv N + 2H_2O$$

The diazonium salt is then coupled with 1-naphthylamine to form the colored product:

$$HSO_3-C_6H_4-\overset{+}{N}\equiv N + \text{naphthyl-}NH_2 \longrightarrow$$

$$HSO_3-C_6H_4-N\equiv N-\text{naphthyl-}NH_2 + H^+$$

The solution is made slightly basic with sodium acetate in order to make this reaction complete.

Procedure

Preparation of Solutions:

(a) Dissolve about 0.8 g of sulfanilic acid (4-aminobenzenesulfonic acid) in 28 mL of glacial acid and dilute the solution to about 100 mL with water.

(b) Dissolve about 0.5 g of 1-naphthylamine in 28 mL of glacial acetic acid and dilute the solution to about 100 mL with water.

(c) Dissolve about 14 g of sodium acetate trihydrate in water and dilute to about 50 mL.

(d) Weigh accurately 0.494 g of reagent-grade sodium nitrite, dissolve the salt in water, and dilute the solution to 1 liter in a volumetric flask. Pipet 10 mL of this solution into another 1-liter volumetric flask and dilute the solution to the mark. This solution now contains 0.0010 mg of nitrogen/mL.

Into seven 100-mL volumetric flasks, pipet 1-, 2-, 3-, 4-, 5-, 7-, and 10-mL portions of the standard nitrite solution. Secure two additional flasks, one for the blank and one for the unknown. Pipet an aliquot of the unknown into one of these flasks. Then adjust the volume in each flask to about 50 mL with distilled water. Add to each flask 1 mL of the sulfanilic acid solution and allow the solutions to stand for 5 min. Then add to each flask 1 mL of the 1-naphthylamine solution and 1 mL of the sodium acetate. Finally, dilute each solution to the mark.

Using the blank as a reference and any of the nitrite solutions prepared above, measure the absorbance at different wavelengths in the interval 400 to 600 nm. Take readings about 20 nm apart except in the region of maximum absorbance, where intervals of 5 nm are used. Plot the absorbance vs. wavelength and connect the points to form a smooth curve. Select the proper wavelength to use for the determination.

Using the selected wavelength, measure the absorbance of each of the standard solutions and the unknown. Plot the absorbance vs. the concentration of the standards and note whether Beer's law is obeyed. From the absorbance of the unknown solution, calculate the number of milligrams of nitrogen per liter (ppm) of the original unknown solution.

附 录

附录1 元素的相对原子质量 (1999) [Ar(^{12}C) = 12]

原子序数	名称	符号	英文名称	相对原子质量
1	氢	H	Hydrogen	1.007 94(7)
2	氦	He	Helium	4.002 602(2)
3	锂	Li	Lithium	6.941(2)
4	铍	Be	Beryllium	9.012 182(3)
5	硼	B	Boron	10.811(7)
6	碳	C	Carbon	12.010 7(8)
7	氮	N	Nitrogen	14.006 74(7)
8	氧	O	Oxygen	15.999 4(3)
9	氟	F	Fluorine	18.998 403 2(5)
10	氖	Ne	Neon	20.179 7(6)
11	钠	Na	Sodium	22.989 770(2)
12	镁	Mg	Magnesium	24.305 0(6)
13	铝	Al	Aluminium	26.981 538(2)
14	硅	Si	Silicon	28.085 5(3)
15	磷	P	Phosphorus	30.973 761(2)
16	硫	S	Sulfur	32.066(6)

续表

原子序数	名称	符号	英文名称	相对原子质量
17	氯	Cl	Chlorine	35.452 7(9)
18	氩	Ar	Argon	39.948(1)
19	钾	K	Potassium	39.098 3(1)
20	钙	Ca	Calcium	40.078(4)
21	钪	Sc	Scandium	44.955 910(8)
22	钛	Ti	Titanium	47.867(1)
23	钒	V	Vanadium	50.941 5(1)
24	铬	Cr	Chromium	51.996 1(6)
25	锰	Mn	Manganese	54.938 049(9)
26	铁	Fe	Iron	55.845(2)
27	钴	Co	Cobalt	58.933 200(9)
28	镍	Ni	Nickel	58.693 4(2)
29	铜	Cu	Copper	63.546(3)
30	锌	Zn	Zinc	65.39(2)
31	镓	Ga	Gallium	69.723(1)
32	锗	Ge	Germanium	72.61(2)
33	砷	As	Arsenic	74.921 60(2)
34	硒	Se	Selenium	78.96(3)
35	溴	Br	Bromine	79.904(1)
36	氪	Kr	Krypton	83.80(1)
37	铷	Rb	Rubidium	85.467 8(3)
38	锶	Sr	Strontium	87.62(1)
39	钇	Y	Yttrium	88.905 85(2)
40	锆	Zr	Zirconium	91.224(2)
41	铌	Nb	Niobium	92.906 38(2)

续表

原子序数	名称	符号	英文名称	相对原子质量
42	钼	Mo	Molybdenum	95.94(1)
43	锝*	Tc	Technetium	(98)
44	钌	Ru	Ruthenium	101.07(2)
45	铑	Rh	Rhodium	102.905 50(2)
46	钯	Pd	Palladium	106.42(1)
47	银	Ag	Silver	107.868 2(2)
48	镉	Cd	Cadmium	112.411(8)
49	铟	In	Indium	114.818(3)
50	锡	Sn	Tin	118.710(7)
51	锑	Sb	Antimony	121.760(1)
52	碲	Te	Tellurium	127.60(3)
53	碘	I	Iodine	126.904 47(3)
54	氙	Xe	Xenon	131.29(2)
55	铯	Cs	Caesium	132.905 45(2)
56	钡	Ba	Barium	137.327(7)
57	镧	La	Lanthanum	138.905 5(2)
58	铈	Ce	Cerium	140.116(1)
59	镨	Pr	Praseodymium	140.907 65(2)
60	钕	Nd	Neodymium	144.24(3)
61	钷*	Pm	Promethium	(145)
62	钐	Sm	Samarium	150.36(3)
63	铕	Eu	Europium	151.964(1)
64	钆	Gd	Gadolinium	157.25(3)
65	铽	Tb	Terbium	158.925 34(2)
66	镝	Dy	Dysprosium	162.50(3)

续表

原子序数	名称	符号	英文名称	相对原子质量
67	钬	Ho	Holmium	164.930 32(2)
68	铒	Er	Erbium	167.26(3)
69	铥	Tm	Thulium	168.934 21(2)
70	镱	Yb	Ytterbium	173.04(3)
71	镥	Lu	Lutetium	174.967(1)
72	铪	Hf	Hafnium	178.49(2)
73	钽	Ta	Tantalum	180.947 9(1)
74	钨	W	Tungsten	183.84(1)
75	铼	Re	Rhenium	186.207(1)
76	锇	Os	Osmium	190.23(3)
77	铱	Ir	Iridium	192.217(3)
78	铂	Pt	Platinum	195.078(2)
79	金	Au	Gold	196.966 55(2)
80	汞	Hg	Mercury	200.59(2)
81	铊	Tl	Thallium	204.383 3(2)
82	铅	Pb	Lead	207.2(1)
83	铋	Bi	Bismuth	208.980 38(2)
84	钋*	Po	Polonium	(210)
85	砹*	At	Astatine	(210)
86	氡*	Rn	Radon	(222)
87	钫*	Fr	Francium	(223)
88	镭*	Ra	Radium	(226)
89	锕*	Ac	Actinium	(227)
90	钍*	Th	Thorium	232.038 1(1)
91	镤*	Pa	Protactinium	231.035 88(2)

续表

原子序数	名称	符号	英文名称	相对原子质量
92	铀*	U	Uranium	238.028 9(1)
93	镎*	Np	Neptunium	(237)
94	钚*	Pu	Plutonium	(244)
95	镅*	Am	Americium	(243)
96	锔*	Cm	Curium	(247)
97	锫*	Bk	Berkelium	(247)
98	锎*	Cf	Californium	(251)
99	锿*	Es	Einsteinium	(252)
100	镄*	Fm	Fermium	(257)
101	钔*	Md	Mendelevium	(258)
102	锘*	No	Nobelium	(259)
103	铹*	Lr	Lawrencium	(260)
104	钅卢*	Rf	Rutherfordium	(261)
105	钅杜*	Db	Dubnium	(262)
106	饎*	Sg	Seaborgium	(263)
107	铍*	Bh	Bohrium	(264)
108	镖*	Hs	Hassium	(265)
109	鿏*	Mt	Meitnerium	(268)
110	*			(269)
111	*			(272)
112	*			(277)

注：本表相对原子质量引自1999年国际相对原子质量表，以 $^{12}C=12$ 为基准。末位数的准确度加注在其后括号内。加括号的相对原子质量为放射性元素最长寿命同位数的质量数。加 * 者为放射性元素。

附录 2　一些物质的摩尔质量

化学式	$M_B/\text{g}\cdot\text{mol}^{-1}$	化学式	$M_B/\text{g}\cdot\text{mol}^{-1}$
Ag	107.87	$Al_2(SO_4)_3\cdot 18H_2O$	666.43
AgBr	187.77	As	74.92
$AgBrO_3$	235.77	AsO_4^{3-}	138.92
AgCN	133.89	As_2O_3	197.84
AgCl	143.32	As_2O_5	229.84
AgI	234.77	As_2S_3	246.04
$AgNO_3$	169.87	B	10.81
AgSCN	165.95	B_2O_3	69.62
Ag_2CrO_4	331.73	Ba	137.33
Ag_2SO_4	311.80	$BaBr_2$	297.14
Ag_3AsO_4	462.52	$BaCO_3$	197.34
Ag_3PO_4	418.58	$BaCl_2$	208.23
Al	26.98	$BaCl_2\cdot 2H_2O$	244.26
$AlBr_3$	266.69	$BaCrO_4$	253.32
$AlCl_3$	133.34	BaO	153.33
$AlCl_3\cdot 6H_2O$	241.43	$Ba(OH)_2$	171.34
$Al(NO_3)_3$	213.00	$Ba(OH)_2\cdot 8H_2O$	315.46
$Al(NO_3)_3\cdot 9H_2O$	375.13	$BaSO_4$	233.39
Al_2O_3	101.96	$Ba_3(AsO_4)_2$	689.82
$Al(OH)_3$	78.00	Be	9.012
$Al_2(SO_4)_3$	342.15	BeO	25.01

续表

化学式	M_B/g·mol^{-1}	化学式	M_B/g·mol^{-1}
Bi	208.98	$CaCl_2·2H_2O$	147.01
$BiCl_3$	315.34	$CaCl_2·6H_2O$	219.08
$Bi(NO_3)_3·5H_2O$	485.07	$CaCO_3$	100.09
BiOCl	260.43	CaC_2O_4	128.10
$BiOHCO_3$	286.00	CaO	56.08
$BiONO_3$	286.98	$Ca(OH)_2$	74.09
Bi_2O_3	465.96	$CaSO_4$	136.14
Bi_2S_3	514.16	$Ca_3(PO_4)_2$	310.18
Br	79.90	Cd	112.41
BrO_3^-	127.90	$CdCl_2$	183.32
Br_2	159.81	$CdCO_3$	172.42
C	12.01	CdS	144.48
CH_3COOH(醋酸)	60.05	Ce	140.12
$(CH_3CO)_2O$(醋酐)	102.09	CeO_2	172.11
CN^-	26.01	$Ce(SO_4)_2$	332.24
CO	28.01	$Ce(SO_4)_2·4H_2O$	404.30
$CO(NH_2)_2$(尿素)	60.05	$Ce(SO_4)_2·2(NH_4)_2SO_4·2H_2O$	632.55
CO_2	44.01	Cl	35.45
CO_3^{2-}	60.01	Cl_2	70.91
$CS(NH_2)_2$(硫脲)	76.12	Co	58.93
$C_2O_4^{2-}$	88.02	$CoCl_2$	129.84
Ca	40.08	$CoCl_2·6H_2O$	237.93
$CaCl_2$	110.98	$Co(NO_3)_2$	182.94

续表

化学式	M_B/g·mol^{-1}	化学式	M_B/g·mol^{-1}
Co(NO$_3$)$_2$·6H$_2$O	291.03	Cu$_2$O	143.09
CoS	91.00	Cu$_2$(OH)$_2$CO$_3$	221.12
CoSO$_4$	155.00	Cu$_2$S	159.16
CoSO$_4$·7H$_2$O	281.10	F	19.00
Co$_2$O$_3$	165.86	F$_2$	38.00
Co$_3$O$_4$	240.80	Fe	55.85
Cr	52.00	FeCO$_3$	115.86
CrCl$_3$	158.35	FeCl$_2$	126.75
CrCl$_3$·6H$_2$O	266.44	FeCl$_2$·4H$_2$O	198.81
CrO$_4^{2-}$	115.99	FeCl$_3$	162.21
Cr$_2$O$_3$	151.99	FeCl$_3$·6H$_2$O	270.30
Cr$_2$(SO$_4$)$_3$	392.18	FeNH$_4$(SO$_4$)$_2$·12H$_2$O	482.20
Cu	63.55	Fe(NO$_3$)$_3$	241.86
CuCl	99.00	Fe(NO$_3$)$_3$·9H$_2$O	404.00
CuCl$_2$	134.45	FeO	71.85
CuCl$_2$·2H$_2$O	170.48	Fe(OH)$_3$	106.87
CuI	190.45	FeS	87.91
Cu(NO$_3$)$_2$	187.55	FeS$_2$	119.98
Cu(NO$_3$)$_2$·3H$_2$O	241.60	FeSO$_4$	151.91
CuO	79.55	FeSO$_4$·7H$_2$O	278.02
CuS	95.61	FeSO$_4$·(NH$_4$)$_2$SO$_4$·6H$_2$O	392.14
CuSCN	121.63	Fe$_2$O$_3$	159.69
CuSO$_4$	159.61	Fe$_2$(SO$_4$)$_3$	399.88
CuSO$_4$·5H$_2$O	249.69	Fe$_2$(SO$_4$)$_3$·9H$_2$O	562.02

续表

化学式	$M_B/\text{g·mol}^{-1}$	化学式	$M_B/\text{g·mol}^{-1}$
Fe_3O_4	231.54	H_2SO_4	98.08
H	1.008	H_3AsO_3	125.94
HBr	80.91	H_3AsO_4	141.94
HCN	27.02	H_3BO_3	61.83
HCOOH(甲酸)	46.02	H_3PO_3	82.00
$HC_2H_3O_2$(醋酸)	60.05	H_3PO_4	98.00
$HC_7H_5O_2$(苯甲酸)	122.12	Hg	200.59
HCl	36.46	$Hg(CN)_2$	252.63
$HClO_4$	100.46	$HgCl_2$	271.50
HF	20.01	HgI_2	454.40
HI	127.91	$Hg(NO_3)_2$	324.60
HIO_3	175.91	HgO	216.59
HNO_2	47.01	HgS	232.66
HNO_3	63.01	$HgSO_4$	296.65
H_2	2.016	Hg_2Br_2	560.99
H_2CO_3	62.02	Hg_2Cl_2	472.09
$H_2C_2O_4$	90.04	Hg_2I_2	654.99
$H_2C_2O_4 \cdot 2H_2O$	126.07	$Hg_2(NO_3)_2$	525.19
H_2O	18.01	$Hg_2(NO_2)_2 \cdot 2H_2O$	561.22
H_2O_2	34.01	Hg_2SO_4	497.24
H_2S	34.08	I	126.90
H_2SO_3	82.08	I_2	253.81
$H_2SO_3 \cdot NH_2$(氨基磺酸)	98.10	K	39.10

续表

化学式	$M_B/\text{g·mol}^{-1}$	化学式	$M_B/\text{g·mol}^{-1}$
$KAl(SO_4)_2 \cdot 12H_2O$	474.38	K_2CrO_4	194.19
KBr	119.00	$K_2Cr_2O_7$	294.18
$KBrO_3$	167.00	K_2O	94.20
KCN	65.12	K_2PtCl_6	485.99
KCl	74.55	K_2SO_4	174.26
$KClO_3$	122.55	$K_2SO_4 \cdot Al_2(SO_4)_3 \cdot 24H_2O$	948.78
$KClO_4$	138.55	$K_2S_2O_7$	254.32
$KFe(SO_4)_2 \cdot 12H_2O$	503.25	K_3AsO_4	256.22
$KHC_2O_4 \cdot H_2O$	146.14	$K_3Fe(CN)_6$	329.25
$KHC_2O_4 \cdot H_2C_2O_4 \cdot 2H_2O$	254.19	K_3PO_4	212.27
$KHC_4H_4O_6$（酒石酸氢钾）	188.18	$K_4Fe(CN)_6$	368.35
$KHC_8H_4O_4$（邻苯二甲酸氢钾）	204.22	Li	6.941
$KHSO_4$	136.17	$LiCl$	42.39
KI	166.00	$LiOH$	23.95
KIO_3	214.00	Li_2CO_3	73.89
$KIO_3 \cdot HIO_3$	389.91	Li_2O	29.88
$KMnO_4$	158.03	Mg	24.30
KNO_2	85.10	$MgCO_3$	84.31
KNO_3	101.10	MgC_2O_4	112.32
$KNaC_4H_4O_6 \cdot 4H_2O$（酒石酸钾钠）	282.22	$MgCl_2$	95.21
KOH	56.10	$MgCl_2 \cdot 6H_2O$	203.30
K_2CO_3	138.21	$MgNH_4AsO_4$	181.26

续表

化学式	M_B/g·mol^{-1}	化学式	M_B/g·mol^{-1}
MgNH$_4$PO$_4$	137.31	NH$_4$Cl	53.49
Mg(NO$_3$)$_2$·6H$_2$O	256.41	NH$_4$HCO$_3$	79.06
MgO	40.30	NH$_4$H$_2$PO$_4$	115.03
Mg(OH)$_2$	58.32	NH$_4$NO$_3$	80.04
MgSO$_4$	120.37	NH$_4$VO$_3$	116.98
MgSO$_4$·7H$_2$O	246.48	(NH$_4$)$_2$CO$_3$	96.09
Mg$_2$P$_2$O$_7$	222.55	(NH$_4$)$_2$C$_2$O$_4$	124.10
Mn	54.94	(NH$_4$)$_2$C$_2$O$_4$·H$_2$O	142.11
MnCO$_3$	114.95	(NH$_4$)$_2$HPO$_4$	132.06
MnCl$_2$·4H$_2$O	197.90	(NH$_4$)$_2$MoO$_4$	196.01
Mn(NO$_3$)$_2$·6H$_2$O	287.04	(NH$_4$)$_2$PtCl$_6$	443.87
MnO	70.94	(NH$_4$)$_2$S	68.14
MnO$_2$	86.94	(NH$_4$)$_2$SO$_4$	132.14
MnS	87.00	(NH$_4$)$_3$PO$_4$·12MoO$_3$	1 876.32
MnSO$_4$	151.00	NO$_3^-$	62.00
MnSO$_4$·4H$_2$O	223.06	Na	22.99
Mn$_2$O$_3$	157.87	NaBiO$_3$	279.97
Mn$_2$P$_2$O$_7$	283.82	NaBr	102.89
Mn$_3$O$_4$	228.81	NaBrO$_3$	150.89
N	14.01	NaCHO$_2$(甲酸钠)	68.01
N$_2$	28.01	NaCN	49.01
NH$_3$	17.03	NaC$_2$H$_3$O$_2$(醋酸钠)	82.03
NH$_4^+$	18.04	NC$_2$H$_3$O$_2$·3H$_2$O	136.08
NH$_4$C$_2$H$_3$O$_2$(醋酸铵)	77.08	NaCl	58.44

续表

化学式	M_B/g·mol^{-1}	化学式	M_B/g·mol^{-1}
NaClO	74.44	Na_2SO_4	142.04
$NaHOC_3$	84.01	$Na_2S_2O_3$	158.11
NaH_2PO_4	119.98	$Na_2S_2O_3·5H_2O$	248.19
$NaH_2PO_4·H_2O$	137.99	Na_3AsO_3	191.89
NaI	149.89	Na_3AsO_4	207.89
$NaNO_2$	69.00	Na_3PO_4	163.94
$NaNO_3$	84.99	$Na_3PO_4·12H_2O$	380.12
NaOH	40.00	Ni	58.34
$Na_2B_4O_7$	201.22	$NiC_8H_{14}O_4N_4$（丁二酮肟镍）	288.56
$Na_2B_4O_7·10H_2O$	381.37	$NiCl_2·6H_2O$	237.34
Na_2CO_3	105.99	$Ni(NO_3)_2·6H_2O$	290.44
$Na_2CO_3·10H_2O$	286.14	NiO	74.34
$Na_2C_2O_4$	134.00	NiS	90.41
Na_2HAsO_3	169.91	$NiSO_4·7H_2O$	280.51
Na_2HPO_4	141.96	O	16.00
$Na_2HPO_4·12H_2O$	358.14	OH^-	17.01
Na_2H_2Y(EDTA 钠)	336.21	O_2	32.00
$Na_2H_2Y·2H_2O$	372.24	P	30.97
Na_2O	61.98	PO_4^{3-}	94.97
Na_2O_2	77.98	P_2O_5	141.94
Na_2S	78.05	Pb	207.20
$Na_2S·9H_2O$	240.18	$PbCO_3$	267.21
Na_2SO_3	126.04	PbC_2O_4	295.22

续表

化学式	$M_B/\text{g·mol}^{-1}$	化学式	$M_B/\text{g·mol}^{-1}$
$Pb(C_2H_3O_2)_2$	325.29	Si	28.09
$Pb(C_2H_3O_2)_2·3H_2O$	379.34	$SiCl_4$	169.90
$PbCl_2$	278.11	SiF_4	104.08
$PbCrO_4$	323.19	SiO_2	60.08
PbI_2	461.01	Sn	118.71
$Pb(IO_3)_2$	557.00	$SnCl_2$	189.62
$Pb(NO_3)_2$	331.21	$SnCl_2·2H_2O$	225.65
PbO	223.20	SnO_2	150.71
PbO_2	239.20	SnS	150.78
PbS	239.27	SnS_2	182.84
$PbSO_4$	303.26	Sr	87.62
Pb_2O_3	462.40	$SrCO_3$	147.63
Pb_3O_4	685.60	SrC_2O_4	175.64
$Pb_3(PO_4)_2$	811.54	$SrCl_2·6H_2O$	266.62
S	32.07	$Sr(NO_3)_2$	211.63
SO_2	64.06	$Sr(NO_3)_2·4H_2O$	283.69
SO_3	80.06	SrO	103.62
SO_4^{2-}	96.06	$SrSO_4$	183.68
Sb	121.78	$Sr_3(PO_4)_2$	452.80
$SbCl_3$	228.12	Th	232.04
$SbCl_5$	299.02	$Th(C_2O_4)_2·6H_2O$	516.17
Sb_2O_3	291.52	$ThCl_4$	373.85
Sb_2O_5	323.52	$Th(NO_3)_4$	480.06

续表

化学式	M_B/g·mol^{-1}	化学式	M_B/g·mol^{-1}
Th(NO$_3$)$_4$·4H$_2$O	552.11	Zn	65.39
Th(SO$_4$)$_2$	424.16	ZnCO$_3$	125.40
Th(SO$_4$)$_2$·9H$_2$O	586.30	ZnC$_2$O$_4$	153.41
Ti	47.88	Zn(C$_2$H$_3$O$_2$)$_2$	183.48
TiCl$_3$	154.24	Zn(C$_2$H$_3$O$_2$)$_2$·2H$_2$O	219.51
TiCl$_4$	189.69	ZnCl$_2$	136.30
TiO$_2$	79.88	Zn(NO$_3$)$_2$	189.40
TiOSO$_4$	159.94	Zn(NO$_3$)$_2$·6H$_2$O	297.49
U	238.03	ZnO	81.39
UCl$_4$	379.84	ZnS	97.46
UF$_4$	314.02	ZnSO$_4$	161.45
UO$_2$(C$_2$H$_3$O$_2$)$_2$	388.12	ZnSO$_4$·7H$_2$O	287.56
UO$_2$(C$_2$H$_3$O$_2$)$_2$·2H$_2$O	424.15	Zn$_2$P$_2$O$_7$	304.72
UO$_3$	286.03	Zr	91.22
U$_3$O$_8$	842.08	Zr(NO$_3$)$_4$	339.24
V	50.94	Zr(NO$_3$)$_4$·5H$_2$O	429.32
VO$_2$	82.94	ZrOCl$_2$·8H$_2$O	322.25
V$_2$O$_5$	181.88	ZrO$_2$	123.22
W	183.84	Zr(SO$_4$)$_2$	283.35
WO$_3$	231.85		

附录 3 弱酸及其共轭碱在水中的离解常数（25℃，$I=0$）

弱 酸	分子式	K_a	pK_a	pK_b	共轭碱 K_b
砷酸	H_3AsO_4	$6.3\times10^{-3}(K_{a_1})$ $1.0\times10^{-7}(K_{a_2})$ $3.2\times10^{-12}(K_{a_3})$	2.20 7.00 11.50	11.80 7.00 2.50	$1.6\times10^{-12}(K_{b_3})$ $1\times10^{-7}(K_{b_2})$ $3.1\times10^{-3}(K_{b_1})$
亚砷酸	$HAsO_2$	6.0×10^{-10}	9.22	4.78	1.7×10^{-5}
硼酸	H_3BO_3	5.8×10^{-10}	9.24	4.76	1.7×10^{-5}
焦硼酸	$H_2B_4O_7$	$1\times10^{-4}(K_{a_1})$ $1\times10^{-9}(K_{a_2})$	4 9	10 5	$1\times10^{-10}(K_{b_2})$ $1\times10^{-5}(K_{b_1})$
碳酸	H_2CO_3 $(CO_2+H_2O)^*$	$4.2\times10^{-7}(K_{a_1})$ $5.6\times10^{-11}(K_{a_2})$	6.38 10.25	7.62 3.75	$2.4\times10^{-8}(K_{b_2})$ $1.8\times10^{-4}(K_{b_1})$
氢氰酸	HCN	6.2×10^{-10}	9.21	4.79	1.6×10^{-5}
铬酸	H_2CrO_4	$1.8\times10^{-7}(K_{a_1})$ $3.2\times10^{-7}(K_{a_2})$	0.74 6.50	13.26 7.50	$5.6\times10^{-14}(K_{b_2})$ $3.1\times10^{-8}(K_{b_1})$
氢氟酸	HF	6.6×10^{-4}	3.18	0.82	1.5×10^{-11}
亚硝酸	HNO_2	5.1×10^{-4}	3.29	10.71	1.2×10^{-11}

续表

弱 酸	分子式	K_a	pK_a	pK_b	共轭碱 K_b
过氧化氢	H_2O_2	1.8×10^{-12}	11.75	2.25	5.6×10^{-3}
磷酸	H_3PO_4	$7.6 \times 10^{-3} (K_{a_1})$	2.12	11.88	$1.3 \times 10^{-12} (K_{b_3})$
		$6.3 \times 10^{-8} (K_{a_2})$	7.20	6.80	$1.6 \times 10^{-7} (K_{b_2})$
		$4.4 \times 10^{-13} (K_{a_3})$	12.36	1.64	$2.3 \times 10^{-2} (K_{b_1})$
焦磷酸	$H_4P_2O_7$	$3.0 \times 10^{-2} (K_{a_1})$	1.52	12.48	$3.3 \times 10^{-13} (K_{b_4})$
		$4.4 \times 10^{-3} (K_{a_2})$	2.36	11.64	$2.3 \times 10^{-12} (K_{b_3})$
		$2.5 \times 10^{-7} (K_{a_3})$	6.60	7.40	$4.0 \times 10^{-8} (K_{b_2})$
		$5.6 \times 10^{-10} (K_{a_4})$	9.25	4.75	$1.8 \times 10^{-5} (K_{b_1})$
亚磷酸	H_3PO_3	$5.0 \times 10^{-2} (K_{a_1})$	1.30	12.70	$2.0 \times 10^{-13} (K_{b_2})$
		$2.5 \times 10^{-7} (K_{a_2})$	6.60	7.40	$4.0 \times 10^{-8} (K_{b_1})$
氢硫酸	H_2S	$1.3 \times 10^{-7} (K_{a_1})$	6.88	7.12	$7.7 \times 10^{-8} (Kb_2)$
硫酸	HSO_4^-	$1.0 \times 10^{-2} (K_{a_2})$	1.99	12.01	$1.0 \times 10^{-12} (K_{b_1})$
亚硫酸	H_2SO_3	$1.3 \times 10^{-2} (K_{a_1})$	1.90	12.10	$7.7 \times 10^{-13} (K_{b_2})$
	(SO_2+H_2O)	$6.3 \times 10^{-8} (K_{a_2})$	7.20	6.80	$1.6 \times 10^{-7} (K_{b_1})$
偏硅酸	H_2SiO_3	$1.7 \times 10^{-10} (K_{a_1})$	9.77	4.23	$5.9 \times 10^{-5} (K_{b_2})$
		$1.6 \times 10^{-12} (K_{a_2})$	11.8	2.20	$6.2 \times 10^{-3} (K_{b_1})$

续表

弱 酸	分子式	K_a	pK_a	pK_b	K_b
甲酸	HCOOH	1.8×10^{-4}	3.74	10.26	5.5×10^{-11}
乙酸	CH_3COOH	1.8×10^{-5}	4.74	9.26	5.5×10^{-10}
一氯乙酸	$CH_2ClCOOH$	1.4×10^{-3}	2.86	11.14	6.9×10^{-12}
二氯乙酸	$CHCl_2COOH$	5.0×10^{-2}	1.30	12.70	2.0×10^{-13}
三氯乙酸	CCl_3COOH	0.23	0.64	13.36	4.3×10^{-14}
氨基乙酸盐	$^+NH_3CH_2COOH$	$4.5\times10^{-3}(K_{a_1})$	2.35	11.65	$2.2\times10^{-12}(K_{b_1})$
	$^+NH_3CH_2COO^-$	$2.5\times10^{-10}(K_{a_2})$	9.60	4.40	$4.0\times10^{-5}(K_{b_1})$
乳酸	$CH_3CHOHCOOH$	1.4×10^{-4}	3.86	10.14	7.2×10^{-11}
苯甲酸	C_6H_5COOH	6.2×10^{-5}	4.21	9.79	1.6×10^{-10}
草酸	$H_2C_2O_4$	$5.9\times10^{-2}(K_{a_1})$	1.22	12.78	$1.7\times10^{-13}(K_{b_2})$
		$6.4\times10^{-5}(K_{a_2})$	4.19	9.81	$1.6\times10^{-10}(K_{b_1})$
d-酒石酸	CH(OH)COOH | CH(OH)COOH	$9.1\times10^{-4}(K_{a_1})$	3.04	10.96	$1.1\times10^{-11}(K_{b_2})$
		$4.3\times10^{-5}(K_{a_2})$	4.37	9.63	$2.3\times10^{-10}(K_{b_1})$
邻-苯二甲酸	⌬(COOH)(COOH)	$1.1\times10^{-3}(K_{a_1})$	2.95	11.05	$9.1\times10^{-12}(K_{b_2})$
		$3.9\times10^{-5}(K_{a_2})$	5.41	8.59	$2.6\times10^{-9}(K_{b_1})$

续表

弱 酸		分子式	K_a	pK_a	共轭碱	
					pK_b	K_b
柠檬酸		CH_2COOH	$7.4\times10^{-4}(K_{a_1})$	3.13	10.87	$1.4\times10^{-11}(K_{b_3})$
		$C(OH)COOH$	$1.7\times10^{-5}(K_{a_2})$	4.76	9.26	$5.9\times10^{-10}(K_{b_2})$
		CH_2COOH	$4.0\times10^{-7}(K_{a_3})$	6.40	7.60	$2.5\times10^{-8}(K_{b_1})$
苯酚		C_6H_5OH	1.1×10^{-10}	9.95	4.05	9.1×10^{-5}
乙二胺四乙酸		H_6-$EDTA^{2+}$	$0.13(K_{a_1})$	0.9	13.1	$7.7\times10^{-14}(K_{b_6})$
		H_5-$EDTA^+$	$3\times10^{-2}(K_{a_2})$	1.6	12.4	$3.3\times10^{-13}(K_{b_5})$
		H_4-$EDTA$	$1\times10^{-2}(K_{a_3})$	2.0	12.0	$1\times10^{-12}(K_{b_4})$
		H_3-$EDTA^-$	$2.1\times10^{-3}(K_{a_4})$	2.67	11.33	$4.8\times10^{-12}(K_{b_3})$
		H_2-$EDTA^{2-}$	$6.9\times10^{-7}(K_{a_5})$	6.16	7.84	$1.4\times10^{-8}(K_{b_2})$
		H-$EDTA^{3-}$	$5.5\times10^{-11}(K_{a_6})$	10.26	3.74	$1.8\times10^{-4}(K_{b_1})$
铵离子		NH_4^+	5.5×10^{-10}	9.26	4.74	1.8×10^{-5}
联氨离子		$^+H_3NNH_3^+$	3.3×10^{-9}	8.48	5.52	3.0×10^{-6}
羟氨离子		NH_3^+OH	1.1×10^{-6}	5.96	8.04	9.1×10^{-9}

续表

弱　酸	分子式	K_a	pK_a	共轭碱 pK_b	K_b
甲胺离子	$CH_3NH_3^+$	2.4×10^{-11}	10.62	3.38	4.2×10^{-4}
乙胺离子	$C_2H_5NH_3^+$	1.8×10^{-11}	10.75	3.25	5.6×10^{-4}
二甲胺离子	$(CH_3)_2NH_2^+$	8.5×10^{-11}	10.07	3.93	1.2×10^{-4}
二乙胺离子	$(C_2H_5)_2NH_2^+$	7.8×10^{-12}	11.11	2.89	1.3×10^{-3}
乙醇胺离子	$HOCH_2CH_2NH_3^+$	3.2×10^{-10}	9.50	4.50	3.2×10^{-5}
三乙醇胺离子	$(HOCH_2CH_2)_3NH^+$	1.7×10^{-8}	7.76	6.24	5.8×10^{-7}
六亚甲基四胺离子	$(CH_2)_9NH^+$	7.1×10^{-6}	5.15	8.85	1.4×10^{-9}
乙二胺离子	$^+H_3NCH_2CH_2NH_3^+$	1.4×10^{-7}	6.85	7.15	$7.1\times10^{-8}(K_{b_2})$
	$H_2NCH_2CH_2NH_3^+$	1.2×10^{-10}	9.93	4.07	$8.5\times10^{-5}(K_{b_1})$
吡啶离子	⬡NH^+	5.9×10^{-6}	5.23	8.77	1.7×10^{-9}

附录4 常见无机化合物在水中的溶解度*(g/100g H_2O)

溶解度\化合物	温度(℃) 0	20	40	60	80	100
$AgC_2H_3O_2$	0.73	1.05	1.43	1.93	2.59	
$AgNO_3$	122	216	311	440	585	733
$Al(NO_3)_3$	60.0	73.9	88.7	106	132	160
$Al_2(SO_4)_3$	31.2	36.4	45.8	59.2	73.0	89.0
$BaCl_2 \cdot 2H_2O$	31.2	35.8	40.8	46.2	52.5	59.4
$Ba(NO_3)_2$	4.95	9.02	14.1	20.4	27.2	34.4
$Ba(OH)_2$	1.67	3.89	8.22	20.94	101.4	
$CaCl_2 \cdot 6H_2O$	59.5	74.5	128	137	147	159
$Ca(NO_3)_2 \cdot 4H_2O$	102	129	191		358	363
$Ca(OH)_2$	0.189	0.173	0.141	0.121		0.076
$CoCl_2$	43.5	52.9	69.5	93.8	97.6	106
$Co(NO_3)_2$	84.0	97.4	125	174	204	
$CuCl_2$	68.6	73.0	87.6	96.5	104	120
$Cu(NO_3)_2$	83.5	125	163	182	208	247
$CuSO_4 \cdot 5H_2O$	23.1	32.0	44.6	61.8	83.8	114
$FeCl_3 \cdot 6H_2O$	74.4	91.8				
$Fe(NO_3)_3 \cdot 9H_2O$	112.0	137.7	175.0			
$FeSO_4 \cdot 7H_2O$	28.8	48.0	73.3	100.7	79.9	57.8

*溶解度表示在一定温度(℃)下,给定分子式的物质溶解在100g H_2O 中成饱和溶液时,该物质的克数。表中数据录自 John A. Dean: Lange's Handbook of Chemistry, 13th Edi., 1985。

续表

溶解度 温度(℃) 化合物	0	20	40	60	80	100
H_3BO_3	2.67	5.04	8.72	14.81	23.62	40.25
HCl	82.3	72.1	63.3	56.1		
$HgCl_2$	3.63	6.57	10.2	16.3	30.0	61.3
$KAl(SO_4)_2$	3.00	5.90	11.7	24.8	71.0	
KBr	53.6	65.3	75.4	85.5	94.9	104
KCl	28.0	34.2	40.1	45.8	51.3	56.3
$KClO_3$	3.3	7.3	13.9	23.8	37.6	56.3
K_2CrO_4	56.3	63.7	67.8	70.1		
$K_2Cr_2O_7$	4.7	12.3	26.3	45.6	73.0	
$K_3[Fe(CN)_6]$	30.2	46	59.3	70		91
$K_4[Fe(CN)_6]$	14.3	28.2	41.4	54.8	66.9	74.2
KI	128	144	162	176	192	206
$KMnO_4$	2.83	6.34	12.6	22.1		
KNO_3	13.9	31.6	61.3	106	167	245
KOH	95.7	112	134	154		178
$K_2S_2O_3$	1.65	4.70	11.0			
$MgCl_2$	52.9	54.6	57.5	61.0	66.1	73.3
$Mg(NO_3)_2$	62.1	69.5	78.9	78.9	91.6	
$Mn(NO_3)_2$	102	139				
$MnSO_4$	52.9	62.9	60.0	53.6	45.6	35.3
$Na_2B_4O_7$	1.11	2.56	6.67	19.0	31.4	52.5
$NaC_2H_3O_2$	36.2	46.4	65.6	139	153	170
$NaCl$	35.7	35.9	36.4	37.1	38.0	39.2

续表

溶解度 温度(℃) 化合物	0	20	40	60	80	100
Na_2CO_3	7.00	21.5	49.0	46.0	43.9	
$NaHCO_3$	7.0	9.6	12.7	16.0		
$NaNO_3$	73.0	87.6	102	122	148	180
$NaOH$		109	129	174		
Na_2S	9.6	15.7	26.6	39.1	55.0	
Na_2SO_3	14.4	26.3	37.2	32.6	29.4	
$Na_2S_2O_3 \cdot 5H_2O$	50.2	70.1	104			
$(NH_4)_2C_2O_4$	2.2	4.45	8.18	14.0	22.4	34.7
NH_4Cl	29.4	37.2	45.8	55.3	65.6	77.3
$(NH_4)_2Cu(SO_4)_2$	11.5	19.4	30.5	46.3	69.7	107
$(NH_4)_2Fe(SO_4)_2 \cdot 6H_2O$	17.23	36.47				
NH_4NO_3	118	192	297	421	580	871
NH_4SCN	120	170	234	346		
$(NH_4)_2SO_4$	70.6	75.4	81	88	95	103
$Ni(NO_3)_2$	79.2	94.2	119	158	187	
$NiSO_4 \cdot 7H_2O$	26.2	37.7	50.4			
$Pb(C_2H_3O_2)_2$	19.8	44.3	116			
$Pb(NO_3)_2$	37.5	54.3	72.1	91.6	111	133
$Zn(NO_3)_2$	98		211			
$ZnSO_4$	41.6	53.8	70.5	75.4	71.1	60.5

附录5　定性分析试剂配制法

1. 常见阳离子试液（每 mL 含阳离子 10mg）

阳离子	化合物	浓度/g·L^{-1}	溶剂及配制方法
Ag^+	$AgNO_3$	15.7	水（贮于棕色瓶中）
Hg_2^{2+}	$Hg_2(NO_3)_2·2H_2O$	14.0	0.6 mol·L^{-1}HNO$_3$ 溶液，使用前新配
Pb^{2+}	$Pb(NO_3)_2$	16.0	水
Bi^{3+}	$Bi(NO_3)_3·5H_2O$	23.2	3 mol·L^{-1}HNO$_3$ 溶液
Cu^{2+}	$Cu(NO_3)_2·3H_2O$	38.0	水
Cd^{2+}	$Cd(NO_3)_2·4H_2O$	27.0	水
As(Ⅲ)	As_2O_3	13.2	溶于 500mL 浓 HCl 后再用水稀释至 1L
As(Ⅴ)	As_2O_5	15.2	溶于 500mL 浓 HCl 后再用水稀释至 1L
Sb(Ⅲ)	$SbCl_3$	19.0	溶于 6 mol·L^{-1}HCl 后用 2 mol·L^{-1}HCl 稀释至 1L
Sb(Ⅴ)	$SbCl_5$	24.5	溶于 6 mol·L^{-1}HCl 后用 2 mol·L^{-1}HCl 稀释至 1L
Sn(Ⅱ)	$SnCl_2·2H_2O$	19.0	6 mol·L^{-1}HCl 溶液，使用前新配
Sn(Ⅳ)	$SnCl_4·3H_2O$	27.0	6 mol·L^{-1}HCl 溶液
Hg^{2+}	$Hg(NO_3)_2$	16.2	0.6mol·L^{-1}HNO$_3$ 溶液
Al^{3+}	$Al(NO_3)_3·9H_2O$	140.0	水
Cr^{3+}	$Cr(NO_3)_3·9H_2O$	77.0	水
Fe^{3+}	$Fe(NO_3)_3·9H_2O$	71.5	水（如出现浑浊加几滴 6 mol·L^{-1}HNO$_3$ 至溶液澄清）
Fe^{2+}	$FeCl_2·4H_2O$	35.6	溶于适量 1 mol·L^{-1}HCl，再用水稀释至1L,使用前新配制

续表

阳离子	化合物	浓度/$g \cdot L^{-1}$	溶剂及配制方法
Mn^{2+}	$Mn(NO_3)_2 \cdot 6H_2O$	52.2	水
Zn^{2+}	$Zn(NO_3)_2 \cdot 6H_2O$	45.5	水
Co^{2+}	$Co(NO_3)_2 \cdot 6H_2O$	50.0	水
Ni^{2+}	$Ni(NO_3)_2 \cdot 6H_2O$	50.0	水
Ba^{2+}	$Ba(NO_3)_2$	19.0	水
Sr^{2+}	$Sr(NO_3)_2$	24.0	水
Ca^{2+}	$Ca(NO_3)_2 \cdot 4H_2O$	59.0	水
Mg^{2+}	$Mg(NO_3)_2 \cdot 6H_2O$	106.0	水
K^+	KNO_3	26.0	水
Na^+	$NaNO_3$	37.0	水
NH_4^+	NH_4NO_3	44.4	水

2. 常见阴离子试液(每 mL 含阴离子 10mg)

阴离子	化合物	浓度/$g \cdot L^{-1}$	溶剂及配制方法
CO_3^{2-}	$Na_2CO_3 \cdot 10H_2O$	47.8	水
SO_3^{2-}	$Na_2SO_3 \cdot 7H_2O$	31.5	水,使用前新配
$S_2O_3^{2-}$	$Na_2S_2O_3 \cdot 5H_2O$	22.2	水
S^{2-}	$Na_2S \cdot 9H_2O$	75.0	水
NO_2^-	$NaNO_2$	15.0	水
CN^-	KCN	25.0	水
Cl^-	$NaCl$	16.6	水
Br^-	KBr	15.0	水
I^-	KI	13.0	水,贮于棕色瓶中
NO_3^-	$NaNO_3$	14.0	水
SO_4^{2-}	$Na_2SO_4 \cdot 10H_2O$	33.6	水
SiO_3^{2-}	$Na_2SiO_3 \cdot 5H_2O$	28.0	水
PO_4^{3-}	$Na_2HPO_4 \cdot 12H_2O$	38.0	水

3. 酸溶液

名　　称	c/mol·L^{-1}	配　制　方　法
HCl	12	浓 HCl
	9	750mL 浓 HCl + 250mL 水
	6	500ml 浓 HCl + 500mL 水
	2	167mL 浓 HCl + 833mL 水
	1	83mL 浓 HCl + 917mL 水
	0.5	42mL 浓 HCl + 958mL 水
HNO$_3$	16	浓 HNO$_3$
	6	380mL 浓 HNO$_3$ + 620mL 水
	3	188mL 浓 HNO$_3$ + 812mL 水
	2	126mL 浓 HNO$_3$ + 847mL 水
	1	63mL 浓 HNO$_3$ + 937mL 水
H$_2$SO$_4$	18	浓 H$_2$SO$_4$
	2	111mL 浓 H$_2$SO$_4$ 慢慢加到 500mL 水中,冷却后加水稀释到 1L
	1	55.4mL 浓 H$_2$SO$_4$ 慢慢加到 800mL 水中,冷却后加水稀释到 1L
CH$_3$COOH	17	冰醋酸
	6	350mL 冰醋酸 + 650mL 水
	2	120mL 冰醋酸 + 880mL 水
	1	60mL 冰醋酸 + 940mL 水

4. 碱溶液

名 称	$c/\mathrm{mol\cdot L^{-1}}$	配 制 方 法
NaOH	6	240g NaOH 溶于 400mL 水中,盖上表面皿,放冷,再用水稀释至1L
	2	80g NaOH 溶于 150mL 水中,盖上表面皿,放冷,再用水稀释至1L
KOH	0.5	28g KOH 加 50mL 水,搅拌溶解,放冷后,稀释至1L
$NH_3\cdot H_2O$	15	浓氨水
	6	400mL 浓氨水与 600mL 水混合
	2	133mL 浓氨水与 867mL 水混合
$Ba(OH)_2$	饱和	取 72g $Ba(OH)_2\cdot 8H_2O$ 溶于1L 水中,充分搅拌,放置 24h 后,吸取上层清液使用(注意防止吸收 CO_2)
$Ca(OH)_2$	饱和	17g $Ca(OH)_2$ 溶于 1L 水中,使用前新配

5. 盐溶液

名 称	浓 度	配 制 方 法
$AgNO_3$	$1\ \mathrm{mol\cdot L^{-1}}$	170g $AgNO_3$ 溶于水并稀释至1L(贮于棕色瓶中)
$BaCl_2$	$0.5\mathrm{mol\cdot L^{-1}}$	溶 122g $BaCl_2\cdot 2H_2O$ 于水中,并稀释至1L
$CuSO_4$	1%	10g $CuSO_4\cdot 5H_2O$ 溶于水并稀释至1L
	0.02%	取 2mL 1% $CuSO_4$ 溶液,用水稀释至 100mL
$FeCl_3$	$0.5\ \mathrm{mol\cdot L^{-1}}$	135g $FeCl_3\cdot 5H_2O$ 溶于水,稀释至1L
$FeSO_4$	25%	溶 25g $FeSO_4\cdot 7H_2O$ 于 50mL 水及 5mL $1\mathrm{mol\cdot L^{-1}}H_2SO_4$ 中,用水稀释至100mL

续表

名　　称	浓　度	配　制　方　法
$HgCl_2$	$0.2\ mol·L^{-1}$	55.6g $HgCl_2$ 溶于水,稀释至1L
KBr	$0.5\ mol·L^{-1}$	60g KBr 溶于水中并稀释至1L
K_2CrO_4	5%	50g K_2CrO_4 溶于水中并稀释至1L
$K_3[Fe(CN)_6]$	$0.033\ mol·L^{-1}$	11g $K_3[Fe(CN)_6]$ 溶于水,稀释至1L
$K_4[Fe(CN)_6]$	$0.025\ mol·L^{-1}$	10.5g $K_4[Fe(CN)_6]·3H_2O$ 溶于水,稀释至1L
KI	$1\ mol·L^{-1}$	166g KI 溶于水,稀释至1L(贮于棕色瓶中)
$KMnO_4$	$0.01\ mol·L^{-1}$	1.6g $KMnO_4$ 溶于水,稀释至1L
NaAc	$3\ mol·L^{-1}$	408g $NaAc·3H_2O$ 溶于水并稀释至1L
	$1\ mol·L^{-1}$	136g $NaAc·3H_2O$ 溶于水并稀释至1L
NaBrO		在小试管中加3滴溴水,逐滴加入 $6\ mol·L^{-1}$ NaOH 使红棕色退去(或呈淡黄色)即成
Na_2CO_3	$1\ mol·L^{-1}$	106g Na_2CO_3 溶于水并稀释至1L
$Na_3Co(NO_2)_6$（亚硝酸钴钠）	15%	15g $Na_3Co(NO_2)_6$ 溶于 100 mL 水中（易分解,用时现配）
	$0.1\ mol·L^{-1}$	溶 230g $NaNO_2$ 于 500mL 水中,加入 16.5mL $6\ mol·L^{-1}$ HAc 溶液及 30g $Co(NO_3)_2·6H_2O$,静置过夜,过滤,滤液用水稀释至1L,贮于棕色瓶中。此液应为橙色,比较稳定,一般可使用 4 周。若溶液变红色,表示已分解,应重新配制
$Na_2[Fe(CN)_5·NO]·2H_2O$（亚硝酰铁氰化钠）	3%	3g $Na_2[Fe(CN)_5·NO]·2H_2O$ 溶于水,稀释至100mL
Na_2S	$2\ mol·L^{-1}$	溶解 $Na_2S·9H_2O$ 480g 于适量水中,稀释至1L,用时新配

续表

名 称	浓 度	配 制 方 法
NH_4Ac	$3\ mol·L^{-1}$	235g NH_4Ac 溶于水,稀释至1L
NH_4Cl	饱和	溶 NH_4Cl 于水中直至饱和
	$3\ mol·L^{-1}$	162g NH_4Cl 溶于水,稀释至1L
	$1\ mol·L^{-1}$	54g NH_4Cl 溶于水,稀释至1L
$(NH_4)_2CO_3$	饱和	溶 $(NH_4)_2CO_3$ 于水中直至饱和
	12%	120g $(NH_4)_2CO_3$ 溶于水中,稀释至1L
$(NH_4)_2C_2O_4$	$0.5\ mol·L^{-1}$	71g $(NH_4)_2C_2O_4·H_2O$ 溶于水后稀释至1L
$(NH_4)_2Hg(SCN)_4$	$0.3\ mol·L^{-1}$	溶 90g NH_4SCN 和 80g $HgCl_2$ 于水中并稀释至1L
$(NH_4)_2MoO_4$	3%	2.5g $(NH_4)_2MoO_4·4H_2O$ 细末加 20g NH_4NO_3 拌匀,加入 80mL $4.5mol·L^{-1}$ HNO_3 中,搅拌溶解,放置48h。如有沉淀,过滤后使用
NH_4NO_3	1%	1g NH_4NO_3 溶于水中,稀释至 100 mL
NH_4SCN	饱和	溶 NH_4SCN 于水中直至饱和
$(NH_4)_2SO_4$	饱和	溶 $(NH_4)_2SO_4$ 于水中直至饱和
$Pb(Ac)_2$	$0.25\ mol·L^{-1}$	95g $Pb(Ac)_2·3H_2O$ 溶于 500mL 水及 10mL 冰 HAc 中,再用水稀释至1L
$SnCl_2$	$0.25\ mol·L^{-1}$	溶 56.5g $SnCl_2·2H_2O$ 于 100 mL 浓 HCl 及 80mL 水的溶液中,用水稀释至1L 并加少许 Sn 粒防止 Sn^{2+} 被氧化
$SrCl_2$	$0.2\ mol·L^{-1}$	32g $SrCl_2$ 溶于水,稀释至1L
$UO_2(Ac)_2$(醋酸铀酰)	$0.1\ mol·L^{-1}$	溶 42.4g $UO_2(Ac)_2·2H_2O$ 于 200mL 水及 30mL 冰 HAc 的混合液中,溶后用水稀释至1L

续表

名 称	浓 度	配 制 方 法
醋酸铀酰锌	饱和	溶解醋酸铀酰锌于水中至不溶为止,贮于棕色瓶中。或溶 10g $UO_2(Ac)_2 \cdot 2H_2O$ 于 5mL 冰醋酸及 20mL 水的混合液中,稀释至 50mL(溶液 a)。溶 30g $Zn(Ac)_2 \cdot 2H_2O$ 于 5mL 冰醋酸及 20mL 水中,也稀释至 50mL(溶液 b)。将溶液 a 与 b 加热至 70℃后混合,放置 24h 后,把析出的沉淀过滤除去

6. 其它无机试剂溶液

名 称	浓 度	配 制 方 法
Cl_2 水	饱和	通 Cl_2 于水中至饱和为止(新制)
H_2O_2	6%	200mL 浓 H_2O_2(30%)用水稀释至 1L
I_2-淀粉		0.1g I_2 和 0.3g KI 溶于少量水中,用 1%淀粉溶液稀释至 100mL

7. 有机试剂溶液

名 称	浓 度	配 制 方 法
硫代乙酰胺(TAA)	5%	5g CH_3CSNH_2 溶于水,并稀释至 100mL
甲基紫	0.1%	水溶液,用时新配
溴百里酚蓝	0.1%	0.1g 溴百里酚蓝溶于 100mL 20%的乙醇中
硫 脲	2.5%	2.5g 硫脲溶于 100mL 1 mol·L^{-1} HNO_3 中
邻二氮菲	0.5%	水溶液,加热溶解
茜素 S	0.1%	水溶液
丁二酮肟	1%	乙醇溶液

续表

名　　称	浓　度	配　制　方　法
二苯卡巴肼	0.25%	溶解 16g 邻苯二甲酸酐于热的 400mL 无水乙醇中,加入 1g 二苯卡巴肼,溶解后冷却至室温,贮于棕色瓶中(不加邻苯二甲酸酐,必须隔周配制一次)
玫瑰红酸钠	0.5%	水溶液,用时新配
镁试剂Ⅰ	0.001%	0.001g 对硝基苯偶氮间苯二酚溶于 100mL $2mol \cdot L^{-1}$ NaOH 溶液中
淀粉溶液	1%	1g 淀粉用水调成糊状,倒入 100mL 沸水中,再煮沸数分钟
对氨基苯磺酸		0.5g 溶于 150mL 2 $mol \cdot L^{-1}$ HAc 中
α-萘胺		0.3g α-萘胺溶于 20 mL 水中,煮沸,加 150mL 2 $mol \cdot L^{-1}$ HAc
联苯胺	1%	1g 联苯胺溶于 100mL 2 $mol \cdot L^{-1}$ HAc 中
氨基乙酸(GI)	5%	5g NH_2CH_2COOH 溶于水并稀释至 100mL
草　酸	1%	1g 草酸溶于 100mL 水中

8. 有机溶剂

戊醇　四氯化碳

9. 固体试剂

$CdCO_3$　KI　KNO_2　$NaBiO_3$　Na_2CO_3　NaF

Al 粉(箔)　Sn 箔　Zn 粉　酒石酸　尿素

10. 试　纸

广泛 pH 试纸

附录6 常用酸、碱溶液的密度和浓度

酸 或 碱	分 子 式	密度/g·mL^{-1}	溶质的质量分数/%	c/mol·L^{-1}
浓盐酸 稀盐酸	HCl	1.19 1.10	37 20	12 6
浓硝酸 稀硝酸	HNO$_3$	1.42 1.20	72 32	16 6
浓硫酸 稀硫酸	H$_2$SO$_4$	1.84 1.18	96 25	18 3
冰醋酸 稀醋酸	CH$_3$COOH	1.05 1.04	99.5 34	17 6
高氯酸	HClO$_4$	1.75	72	12
磷 酸	H$_3$PO$_4$	1.71	85	14.6
氢氟酸	HF	1.14	40	27.4
浓氨水 稀氨水	NH$_3$·H$_2$O	0.90 0.96	28～30 10	15 6
稀氢氧化钠	NaOH	1.22	20	6

附录 7 常用指示剂

1. 酸碱指示剂

指示剂	变色范围* pH	颜色变化	pK_{HIn}	浓 度	用量 (滴/10mL 试液)
百里酚蓝	1.2~2.8	红~黄	1.65	0.1%的20%乙醇溶液	1~2
甲基黄	2.9~4.0	红~黄	3.25	0.1%的90%乙醇溶液	1
甲基橙	3.1~4.4	红~黄	3.45	0.05%的水溶液	1
溴酚蓝	3.0~4.6	黄~紫	4.1	0.1%的20%乙醇溶液或其钠盐水溶液	1
溴甲酚绿	4.0~5.6	黄~蓝	4.9	0.1%的20%乙醇溶液或其钠盐水溶液	1~3
甲基红	4.4~6.2	红~黄	5.0	0.1%的60%乙醇溶液或其钠盐水溶液	1
溴百里酚蓝	6.2~7.6	黄~蓝	7.3	0.1%的20%乙醇溶液或其钠盐水溶液	1
中性红	6.8~8.0	红~黄橙	7.4	0.1%的60%乙醇溶液	1
苯酚红	6.8~8.4	黄~红	8.0	0.1%的60%乙醇溶液或其钠盐水溶液	1
酚酞	8.0~10.0	无~红	9.1	0.5%的90%乙醇溶液	1
百里酚蓝	8.0~9.6	黄~蓝	8.9	0.1%的20%乙醇溶液	1~4
百里酚酞	9.4~10.6	无~蓝	10.0	0.1%的90%乙醇溶液	1~2

*指室温下，水溶液中各种指示剂的变色范围。实际上，当温度改变或溶剂不同时，指示剂的变色范围将有变动。另外，溶液中盐类的存在也会影响指示剂的变色范围。

2. 混合酸碱指示剂

指示剂溶液的组成	变色时pH值	酸色	碱色	备注
一份 0.1%甲基黄乙醇溶液 一份 0.1%次甲基蓝乙醇溶液	3.25	蓝紫	绿	pH=3.2 蓝紫色 pH=3.4 绿色
一份 0.1%甲基橙水溶液 一份 0.25%靛蓝二磺酸水溶液	4.1	紫	黄绿	
一份 0.1%溴甲酚绿钠盐水溶液 一份 0.2%甲基橙水溶液	4.3	橙	蓝绿	pH=3.5 黄 pH=4.05 绿色 pH=4.3 浅绿色
三份 0.1%溴甲酚绿乙醇溶液 一份 0.2%甲基红乙醇溶液	5.1	酒红	绿	
一份 0.1%溴甲酚绿钠盐水溶液 一份 0.1%氯酚红钠盐水溶液	6.1	黄绿	蓝紫	pH=5.4 蓝绿色 pH=5.8 蓝紫色 pH=6.0 蓝带紫 pH=6.2 蓝紫色
一份 0.1%中性红乙醇溶液 一份 0.1%次甲基蓝乙醇溶液	7.0	蓝紫	绿	pH=7.0 紫蓝
一份 0.1%甲酚红钠盐水溶液 三份 0.1%百里酚蓝钠盐水溶液	8.3	黄	紫	pH=8.2 玫瑰红 pH=8.4 清晰的紫色
一份 0.1%百里酚蓝50%乙醇溶液 三份 0.1%酚酞50%乙醇溶液	9.0	黄	紫	从黄到绿，再到紫
一份 0.1%酚酞乙醇溶液 一份 0.1%百里酚酞乙醇溶液	9.9	无	紫	pH=6.6 玫瑰红
一份 0.1%百里酚酞乙醇溶液 一份 0.1%茜素黄R乙醇溶液	10.2	黄	紫	pH=10 紫色

3. 络合滴定指示剂

名称	配制	元素	颜色变化	用于测定条件
酸性铬蓝K	0.1%乙醇溶液	Ca Mg	红~蓝 红~蓝	pH=12 pH=10(氨性缓冲溶液)
钙指示剂	与NaCl配成1:100的固体混合物	Ca	酒红~蓝	pH>12(KOH或NaOH)
铬黑T (EBT)	与NaCl配成1:100的固体混合物,或将0.5 g铬黑T溶于含有25 mL三乙醇胺及75 mL无水乙醇的溶液中	Al Bi Ca Cd Mg Mn Ni Pb Zn	蓝~红 蓝~红 红~蓝 红~蓝 红~蓝 红~蓝 红~蓝 红~蓝 红~蓝	pH=7~8,吡啶存在下,以Zn^{2+}离子回滴 pH=9~10,以Zn^{2+}离子回滴 pH=10,加入EDTA-Mg pH=10(氨性缓冲溶液) pH=10(氨性缓冲溶液) 氨性缓冲溶液,加羟胺 氨性缓冲溶液 氨性缓冲溶液,加酒石酸钾 pH=6.8~10(氨性缓冲溶液)
吡啶偶氮萘酚(PAN)	0.1%乙醇(或甲醇溶液)	Cd Co Cu Zn	红~黄 黄~红 紫~黄 红~黄 粉红~黄	pH=6(醋酸缓冲溶液) 醋酸缓冲溶液,70~80℃,以Cu^{2+}离子回滴 pH=10(氨性缓冲溶液) pH=6(醋酸缓冲溶液) pH=5~7(醋酸缓冲溶液)
磺基水杨酸	1%~2%水溶液	Fe(Ⅲ)	红紫~黄	pH=1.5~3

续表

名称	配制	用于测定		
		元素	颜色变化	测定条件
二甲酚橙	0.5%乙醇(或水)溶液	Bi	红~黄	pH=1~2(HNO$_3$)
		Cd	粉红~黄	pH=5~6(六次甲基四胺)
		Pb	红紫~黄	pH=5~6(六次甲基四胺)
		Th(IV)	红~黄	pH=1.6~3.5(HNO$_3$)
		Zn	红~黄	pH=5~6(醋酸缓冲溶液)

4. 吸附指示剂

名称	配制	用于测定		
		可测元素(括号内为滴定剂)	颜色变化	测定条件
荧光黄	1%钠盐水溶液	Cl$^-$、Br$^-$、I$^-$、SCN$^-$(Ag$^+$)	黄绿~粉红	中性或弱碱性
二氯荧光黄	1%钠盐水溶液	Cl$^-$、Br$^-$、I$^-$(Ag$^+$)	黄绿~粉红	pH=4.4~7
四溴荧光黄(曙红)	1%钠盐水溶液	Br$^-$、I$^-$(Ag$^+$)	橙红~红紫	pH=1~2

5. 氧化还原指示剂

名称	配制	$\varphi^{\ominus}$/V(pH=0)	氧化型颜色	还原型颜色
二苯胺	1%浓硫酸溶液	+0.76	紫	无色
二苯胺磺酸钠	0.2%水溶液	+0.85	红紫	无色
邻苯氨基苯甲酸	0.2%水溶液	+0.89	红紫	无色

附录 8　常用缓冲溶液的配制

缓冲溶组成	pK_a	缓冲液 pH	缓 冲 溶 液 配 制 方 法
一氯乙酸-NaAc	2.86	2.1	取 100g 一氯乙酸溶于 200mL 水中,加无水 NaAc 10 g,稀至 1L
氨基乙酸-HCl	2.35 (pK_{a1})	2.3	取氨基乙酸 150g 溶于 500mL 水中后,加浓 HCl 80mL,水稀至 1L
H_3PO_4-柠檬酸盐	2.5	2.5	取 $Na_2HPO_4 \cdot 12H_2O$ 113g 溶于 200mL 水后,加柠檬酸 387g,溶解,过滤后,稀至 1L
一氯乙酸-NaOH	2.86	2.8	取 200g 一氯乙酸溶于 200mL 水中,加 NaOH 40g 溶解后,稀至 1L
邻苯二甲酸氢钾-HCl	2.95 (pK_{a1})	2.9	取 500g 邻苯二甲酸氢钾溶于 500mL 水中,加浓 HCl 80 mL,稀至 1L
甲酸-NaOH	3.76	3.7	取 95g 甲酸和 NaOH 40g 溶于 500mL 水中,溶解,稀至 1L
NaAc-HAc	4.74	4.0	取无水 NaAc 32g 溶于水中,加冰 HAc 120mL,稀至 1L
NH_4Ac-HAc		4.5	取 NH_4Ac 77g 溶于 200mL 水中,加冰 HAc 59mL,稀至 1L
NaAc-HAc	4.74	4.7	取无水 NaAc 83g 溶于水中,加冰 HAc 60mL,稀至 1L

续表

缓冲溶液组成	pK_a	缓冲液 pH	缓冲溶液配制方法
NaAc-HAc	4.74	5.0	取无水 NaAc 160g 溶于水中,加冰 HAc 60mL,稀至 1L
NH_4Ac-HAc	5.15	5.0	取 NH_4Ac 250g 溶于水中,加冰 HAc 25mL,稀至 1L
六次甲基四胺-HCl		5.4	取六次甲基四胺 40g 溶于 200mL 水中,加浓 HCl 10 mL,稀至 1L
NaAc-HAc	4.74	5.5	取无水 NaAc 200g 溶于水中,加冰 HAc 14mL,稀至 1L
NH_4Ac-HAc		6.0	取 NH_4Ac 600g 溶于水中,加冰 HAc 20mL,稀至 1L
NaAc-H_3PO_4 盐		8.0	取无水 NaAc 50 g 和 $Na_2HPO_4 \cdot 12H_2O$ 50g,溶于水中,稀至 1L
HCL-Tris(三羟甲基氨甲烷-$CNH_2 \equiv (HOCH_3)_3$)	8.21	8.2	取 25g Tris 试剂溶于水中,加浓 HCl 18mL,稀至 1L
NH_3-NH_4Cl	9.26	9.2	取 NH_4Cl 54g 溶于水中,加浓氨水 63mL,稀至 1L
NH_3-NH_4Cl	9.26	9.5	取 NH_4Cl 54g 溶于水中,加浓氨水 126mL,稀至 1L
NH_3-NH_4Cl	9.26	10.0	取 NH_4Cl 54g 溶于水中,加浓氨水 350mL,稀至 1L

注:(1)缓冲液配制后可用 pH 试纸检查。如 pH 值不对,可用共轭酸或碱调节。pH 值欲调节精确时,可用 pH 计调节。
(2)若需增加或减少缓冲液的缓冲容量时,可相应增加或减少共轭酸碱对物质的量,再调节之。

附录9 pH标准缓冲溶液

浓度*	温度/℃ pH	10	15	20	25	30	35
草酸氢钾(0.05mol·L^{-1})		1.67	1.67	1.68	1.68	1.68	1.69
酒石酸氢钾饱和溶液		—	—	—	3.56	3.55	3.55
邻苯二甲酸氢钾(0.05mol·L^{-1})		4.00	4.00	4.00	4.00	4.01	4.02
磷酸氢二钠(0.025mol·L^{-1})		6.92	6.90	6.88	6.86	6.85	6.84
磷酸氢二钾(0.025mol·L^{-1})							
四硼酸钠(0.01mol·L^{-1})		9.33	9.28	9.23	9.18	9.14	9.11
氢氧化钙饱和溶液		13.01	12.82	12.64	12.46	12.29	12.13

* 表中的浓度单位 mol·L^{-1},在文献中为 mol·kg^{-1}。

附录 10 常用滤器及其使用

1. 国产滤纸规格*

编　号	102	103	105	120
类　别	定　量　滤　纸			
灰　分	0.02mg/张			
滤速(s/100mL)	60~100	100~160	160~200	200~240
滤速区别	快　速	中　速	慢　速	慢　速
盒上包带标志	蓝	白	红	橙
实　用　例	$Fe(OH)_3$ $Al(OH)_3$	H_2SiO_3 CaC_2O_4		$BaSO_4$
编　号	127	209	211	214
类　别	定　性　滤　纸			
灰　分	0.2mg/张			
滤速(s/100mL)	60~100	100~160	160~200	200~240
滤速区别	快　速	中　速	慢　速	慢　速
盒上包带标志	蓝	白	红	橙

* 系北京滤纸厂产品规格。

2. 玻璃砂滤器规格及使用*

滤板编号	滤板平均孔径 (μm)	一般用途
1	80~120	过滤粗颗粒沉淀,收集或分布粗分子气体
2	40~80	过滤较粗颗粒沉淀,收集或分布较粗分子气体
3	15~40	过滤化学分析中一般结晶沉淀和杂质。过滤水银,收集或分布一般气体
4	5~15	过滤细颗粒沉淀,收集或分布细分子气体
5	2~5	过滤极细细颗粒沉淀,滤除较大细菌
6	<2	滤除细菌

* 新玻璃滤器使用前应先以热盐酸或铬酸洗液抽滤一次,并随即用水冲洗干净,使滤器中可能存在的灰尘杂质完全清除干净。每次使用毕或经一定时间使用后,都必须进行有效的洗涤处理,以免因沉淀物堵塞而影响过滤效果。

附录 11 常用基准物质的干燥条件和应用

基准物质		干燥后的组成	干燥条件（℃）	标定对象
名称	分子式			
碳酸氢钠	$NaHCO_3$	Na_2CO_3	270~300	酸
十水合碳酸钠	$Na_2CO_3 \cdot 10H_2O$	Na_2CO_3	270~300	酸
硼砂	$Na_2B_4O_7 \cdot 10H_2O$	$Na_2B_4O_7 \cdot 10H_2O$	放在装有 NaCl 和蔗糖饱和溶液的密闭器皿中	酸
碳酸氢钾	$KHCO_3$	K_2CO_3	270~300	酸
二水合草酸	$H_2C_2O_4 \cdot 2H_2O$	$H_2C_2O_4 \cdot 2H_2O$	室温空气干燥	碱
邻苯二甲酸氢钾	$KHC_8H_4O_4$	$KHC_8H_4O_4$	110~120	碱或 $KMnO_4$
重铬酸钾	$K_2Cr_2O_7$	$K_2Cr_2O_7$	140~150	还原剂
溴酸钾	$KBrO_3$	$KBrO_3$	130	还原剂
碘酸钾	KIO_3	KIO_3	130	还原剂

续表

基准物质		干燥后的组成	干燥条件(℃)	标定对象
名称	分子式			
铜	Cu	Cu	室温干燥器中保存	还原剂
三氧化二砷	As$_2$O$_3$	As$_2$O$_3$	室温干燥器中保存	氧化剂
草酸钠	Na$_2$C$_2$O$_4$	Na$_2$C$_2$O$_4$	130	氧化剂
碳酸钙	CaCO$_3$	CaCO$_3$	110	EDTA
锌	Zn	Zn	室温干燥器中保存	EDTA
氧化锌	ZnO	ZnO	900~1 000	EDTA
氯化钠	NaCl	NaCl	500~600	AgNO$_3$
氯化钾	KCl	KCl	500~600	AgNO$_3$
硝酸银	AgNO$_3$	AgNO$_3$	220~250	氯化物

附录 12 标准电极电势 (18～25℃)

半 反 应	E^0/V
$F_2(气) + 2H^+ + 2e^- \rightleftharpoons 2HF$	3.06
$O_3 + 2H^+ + 2e^- \rightleftharpoons O_2 + H_2O$	2.07
$S_2O_8^{2-} + 2e^- \rightleftharpoons 2SO_4^{2-}$	2.01
$H_2O_2 + 2H^+ + 2e^- \rightleftharpoons 2H_2O$	1.77
$MnO_4^- + 4H^+ + 3e^- \rightleftharpoons MnO_2(固) + 2H_2O$	1.695
$PbO_2(固) + SO_4^{2-} + 4H^+ + 2e^- \rightleftharpoons PbSO_4(固) + 2H_2O$	1.685
$HClO_2 + 2H^+ + 2e^- \rightleftharpoons HClO + H_2O$	1.64
$HClO + H^+ + e^- \rightleftharpoons \frac{1}{2}Cl_2 + H_2O$	1.63
$Ce^{4+} + e^- \rightleftharpoons Ce^{3+}$	1.61
$H_5IO_6 + H^+ + 2e^- \rightleftharpoons IO_3^- + 3H_2O$	1.60
$HBrO + H^+ + e^- \rightleftharpoons \frac{1}{2}Br_2 + H_2O$	1.59
$BrO_3^- + 6H^+ + 5e^- \rightleftharpoons \frac{1}{2}Br_2 + 3H_2O$	1.52
$MnO_4^- + 8H^+ + 5e^- \rightleftharpoons Mn^{2+} + 4H_2O$	1.51
$Au(III) + 3e^- \rightleftharpoons Au$	1.50
$HClO + H^+ + 2e^- \rightleftharpoons Cl^- + H_2O$	1.49
$ClO_3^- + 6H^+ + 5e^- \rightleftharpoons \frac{1}{2}Cl_2 + 3H_2O$	1.47
$PbO_2(固) + 4H^+ + 2e^- \rightleftharpoons Pb^{2+} + 2H_2O$	1.455
$HIO + H^+ + e^- \rightleftharpoons \frac{1}{2}I_2 + H_2O$	1.45
$ClO_3^- + 6H^+ + 6e^- \rightleftharpoons Cl^- + 3H_2O$	1.45
$BrO_3^- + 6H^+ + 6e^- \rightleftharpoons Br^- + 3H_2O$	1.44
$Au(III) + 2e^- \rightleftharpoons Au(I)$	1.41
$Cl_2(气) + 2e^- \rightleftharpoons 2Cl^-$	1.3595
$ClO_4^- + 8H^+ + 7e^- \rightleftharpoons \frac{1}{2}Cl_2 + 4H_2O$	1.34

续表

半 反 应	E^0/V
$Cr_2O_7^{2-} + 14H^+ + 6e^- \rightleftharpoons 2Cr^{3+} + 7H_2O$	1.33
$MnO_2(固) + 4H^+ + 2e^- \rightleftharpoons Mn^{2+} + 2H_2O$	1.23
$O_2(气) + 4H^+ + 4e^- \rightleftharpoons 2H_2O$	1.229
$IO_3^- + 6H^+ + 5e^- \rightleftharpoons \frac{1}{2}I_2 + 3H_2O$	1.20
$ClO_4^- + 2H^+ + 2e^- \rightleftharpoons ClO_3^- + H_2O$	1.19
$Br_2(水) + 2e^- \rightleftharpoons 2Br^-$	1.087
$NO_2 + H^+ + e^- \rightleftharpoons HNO_2$	1.07
$Br_3^- + 2e^- \rightleftharpoons 3Br^-$	1.05
$HNO_2 + H^+ + e^- \rightleftharpoons NO(气) + H_2O$	1.00
$VO_2^+ + 2H^+ + e^- \rightleftharpoons VO^{2+} + H_2O$	1.00
$HIO + H^+ + 2e^- \rightleftharpoons I^- + H_2O$	0.99
$NO_3^- + 3H^+ + 2e^- \rightleftharpoons HNO_2 + H_2O$	0.94
$ClO^- + H_2O + 2e^- \rightleftharpoons Cl^- + 2OH^-$	0.89
$H_2O_2 + 2e^- \rightleftharpoons 2OH^-$	0.88
$Cu^{2+} + I^- + e^- \rightleftharpoons CuI(固)$	0.86
$Hg^{2+} + 2e^- \rightleftharpoons Hg$	0.845
$NO_3^- + 2H^+ + e^- \rightleftharpoons NO_2 + H_2O$	0.80
$Ag^+ + e^- \rightleftharpoons Ag$	0.7995
$Hg_2^{2+} + 2e^- \rightleftharpoons 2Hg$	0.793
$Fe^{3+} + e^- \rightleftharpoons Fe^{2+}$	0.771
$BrO^- + H_2O + 2e^- \rightleftharpoons Br^- + 2OH^-$	0.76
$O_2(气) + 2H^+ + 2e^- \rightleftharpoons H_2O_2$	0.682
$AsO_2^- + 2H_2O + 3e^- \rightleftharpoons As + 4OH^-$	0.68
$2HgCl_2 + 2e^- \rightleftharpoons Hg_2Cl_2(固) + 2Cl^-$	0.63

续表

半 反 应	E^0/V
$Hg_2SO_4(固) + 2e^- = 2Hg + SO_4^{2-}$	0.615 1
$MnO_4^- + 2H_2O + 3e^- = MnO_2(固) + 4OH^-$	0.588
$MnO_4^- + e^- = MnO_4^{2-}$	0.564
$H_3AsO_4 + 2H^+ + 2e^- = HAsO_2 + 2H_2O$	0.559
$I_3^- + 2e^- = 3I^-$	0.545
$I_2(固) + 2e^- = 2I^-$	0.534 5
$Mo(Ⅵ) + e^- = Mo(Ⅴ)$	0.53
$Cu^+ + e^- = Cu$	0.52
$4SO_2(水) + 4H^+ + 6e^- = S_4O_6^{2-} + 2H_2O$	0.51
$HgCl_4^{2-} + 2e^- = Hg + 4Cl^-$	0.48
$2SO_2(水) + 2H^+ + 4e^- = S_2O_3^{2-} + H_2O$	0.40
$Fe(CN)_6^{3-} + e^- = Fe(CN)_6^{4-}$	0.36
$Cu^{2+} + 2e^- = Cu$	0.337
$VO^{2+} + 2H^+ + e^- = V^{3+} + H_2O$	0.337
$BiO^+ + 2H^+ + 3e^- = Bi + H_2O$	0.32
$Hg_2Cl_2(固) + 2e^- = 2Hg + 2Cl^-$	0.267 6
$HAsO_2 + 3H^+ + 3e^- = As + 2H_2O$	0.248
$AgCl(固) + e^- = Ag + Cl^-$	0.222 3
$SbO^+ + 2H^+ + 3e^- = Sb + H_2O$	0.212
$SO_4^{2-} + 4H^+ + 2e^- = SO_2(水) + H_2O$	0.17
$Cu^{2+} + e^- = Cu^+$	0.159
$Sn^{4+} + 2e^- = Sn^{2+}$	0.154
$S + 2H^+ + 2e^- = H_2S(气)$	0.141
$Hg_2Br_2 + 2e^- = 2Hg + 2Br^-$	0.139 5
$TiO^{2+} + 2H^+ + e^- = Ti^{3+} + H_2O$	0.1

续表

半反应	E^0/V
$S_4O_6^{2-} + 2e^- = 2S_2O_3^{2-}$	0.08
$AgBr(固) + e^- = Ag + Br^-$	0.071
$2H^+ + 2e^- = H_2$	0.000
$O_2 + H_2O + 2e^- = HO_2^- + OH^-$	-0.067
$TiOCl^+ + 2H^+ + 3Cl^- + e^- = TiCl_4^- + H_2O$	-0.09
$Pb^{2+} + 2e^- = Pb$	-0.126
$Sn^{2+} + 2e^- = Sn$	-0.136
$AgI(固) + e^- = Ag + I^-$	-0.152
$Ni^{2+} + 2e^- = Ni$	-0.246
$H_3PO_4 + 2H^+ + 2e^- = H_3PO_3 + H_2O$	-0.276
$Co^{2+} + 2e^- = Co$	-0.277
$Tl^+ + e^- = Tl$	-0.3360
$In^{3+} + 3e^- = In$	-0.345
$PbSO_4(固) + 2e^- = Pb + SO_4^{2-}$	-0.3553
$SeO_3^{2-} + 3H_2O + 4e^- = Se + 6OH^-$	-0.366
$As + 3H^+ + 3e^- = AsH_3$	-0.38
$Se + 2H^+ + 2e^- = H_2Se$	-0.40
$Cd^{2+} + 2e^- = Cd$	-0.403
$Cr^{3+} + e^- = Cr^{2+}$	-0.41
$Fe^{2+} + 2e^- = Fe$	-0.440
$S + 2e^- = S^{2-}$	-0.48
$2CO_2 + 2H^+ + 2e^- = H_2C_2O_4$	-0.49
$H_3PO_3 + 2H^+ + 2e^- = H_3PO_2 + H_2O$	-0.50
$Sb + 3H^+ + 3e^- = SbH_3$	-0.51

315

续表

半 反 应	E^0/V
$HPbO_2^- + H_2O + 2e^- \rightleftharpoons Pb + 3OH^-$	-0.54
$Ga^{3+} + 3e^- \rightleftharpoons Ga$	-0.56
$TeO_3^{2-} + 3H_2O + 4e^- \rightleftharpoons Te + 6OH^-$	-0.57
$2SO_3^{2-} + 3H_2O + 4e^- \rightleftharpoons S_2O_3^{2-} + 6OH^-$	-0.58
$SO_3^{2-} + 3H_2O + 4e^- \rightleftharpoons S + 6OH^-$	-0.66
$AsO_4^{3-} + 2H_2O + 2e^- \rightleftharpoons AsO_2^- + 4OH^-$	-0.67
$Ag_2S(固) + 2e^- \rightleftharpoons 2Ag + S^{2-}$	-0.69
$Zn^{2+} + 2e^- \rightleftharpoons Zn$	-0.763
$2H_2O + 2e^- \rightleftharpoons H_2 + 2OH^-$	-0.828
$Cr^{2+} + 2e^- \rightleftharpoons Cr$	-0.91
$HSnO_2^- + H_2O + 2e^- \rightleftharpoons Sn + 3OH^-$	-0.91
$Se + 2e^- \rightleftharpoons Se^{2-}$	-0.92
$Sn(OH)_6^{2-} + 2e^- \rightleftharpoons HSnO_2^- + H_2O + 3OH^-$	-0.93
$CNO^- + H_2O + 2e^- \rightleftharpoons CN^- + 2OH^-$	-0.97
$Mn^{2+} + 2e^- \rightleftharpoons Mn$	-1.182
$ZnO_2^{2-} + 2H_2O + 2e^- \rightleftharpoons Zn + 4OH^-$	-1.216
$Al^{3+} + 3e^- \rightleftharpoons Al$	-1.66
$H_2AlO_3^- + H_2O + 3e^- \rightleftharpoons Al + 4OH^-$	-2.35
$Mg^{2+} + 2e^- \rightleftharpoons Mg$	-2.37
$Na^+ + e^- \rightleftharpoons Na$	-2.714
$Ca^{2+} + 2e^- \rightleftharpoons Ca$	-2.87
$Sr^{2+} + 2e^- \rightleftharpoons Sr$	-2.89
$Ba^{2+} + 2e^- \rightleftharpoons Ba$	-2.90
$K^+ + e^- \rightleftharpoons K$	-2.925
$Li^+ + e^- \rightleftharpoons Li$	-3.042

附录 13　微溶化合物的溶度积 ($18 \sim 25$ ℃, $I = 0$)

微溶化合物	K_{sp}	pK_{sp}
AgAc	2×10^{-3}	2.7
Ag_3AsO_4	1×10^{-22}	22.0
AgBr	5.0×10^{-13}	12.30
Ag_2CO_3	8.1×10^{-12}	11.09
AgCl	1.8×10^{-10}	9.75
Ag_2CrO_4	2.0×10^{-12}	11.71
AgCN	1.2×10^{-16}	15.92
AgOH	2.0×10^{-8}	7.71
AgI	9.3×10^{-17}	16.03
$Ag_2C_2O_4$	3.5×10^{-11}	10.46
Ag_3PO_4	1.4×10^{-16}	15.84
Ag_3SO_4	1.4×10^{-5}	4.84
Ag_2S	2×10^{-49}	48.7
AgSCN	1.0×10^{-12}	12.00
$Al(OH)_3$ 无定形	1.3×10^{-33}	32.9
As_2S_3 *	2.1×10^{-22}	21.68
$BaCO_3$	5.1×10^{-9}	8.29
$BaCrO_4$	1.2×10^{-10}	9.93
BaF_2	1×10^{-5}	6.0

* 为下列平衡的平衡常数 $As_2S_3 + 4H_2O \rightleftharpoons 2HAsO_2 + 3H_2S$。

续表

微溶化合物	K_{sp}	pK_{sp}
$BaC_2O_4 \cdot H_2O$	2.3×10^{-8}	7.64
$BaSO_4$	1.1×10^{-10}	9.96
$Bi(OH)_3$	4×10^{-31}	30.4
$BiOOH^*$	4×10^{-10}	9.4
BiI_3	8.1×10^{-19}	18.09
$BiOCl$	1.8×10^{-31}	30.75
$BiPO_4$	1.3×10^{-23}	22.89
Bi_2S_3	1×10^{-97}	97.0
$CaCO_3$	2.9×10^{-9}	8.54
CaF_2	2.7×10^{-11}	10.57
$CaC_2O_4 \cdot H_2O$	2.0×10^{-9}	8.70
$Ca_3(PO_4)_2$	2.0×10^{-29}	28.70
$CaSO_4$	9.1×10^{-6}	5.04
$CaWO_4$	8.7×10^{-9}	8.06
$CdCO_3$	5.2×10^{-12}	11.28
$Cd_2[Fe(CN)_6]$	3.2×10^{-17}	16.49
$Cd(OH)_2$ 新析出	2.5×10^{-14}	13.60
$CdC_2O_4 \cdot 3H_2O$	9.1×10^{-8}	7.04
CdS	8×10^{-27}	26.1
$CoCO_3$	1.4×10^{-13}	12.84
$Co_2[Fe(CN)_6]$	1.8×10^{-15}	14.74

* BiOOH 的 $K_{sp} = [BiO^+][OH^-]$。

续表

微溶化合物	K_{sp}	pK_{sp}
$Co(OH)_2$ 新析出	2×10^{-15}	14.7
$Co(OH)_3$	2×10^{-44}	43.7
$Co[Hg(SCN)_4]$	1.5×10^{-8}	5.82
$\alpha\text{-}CoS$	4×10^{-21}	20.4
$\beta\text{-}CoS$	2×10^{-25}	24.7
$Co_3(PO_4)_2$	2×10^{-35}	34.7
$Cr(OH)_3$	6×10^{-31}	30.2
$CuBr$	5.2×10^{-9}	8.28
$CuCl$	1.2×10^{-3}	5.92
$CuCN$	3.2×10^{-20}	19.49
CuI	1.1×10^{-12}	11.96
$CuOH$	1×10^{-14}	14.0
Cu_2S	2×10^{-48}	47.7
$CuSCN$	4.8×10^{-15}	14.32
$CuCO_3$	1.4×10^{-10}	9.86
$Cu(OH)_2$	2.2×10^{-20}	19.66
CuS	6×10^{-36}	35.2
$FeCO_3$	3.2×10^{-11}	10.50
$Fe(OH)_2$	8×10^{-16}	15.1
FeS	6×10^{-18}	17.2
$Fe(OH)_3$	4×10^{-38}	37.4
$FePO_4$	1.3×10^{-22}	21.89

续表

微溶化合物	K_{sp}	pK_{sp}
Hg_2Br_2 *	5.8×10^{-23}	22.24
Hg_2CO_3	8.9×10^{-17}	16.05
Hg_2Cl_2	1.3×10^{-18}	17.88
$Hg_2(OH)_2$	2×10^{-24}	23.7
Hg_2I_2	4.5×10^{-29}	28.35
Hg_2SO_4	7.4×10^{-7}	6.13
Hg_2S	1×10^{-47}	47.0
$Hg(OH)_2$	3.0×10^{-25}	25.52
HgS 红色	4×10^{-53}	52.4
黑色	2×10^{-52}	51.7
$MgNH_4PO_4$	2×10^{-13}	12.7
$MgCO_3$	3.5×10^{-3}	7.46
MgF_2	6.4×10^{-9}	8.19
$Mg(OH)_2$	1.8×10^{-11}	10.74
$MnCO_3$	1.8×10^{-11}	10.74
$Mn(OH)_2$	1.9×10^{-13}	12.72
MnS 无定形	2×10^{-10}	9.7
MnS 晶形	2×10^{-13}	12.7

* $(Hg_2)_m X_n$ 的 $K_{sp}=[Hg_2^{2+}]^m[X^{-2m/n}]^n$。

续表

微溶化合物	K_{sp}	pK_{sp}
$NiCO_3$	6.6×10^{-9}	8.18
$Ni(OH)_2$ 新析出	2×10^{-15}	14.7
$Ni_3(PO_4)_2$	5×10^{-31}	30.3
α—NiS	3×10^{-19}	18.5
β—NiS	1×10^{-24}	24.0
γ—NiS	2×10^{-26}	25.7
$PbCO_3$	7.4×10^{-14}	13.13
$PbCl_2$	1.6×10^{-5}	4.79
$PbClF$	2.4×10^{-9}	8.62
$PbCrO_4$	2.8×10^{-13}	12.55
PbF_2	2.7×10^{-8}	7.57
$Pb(OH)_2$	1.2×10^{-15}	14.93
PbI_2	7.1×10^{-9}	8.15
$PbMoO_4$	1×10^{-13}	13.0
$Pb_3(PO_4)_2$	8.0×10^{-43}	42.10
$PbSO_4$	1.6×10^{-8}	7.79
PbS	8×10^{-28}	27.9
$Pb(OH)_4$	3×10^{-66}	65.5
$Sb(OH)_3$	4×10^{-42}	41.4

续表

微溶化合物	K_{sp}	pK_{sp}
Sb_2S_3	2×10^{-93}	92.8
$Sn(OH)_2$	1.4×10^{-23}	27.85
SnS	1×10^{-25}	25.0
$Sn(OH)_4$	1×10^{-56}	56.0
SnS_2	2×10^{-27}	26.7
$SrCO_3$	1.1×10^{-10}	9.96
$SrCrO_4$	2.2×10^{-5}	4.65
SrF_2	2.4×10^{-9}	8.61
$SrC_2O_4 \cdot H_2O$	1.6×10^{-7}	6.80
$Sr_3(PO_4)_2$	4.1×10^{-28}	27.39
$SrSO_4$	3.2×10^{-7}	6.49
$Ti(OH)_3$	1×10^{-40}	40.0
$TiO(OH)_2$ *	1×10^{-29}	29.0
$ZnCO_3$	1.4×10^{-11}	10.84
$Zn_2[Fe(CN)_6]$	4.1×10^{-16}	15.39
$Zn(OH)_2$	1.2×10^{-17}	16.92
$Zn_3(PO_4)_2$	9.1×10^{-33}	32.04
ZnS	2×10^{-22}	21.7

* $TiO(OH)_2$ 的 $K_{sp}=[TiO^{2+}][OH^-]^2$。

附录 14　滴定分析实验操作评分细则
（KMnO$_4$ 法测定试样中 C$_2$O$_4^{2-}$ 的含量）

一、天平的使用（16 分）

1. 端坐在天平前，砝码盒放在天平右侧，被测物及承接器皿放在天平左侧　　　　　　　　　　　　　　（1 分）
2. 调天平零点　　　　　　　　　　　　　　（1 分）
3. 开启及关闭天平要轻缓（包括加圈码）　（2 分）
4. 试重时加砝码采用中值法　　　　　　　（1 分）
5. 称量瓶及砝码要放在天平盘的中心位置　（1 分）
6. 砝码镊子只能拿在右手中或放在砝码盒中（1 分）
7. 关天平门（调天平零点，称量过程和称完均应如此）
　　　　　　　　　　　　　　　　　　　　（1 分）
8. 天平中不能有遗落的称量物质　　　　　（1 分）
9. 用完天平拿下称量瓶并将砝码归回原位　（2 分）
10. 用完天平要登记，坐凳放回原位　　　　（1 分）
11. 不允许在天平工作状态加减砝码或试样　（4 分）

二、称量操作（递减法）（10 分）

1. 不能用手直接接触称量瓶（纸条）　　　（2 分）
2. 称量瓶盖应在承接样品的容器上方开、关（2 分）
3. 倒样时称量瓶要慢慢倾斜，用盖敲瓶口内缘，倒完后一边用盖敲瓶口，一边将瓶竖直　　　　　　　（2 分）
4. 称量瓶及纸条放在表面皿中　　　　　　（2 分）
5. 称量样超过或低于称量范围应重称，但要扣分
　　　　　　　　　　　　　　　　　　　　（2 分）

如果此操作不会则扣除全部分数

三、滴定操作（16分）

1. 润洗滴定管（自来水、蒸馏水、承装溶液） （2分）
2. 平行滴定用同一段滴定管（从"0"开始） （2分）
3. 会读数（如果用手拿着管读数，手拿刻度以上部分，管垂直） （2分）
4. 滴定管拿法 （2分）
5. 滴定管尖要伸入锥形瓶中（约1cm），不伸入或伸入过多不可 （2分）
6. 滴和摇的配合，要边滴边摇，左手拿管，右手拿瓶，左手不能离开活塞，任其自流 （2分）
7. 滴定管不能有气泡 （1分）
8. 终点观察（淡粉色），接近终点时滴一滴摇匀静止观察，会加半滴 （2分）
9. 滴定速度开始时和近终点时较慢，中间可快，但无论何时滴定液不能流成"水线" （1分）

四、样品溶解后从烧杯定量转移至容量瓶中的操作（12分）

1. 用搅拌棒搅拌溶解 （1分）
2. 借助搅拌棒引流，搅拌棒不能碰瓶口，下端应接触瓶壁 （1分）
3. 溶液转移后搅拌棒和烧杯稍微向上提起同时直立烧杯，并将搅拌棒放回烧杯，不能放在烧杯嘴上 （2分）
4. 用洗瓶冲洗烧杯三次以上（包括杯壁及搅拌棒） （2分）
5. 至容量瓶三分之二处时水平摇动，但不可倒转容量瓶摇动 （1分）
6. 用洗瓶或滴管加水至刻线，在此前要稍等1min，使内壁附

着溶液均流下 (1分)

7. 读数时容量瓶平放在桌面上,如用手提起,手拿刻度以上部分,视线与刻线在同一水平面上,而后摇匀,摇匀姿势要正确
(2分)

8. 如果稀释过头,重称,但要扣分 (2分)

五、用移液管从容量瓶中移取试液至锥形瓶中的操作(14分)

1. 润洗移液管前移液管不可直接插入容量瓶 (2分)
2. 润洗方法:倒入小烧杯,洗移液管,冲小烧杯壁,用小烧杯内的液体冲移液管外壁,倒掉,重复操作三次以上,每次少许润洗液,然后放平转动移液管 (4分)
3. 吸溶液时不可吸空,也不可吸至管口 (2分)
4. 吸溶液时左手拿球,右手食指堵管口 (2分)
5. 放溶液时锥形瓶要倾斜(大约倾斜45°),移液管垂直,管尖端接触瓶壁 (2分)
6. 最后一滴的处理。如不写吹,接触15s (2分)

六、标定 $KMnO_4$ 的精密度(12分)

平均相对偏差: 0.2%以内 (12分)
0.3%以内 (8分)
0.5%以内 (5分)
1%以内 (3分)
>1% (0分)

七、试样中 $C_2O_4^{2-}$ 含量的误差(12分)

相对误差: 0.3%以内 (12分)
1%以内 (8分)
2%以内 (5分)
>2% (0分)

八、综合素质（8分）

  卷面，如：数据涂描　　　　　　　　　　（1分）＿＿＿＿

    有效数字　　　　　　　　　　　　（1分）＿＿＿＿

    字迹潦草不工整　　　　　　　　　（1分）＿＿＿＿

  实验习惯，如：仪器摆放不整齐　　　　　（1分）＿＿＿＿

    水或溶液到处乱放　　　　　　　　（1分）＿＿＿＿

    大声喧哗　　　　　　　　　　　　（1分）＿＿＿＿

    实验姿式　　　　　　　　　　　　（1分）＿＿＿＿

    拿仪器的方法（如手伸入容器内）

                （1分）＿＿＿＿

参 考 文 献

1. 徐勉懿,方国春,潘祖亭,等.无机及分析化学实验.武汉:武汉大学出版社,1991
2. 武汉大学主编.分析化学(第4版).北京:高等教育出版社,2000
3. 武汉大学主编.分析化学实验(第3版).北京:高等教育出版社,1994
4. 吴泳主编.大学化学新体系实验.北京:科学出版社,1999
5. 陈焕光,李焕然,张大经,等.分析化学实验(第2版).广州:中山大学出版社,1998
6. 杭州大学化学系分析化学教研室.分析化学手册(第2版).北京:化学工业出版社,1997
7. 宋光泉主编.通用化学实验技术(上册).广州:广东高等教育出版社,1998
8. 全浩主编.标准物质及其应用技术.北京:中国标准出版社,1990
9. 国家标准,量和单位(GB 3100—86～3102—86).北京:中国标准出版社,1987
10. 国家计量检定规程,常用玻璃量器(JJG196—90).北京:中国计量出版社,1990
11. 常文保,李克安.简明分析化学手册.北京:北京大学出版社,1981
12. R A Day, Jr, A L. Underwood, Quantitative Analysis (6ed.). Prentice Hall, Englewood cliffs. 1991